全国高等职业教育应用型人才培养规划教材

组态控制技术项目教程

王丽艳 主 编
唐 敏 副主编
李宗宝 主 审

電子工業出版社
Publishing House of Electronics Industry
北京·BEIJING

内容简介

本书从实际应用的角度出发，设置了4个项目，由浅入深全面讲述了组态控制技术的课程内容，内容主要包括计算机控制系统和组态控制技术的概念、组态王软件的构成和使用方法、机械手监控系统、水位控制系统、车库自动门控制系统和电梯控制系统，所有项目案例均精选自企业和工程实际案例，具有很强的代表性。

本书以北京亚控公司的组态王软件为开发环境，打破传统的知识体系，摒弃了一般软件围绕菜单或功能展开教学的教学方法，是典型的基于工作过程的做中学、学中做。通过模拟仿真，使学生对现场设备和工业现场有了初步了解，符合“基于工作过程、工学结合、做中学”等职业教育改革观念。

本书可作为高职高专院校应用电子技术专业、微电子技术专业、光电子技术专业、电气自动化技术专业、机电一体化技术专业及相近专业的教材，也可供相关技术人员参考使用。

图书在版编目（CIP）数据

组态控制技术项目教程／王丽艳主编．—北京：电子工业出版社，2015. 8
全国高等职业教育应用型人才培养规划教材
ISBN 978－7－121－26259－3

Ⅰ．①组…　Ⅱ．①王…　Ⅲ．①自动控制－高等职业教育－教材　Ⅳ．①TP273

中国版本图书馆 CIP 数据核字（2015）第 123460 号

策划编辑：王昭松
责任编辑：郝黎明
印　　刷：北京盛通印刷股份有限公司
装　　订：北京盛通印刷股份有限公司
出版发行：电子工业出版社
　　　　　北京市海淀区万寿路 173 信箱　邮编 100036
开　　本：787×1 092　1/16　印张：13. 5　字数：345. 6 千字
版　　次：2015 年 8 月第 1 版
印　　次：2019 年 6 月第 2 次印刷
定　　价：34. 00 元

凡所购买电子工业出版社图书有缺损问题，请向购买书店调换。若书店售缺，请与本社发行部联系，联系及邮购电话：（010）88254888。

质量投诉请发邮件至 zlts@ phei. com. cn，盗版侵权举报请发邮件至 dbqq@ phei. com. cn。

服务热线：（010）88258888。

前　言

在高职院校的教学中，要求对控制类课程以现场工作过程为课程设计基础，注重培养学生实际操作能力，因此对自动控制类课程提出了新的要求。

组态控制技术就是利用专业软件公司提供的工控软件进行系统程序设计。这些软件提供了大量工具包供设计者组合使用，因此被称为组态软件。利用组态软件，工程技术人员可以方便地进行监控画面制作和程序编制。

本书以北京亚控公司的组态王软件为开发环境，打破传统的知识体系，摒弃了一般软件围绕菜单或功能展开教学，结合4个项目，在项目教学中有计划地对组态技术的相关知识进行学习，是典型的基于工作过程的“做中学、学中做”的教学方法。通过模拟仿真，使学生对工业现场有了初步了解，符合“基于工作过程、工学结合、做中学”等职业教育改革观念。

本书共分7章。第1章介绍了计算机控制系统和组态控制技术；第2章介绍了组态王软件的构成和使用方法；第3章以机械手监控系统为例学习组态软件的使用和组态控制技术的应用，主要学习工程的建立、设备连接、数据库建立、主画面的设计和运行画面的调试，重点完成开关量的采集与控制；第4章以水位控制系统为例学习组态控制技术的应用，进一步学习工程的建立、设备连接、数据库建立、主画面的设计和运行画面的调试，重点完成模拟量的采集与控制，并通过趋势曲线、报警和报表来学习数据的分析，从而学会对现场工作状态的分析；第5章以车库自动门控制系统为例学习组态控制技术的应用，结合前两个项目，本项目的完成以学生为主，教师为辅，重点学习事件命令语言完成顺序控制的方法；第6章以电梯控制系统为例学习组态控制的相关技术，本章最好由学生单独完成项目的实施与调试，学习在应用程序命令语言中调用定时器的方法；第7章提供了5个常用的实训项目，供学生进行独立设计与调试训练。

本书由大连职业技术学院王丽艳任主编，负责全书的组织、统稿和改稿工作；由大连职业技术学院唐敏老师任副主编；大连职业技术学院朱建红、王刚权老师任参编。其中第1章、第2章和第7章由唐敏、朱建红和王刚权共同编写，第3、4、5、6章由王丽艳编写。

本书由大连职业技术学院李宗宝主审。本书在编写过程中得到了编者所在单位领导、老师和企业工程人员的大力支持，在此表示感谢。

由于编者水平有限，书中还有许多不完善之处，恳请读者批评指正。

编　者

2015年6月

目　录

第1章

绪　论

内容提要：

本章介绍计算机控制系统的基本组成和分类、组态的概念及常用组态软件的功能。

学习目标：

（1）了解自动控制系统和计算机控制系统的组成；
（2）了解 DAS、DDC 和 DCS 系统的功能与组成；
（3）掌握组态的概念和组态软件的特点、组成及功能。

1.1　计算机控制系统

计算机控制就是用计算机控制某种设备使其按照要求工作。机器人、自动化生产线、家用电器等都使用计算机控制。应用计算机参与控制并借助一些辅助部件与被控对象相联系，以获得一定控制目的而构成的系统，被称为计算机控制系统。

1.1.1　自动控制系统的组成

如图 1.1 所示为一般自动控制系统的组成结构，也称闭环控制系统。各部分功能如下所述。

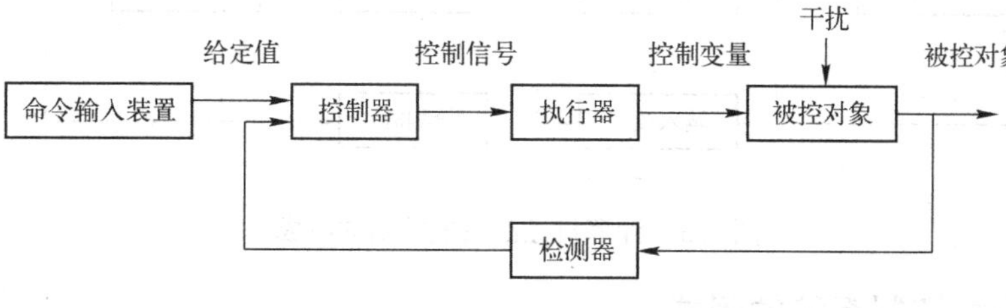

图 1.1　自动控制系统组成结构

命令输入装置：用于输入启动、停止、复位和给定值等信号给控制器。

控制器：用于接收控制命令、给定值和测量值，计算偏差，计算输出量，输出控制信号（通常为电压、电流等信号）给执行器。

执行器：用于接收控制器的控制信号，并将其转换为阀门开度变化等动作。

被控对象：需要控制的设备参数。

检测器：用于检测被控参数，并将其转换为控制器可以接收的信号（通常为电压、电流等）。

检测器通常由各种传感器、变送器构成。执行器通常是电磁阀、电动调节阀、电动机、风门、电加热器等设备。传感器、执行器一般置于生产现场，和被控对象在一起，也叫现场设备。控制器、操作按钮等命令输入设备、显示器等都置于控制室。如果把控制器比喻成系统的大脑，传感器就相当于它的眼睛，执行器就是手和脚。

闭环控制系统的基本工作过程是：当发生干扰时，被控参数偏离给定值，通过检测器，控制器就能“感知”生产进行的情况，并根据参数实际值与设定值的偏差，按照一定的控制算法发出控制信号。通过执行器，控制器的控制信号被转换成能量的变化，抵消了干扰对被控参数造成的影响，从而使被控参数稳定在规定范围。

如果一个自动控制系统不要检测器，这样的系统称为开环控制系统。开环控制系统方框图如图 1.2 所示。

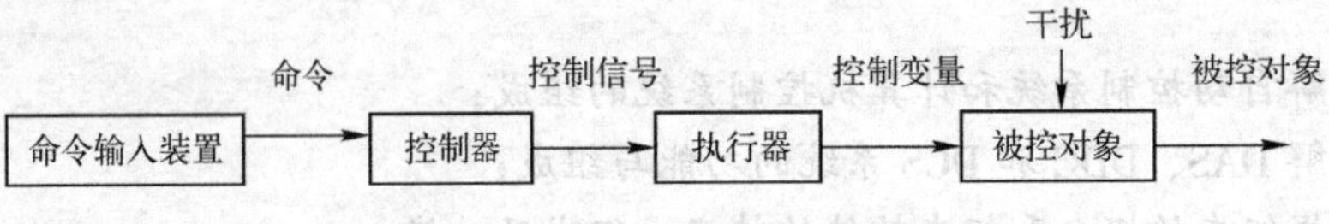

图 1.2　开环控制系统方框图

1.1.2　计算机控制系统的组成

计算机控制系统的控制器全部采用计算机，其结构组成如图 1.3 所示。与一般自动控制系统相比，它增加了输入接口和输出接口，统称输入/输出接口或 I/O 接口。输入接口的主要作用是将检测环节的输入信号（通常为电信号）转换成计算机能够识别的数字信号；输出接口的主要作用是将计算机输出的数字信号转换为电信号输出给执行机构。

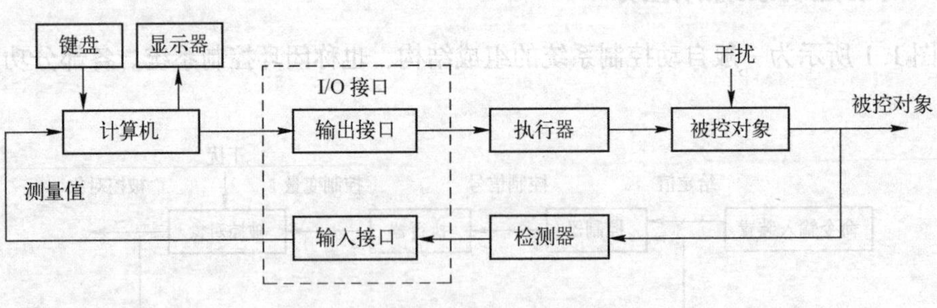

图 1.3　计算机控制系统的结构组成

1.1.3　计算机控制系统的形式

1. 数据采集系统的功能与结构

数据采集系统也称为 DAS—Data Acquisition System。其系统结构如图 1.4 所示。被控对象中待检测的各种模拟量通过传感器和变送器，经 A/D 转换器进入计算机，开关量经过开关量输入接口（光电隔离）后进入计算机。计算机对各种信号进行采集、处理后，送显示器、打印机、报警器等设备。

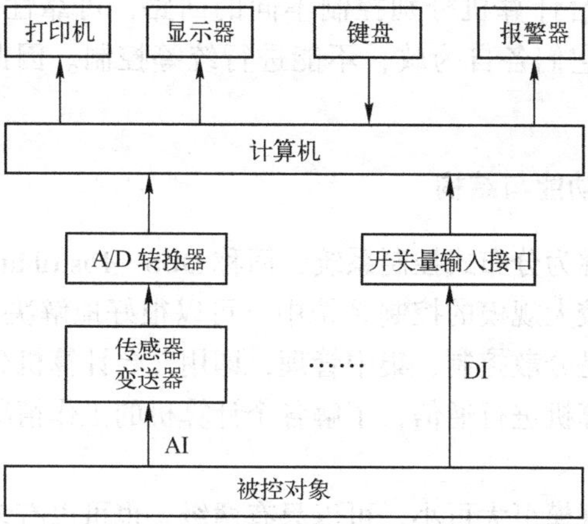

图 1.4 数据采集控制系统 DAS

DAS 系统的特点是只进行参数检测，不进行控制。只有模拟量输入和开关量输入接口。这种系统常用于早期的计算机检测系统中，其优点是可以用一台计算机对多个参数进行巡回采集和处理，显示界面好，便于管理。

2. 直接数字控制系统的功能与结构

直接数字控制系统称为 DDC—Direct Digital Control。其系统结构如图 1.5 所示。计算机既可以对生产过程中的各个参数进行巡回检测，还可根据检测结果，按照一定的算法，计算出执行器应该的状态。DDC 系统的 I/O 接口除了 AI 和 DI 外，还有模拟量输出（AO）接口和开关量输出接口（DO）。

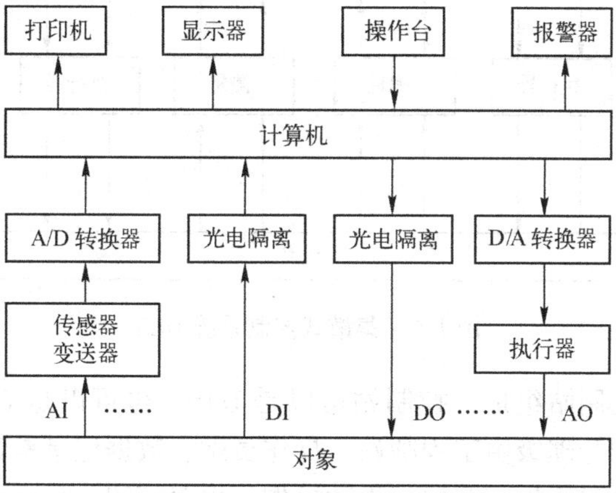

图 1.5 直接数字控制系统 DDC

DDC 控制是真正的计算机控制系统，与 DAS 相比，其特点是既检测，也控制。由于控制算法用程序编制，可以实现继电器和仪表不能实现的许多功能。

通常 DDC 系统的一台计算机可以控制几个到十几个回路。如果系统较大，将过多的参数集中到一台计算机上进行控制，不仅对计算机的性能提出了较高要求，更重要的是，一旦计算机出现故障，整个系统将受到严重影响。因此 DDC 的控制回路越多，可靠性越差。如果使用几台计算机分别控制不同的回路，可靠性会提高，但由于这些计算机之间相互不连接，它们各自为政，不能进行统筹控制。因此 DDC 适用于控制回路较少的场合。

3. 集散控制系统的功能与结构

集散式控制系统也称为分布式控制系统，简称 DCS—Distributed Control System。

集散式控制常用于较大规模的控制系统中，可以很好地解决 DDC 系统可靠性和统筹性的矛盾。其总体思想是分散控制，集中管理，即用几台计算机分别控制若干个回路，再用一台计算机与这台计算机进行通信，了解各个计算机的工作情况，根据需要向它们发出不同命令。

集散式控制系统的规模可大可小，可以只有两级，也可以有多级。典型的三级结构为过程控制级、控制管理级和生产管理级，如图 1.6 所示。

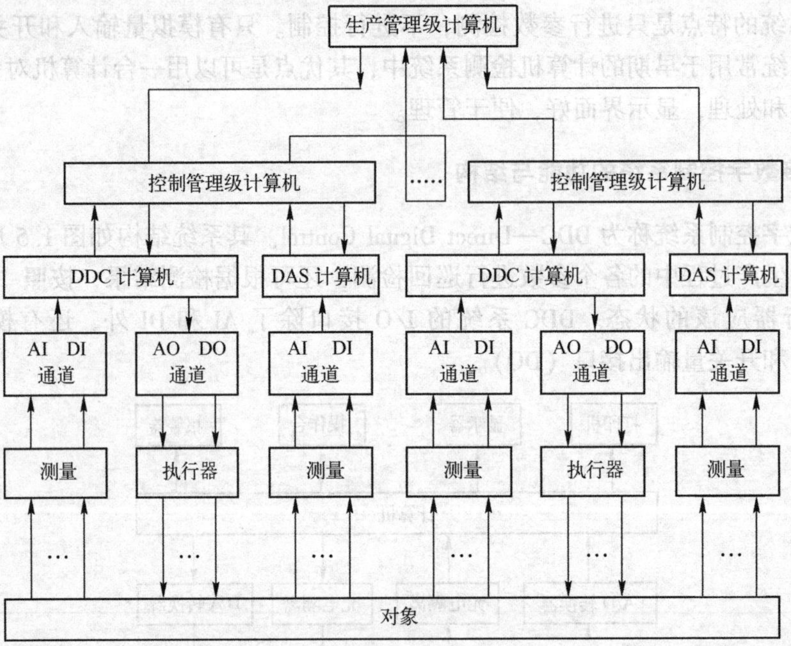

图 1.6　集散式控制系统 DCS

过程控制级由各控制站组成，控制站可以是 DAS、也可以是 DDC，用来进行生产的前沿监测和控制。控制管理级由工程师站、操作员站、数据记录检索站等组成，供工程师进行程序调试；操作员进行生产监控、手动操作、报表打印、数据查询等；生产管理级由生产管理信息系统组成，可进行生产情况汇总与调度。

DDC 和 DAS 计算机通常采用 PLC 或以单片机为核心的职能控制器；管理级计算机常采用工控机（IPC）。

1.2 组态控制技术

1.2.1 组态的概念

组态（Configuration）的含义是模块的任意组合。

在计算机控制系统中，组态含有硬件组态和软件组态两个层面的含义。

所谓硬件组态，是指系统大量选用各种专业设备生产厂家提供的成熟、通用的硬件设备，通过对这些设备的简单组合与连接实现自动控制系统。这些通用设备包括控制器、各种检测设备、各种执行设备、各种命令输入设备和各种I/O接口设备。

这些通用设备一般都做成具有标准尺寸和标准信号输出的模块或板卡，它们就像积木一样，可以根据需要组合在一起。

所谓软件组态就是利用专业软件公司提供的工控软件进行系统程序设计。这些软件提供了大量工具包供设计者组合使用，因此被称为组态软件。利用组态软件，工程技术人员可以方便地进行监控画面制作和程序编制。

1.2.2 组态软件的概念与产生背景

在工业控制技术的不断发展和应用过程中，PC（包括工控机）相比以前的专用系统具有的优势日趋明显。这些优势主要体现在：PC技术保持了较快的发展速度，各种相关技术日臻成熟；由PC构建的工业控制系统具有相对较低的拥有成本；PC的软件资源和硬件资源丰富，软件之间的互操作性强；基于PC的控制系统易于学习和使用，可以容易地得到技术方面的支持。在PC技术向工业控制领域的渗透中，组态软件占据着非常特殊而且重要的地位。

组态的英文是“Configuration”，其意义究竟是什么呢？简单地讲，组态就是用应用软件中提供的工具、方法，完成工程中某一具体任务的过程。与硬件生产相对照，组态与组装类似。如要组装一台电脑，事先提供了各种型号的主板、机箱、电源、CPU、显示器、硬盘、光驱等，我们的工作就是用这些部件组装成自己需要的电脑。当然软件中的组态要比硬件的组装有更大的发挥空间，因为它一般要比硬件中的“部件”更多，而且每个“部件”都很灵活，因为软部件都有内部属性，通过改变属性可以改变其规格，如大小、形状、颜色等。组态的概念最早出现在工业计算机控制中，如集散控制系统（DCS）组态，可编程控制器（PLC）梯形图组态，而人机界面生成的软件就叫工控组态软件。组态形成的数据只有组态工具或其他专用工具才能识别，工业控制中形成的组态结果主要用于实时监控，而组态工具的解释引擎，要根据这些组态结果实时运行。因此，从表面上看，组态工具的运行程序就是执行自己特定的任务。

组态软件是指一些数据采集与过程控制的专用软件，它们是在自动控制系统监控层一级的软件平台和开发环境，使用灵活的组态方式，为用户提供快速构建工业自动控制系统监控功能的、通用层次的软件工具。组态软件应该能支持各种工控设备和常见的通信协议，并且通常应提供分布式数据管理和网络功能。对应于原有的HMI（Human Machine Interface，人机接口软件）的概念，组态软件应该是一个使用户能快速建立自己的HMI的软件工具或开发环境。在组态软件出现之前，工控领域的用户要么通过手工或委托第三方编写 HMI 应用，其开发时间长、效率低、可靠性差；要么购买专用的工控系统，通常是封闭的系统，其选择余地小，往往不能满足需求，很难与外界进行数据交互，升级和增加功能都受到严重的限制。组态软件的出现，把用户从这些困境中解脱出来，可以利用组态软件的功能，构建一套最适合自己的应用系统。随着它的快速发展，实时数据库、实时控制、通信及联网、开放数据接口、对输入/输出（I/O）设备的广泛支持已经成为它的主要内容，随着技术的发展，组态软件将会不断被赋予新的内容。

1.2.3 组态软件的特点与功能

一般来说，组态软件是数据采集监控系统（Supervisory Control and Data Acquisition, SCADA）的软件平台工具，是工业应用软件的一个组成部分。它具有丰富的设置项目，使用方式灵活，功能强大。组态软件由早先单一的人机界面向数据处理机方向发展，管理的数据量越来越大，实时数据库的作用进一步加强。随着组态软件自身以及控制系统的发展，监控组态软件部分地与硬件发生分离，为自动化软件的发展提供了充分发挥作用的舞台。OPC（OLE for Process Control）的出现，以及现场总线尤其是工业以太网的快速发展，大大简化了异种设备间的互连，降低了开发 I/O 设备驱动软件的工作量。I/O 驱动软件也逐渐向标准化的方向发展。

组态软件的主要特点如下：

(1) 延续性和可扩充性。用通用组态软件开发的应用程序，当现场（包括硬件设备或系统结构）或用户需求发生改变时，不需作很多修改就可方便地完成软件的更新和升级。

(2) 封装性（易学易用）。通用组态软件所能完成的功能都用一种方便用户使用的方法包装起来，对于用户，不需掌握太多的编程语言技术（甚至不需要编程技术），就能很好地完成一个复杂工程所要求的所有功能。

(3) 通用性。每个用户根据工程实际情况，利用通用组态软件提供的底层设备（PLC、智能仪表、智能模块、板卡、变频器等）的 I/O Driver、开放式的数据库和画面制作工具，就能完成一个具有动画效果、实时数据处理、历史数据和曲线并存、具有多媒体功能和网络功能的工程，不受行业限制。

最早开发的通用组态软件是 DOS 环境下的组态软件，其特点是具有简单的人机界面（MMI）、图库、绘图工具箱等基本功能。随着 Windows 的广泛应用，Windows 环境下的组态软件成为主流，与 DOS 环境下的组态软件相比，其最突出的特点是图形功能有了很大的增强。目前看到的所有组态软件都能实现如下的类似功能：

- 几乎所有运行于 32 位 Windows 平台的组态软件都采用类似资源浏览器的窗口结构，并对工业控制系统中的各种资源（设备、标签量、画面等）进行配置和编辑；
- 处理数据报警及系统报警；
- 提供多种数据驱动程序；
- 各类报表的生成和打印输出；
- 使用脚本语言提供二次开发的功能；
- 存储历史数据并支持历史数据的查询等。

1.3 组态软件的系统构成

在组态软件中，通过组态生成的一个目标应用项目在计算机硬盘中占据唯一的物理空间（逻辑空间），可以用唯一的名称来标识，就被称为一个应用程序。在同一计算机中可以存储多个应用程序，组态软件通过应用程序的名称来访问其组态内容，打开其组态内容进行修改或将其应用程序装入计算机内存投入实时运行。

组态软件的结构划分有多种标准，这里以系统环境和成员构成两种标准讨论其体系结构。

1. 以系统环境划分

按照系统环境划分，从总体上讲，组态软件由系统开发环境和系统运行环境两大部分构成。

（1）系统开发环境。

系统开发环境是自动化工程设计工程师为实施其控制方案，在组态软件的支持下进行应用程序的系统生成工作所必须依赖的工作环境。通过建立一系列用户数据文件，生成最终的图形目标应用系统，供系统运行环境运行时使用。系统开发环境由若干个组态程序组成，如图形界面组态程序、实时数据库组态程序等。

（2）系统运行环境。

在系统运行环境下，目标应用程序被装入计算机内存并投入实时运行。系统运行环境由若干个运行程序组成，如图形界面运行程序、实时数据库运行程序等。

组态软件支持在线组态技术，即在不退出系统运行环境的情况下可以直接进入组态环境并修改组态，使修改后的组态直接生效。自动化工程设计工程师最先接触的一定是系统开发环境，通过一定工作量的系统组态和调试，最终将目标应用程序在系统运行环境投入实时运行，完成一个工程项目。

2. 以成员构成划分

组态软件因为其功能强大，而每个功能相对来说又具有一定的独立性，因此其组成形式是一个集成软件平台，由若干程序组件构成。其中必备的典型组件包括以下七大类。

（1）应用程序管理器。

应用程序管理器是提供应用程序的搜索、备份、解压缩、建立新应用等功能的专用管理工具。在自动化工程设计工程师应用组态软件进行工程设计时，会遇到下面一些烦恼：经常要进行组态数据的备份；经常需要引用以往成功应用项目中的部分组态成果（如画面）；经常需要迅速了解计算机中保存了哪些应用项目。虽然这些要求可以用手工方式实现，但效率低，并且极易出错。有了应用程序管理器的支持，这些操作将变得非常简单。

（2）图形界面开发程序。

图形界面开发程序是自动化工程设计工程师为实施其控制方案，在图形编辑工具的支持下进行图形系统生成工作所依赖的开发环境。通过建立一系列用户数据文件，生成最终的图形目标应用系统，供图形运行环境运行时使用。

(3) 图形界面运行程序。

在系统运行环境下，图形目标应用系统被图形界面运行程序装入计算机内存并投入实时运行。

(4) 实时数据库系统组态程序。

有的组态软件只在图形开发环境中增加了简单的数据管理功能，因而不具备完整的实时数据库系统。目前比较先进的组态软件（如力控等）都有独立的实时数据库组件，以提高系统的实时性，增强处理能力。实时数据库系统组态程序是建立实时数据库的组态工具，可以定义实时数据库的结构、数据来源、数据连接、数据类型及相关的各种参数。

(5) 实时数据库系统运行程序。

在系统运行环境下，目标实时数据库及其应用系统被实时数据库系统运行程序装入计算机内存并执行预定的各种数据计算、数据处理任务。历史数据的查询、检索、报警的管理都是在实时数据库系统运行程序中完成的。

(6) I/O 驱动程序。

I/O 驱动程序是组态软件中必不可少的组成部分，用于和 I/O 设备通信，互相交换数据。DDE 和 OPC Client 是两个通用的标准 I/O 驱动程序，用来和支持 DDE 标准和 OPC 标准的 I/O 设备通信。多数组态软件的 DDE 驱动程序被整合在实时数据库系统或图形系统中，而 OPC Client 则多数单独存在。

(7) 扩展可选组件。

扩展可选组件包括以下几种。

① 通用数据库接口（ODBC 接口）组态程序：通用数据库接口组件用来完成组态软件的实时数据库与通用数据库（如 Oracle、Sybase、Foxpro、DB2、Infomix、SQL Server 等）的互联，实现双向数据交换，通用数据库既可以读取实时数据，也可以读取历史数据；实时数据库也可以从通用数据库实时地读入数据。通用数据库接口（ODBC 接口）组态环境用于指定要交换的通用数据库的数据库结构、字段名称及属性、时间区段、采样周期、字段与实时数据库数据的对应关系等。

② 通用数据库接口（ODBC 接口）运行程序：已组态的通用数据库连接被装入计算机内存，按照预先指定的采样周期，对规定时间区段按照组态的数据库结构建立起通用数据库和实时数据库间的数据连接。

③ 策略（控制方案）编辑组态程序：是以 PC 为中心实现低成本监控的核心软件，具有很强的逻辑、算术运算能力和丰富的控制算法。策略编辑/生成组件以 IEC - 1131 - 3 标准为使用者提供标准的编程环境，共有 4 种编程方式，即梯形图、结构化编程语言、指令助记符、模块化功能块。使用者一般都习惯于使用模块化功能块，根据控制方案进行组态，结束后系统将保存组态内容并对组态内容进行语法检查、编译。编译生成的目标策略代码既可以与图形界面同在一台计算机上运行，也可以下装（Download）到目标设备（如 PC/104、Windows CE 系统等 PC - Based 设备）上运行。

④ 策略运行程序：组态的策略目标系统被装入计算机内存并执行预定的各种数据计算、数据处理任务，同时完成与实时数据库的数据交换。

⑤ 实用通信程序组件：实用通信程序极大地增强了组态软件的功能，可以实现与第三方程序的数据交换，是组态软件价值的主要表现之一。通信实用程序具有以下功能：

- 可以实现操作站的双机冗余热备用。
- 实现数据的远程访问和传送。

通信实用程序可以使用以太网、RS－485、RS－232、PSTN等多种通信介质或网络实现其功能。实用通信程序组件可以划分为Server和Client两种类型：Server是数据提供方，Client是数据访问方。一旦Server和Client建立起了连接，二者间就可以实现数据的双向传送。

1.4 组态软件现状和使用组态软件的步骤

1.4.1 组态软件现状和主要问题

组态软件产品于20世纪80年代初出现，并在20世纪80年代末期进入我国。但在90年代中期之前，组态软件在我国的应用并不普及。究其原因，大致有以下几点：

（1）国内用户还缺乏对组态软件的认识，项目中没有组态软件的预算，或宁愿投入人力物力针对具体项目做长周期、繁冗的上位机的编程开发，而不采用组态软件。

（2）在很长时间里，国内用户的软件意识还不强，面对价格不菲的进口软件（早期的组态软件多为国外厂家开发），很少有用户愿意去购买正版。

（3）当时国内的工业自动化和信息技术应用的水平还不高，组态软件提供了对大规模应用、大量数据进行采集、监控、处理并可以将处理的结果生成管理所需的数据，这些需求并未完全形成。

随着工业控制系统应用的深入，在面临规模更大、控制更复杂的控制系统时，人们逐渐意识到原有的上位机编程的开发方式，对项目来说是费时费力、得不偿失的，同时，MIS（管理信息系统，Management Information System）和CIMS（计算机集成制造系统，Computer Integrated Manufacturing System）的大量应用，要求工业现场为企业的生产、经营、决策提供更详细和更深入的数据，以便优化企业生产经营中的各个环节。因此，在1995年以后，组态软件在国内的应用逐渐得到了普及。

目前，应用比较广泛的国外组态软件有WondWare的InTouch、西门子公司的WinCC、澳大利亚的CiTech、美国Interlution公司的Fix、意大利LogoSystem的LogView等。这些软件系统有以下主要功能：

（1）数据采集与控制信息发送。提供基于进程间通信的数据采集方法（主要表现为开发DDE服务程序），并且已开发了常用的多种智能数据采集设备的服务程序。

（2）报警处理。具有多点同时报警处理功能，提供报警信息的显示和登录，部分提供用户应答功能。

（3）历史趋势显示与记录。提供基于专用实时数据库的监控点数据的记录、查询和图形曲线显示；同时，针对管理和控制的需要，这些系统还提供以下工业过程控制和管理中相当有帮助的功能：

- 配方管理功能。控制系统按一定的配方完成生产管理。
- 网络通信功能。提供非透明网络通信机制，可以构筑上位机的分布式监控处理功能。

- 开放系统功能。提供基于DDE数据交换机制与其他应用程序交换数据，部分提供ODBC与其他系统数据库系统连接。

但这些系统在完成以下功能时具有明显的缺陷：

- 与企业MIS系统的结合性能差；
- 不具备GIS功能；
- 网络通信不透明，不适合开发现代企业基于局域网或专线网的网状层次结构监控管理系统；
- 数据采集速度有待进一步提高；
- 系统事故追忆能力差；
- 缺乏高效能的控制任务调度算法的支持。

另外，针对国内的需要，这些系统还有明显的弱点：

- 本地化差。虽然部分系统已经汉化，但是中国市场中某些行业规范，它们很难满足。
- 价格昂贵。这些系统价格昂贵，很难为国内一般应用所接受。

同国外系统相比，大部分国产通用系统具有较高的性能价格比，本地化能力较强，如三维科技公司的力控、北京亚控科技公司的组态王等。但多数产品仍有诸如与MIS集成能力差、GIS功能薄弱、多任务调度能力差、事故追忆和诊断能力缺乏等致命的弱点，要满足企业级和行业部门级大型集中监控管理GIS系统的要求，还需要相当长的时间。而且人力资源以及资金限制使得它们可能在很长时间内只能维持对现有系统功能的维护和补充。在这种情况下，国内对于大型监控项目的开发还需要系统集成公司开发专用的结合MIS、GIS和SCADA的系统来满足需要。

1.4.2 使用组态软件的一般步骤

如何把具体的工程应用在组态软件中进行完整、严密的开发，使组态软件能够正常工作，主要包括以下几个典型的组态步骤。

（1）将所有I/O点的参数收集齐全，并填写表格，以备在监控组态软件和PLC上组态时使用。

（2）搞清楚所使用的I/O设备的生产商、种类、型号、使用的通信接口类型，采用的通信协议，以便在定义I/O设备时做出准确选择。

（3）将所有I/O点的I/O标识收集齐全，并填写表格，I/O标识是唯一地确定一个I/O点的关键字，组态软件通过向I/O设备发出I/O标识来请求其对应的数据。在大多数情况下I/O标识是I/O点的地址或位号名称。

（4）根据工艺过程绘制、设计画面结构和画面草图。

（5）按照第一步统计出的表格，建立实时数据库，正确组态各种变量参数。

（6）根据第一步和第二步的统计结果，在实时数据库中建立实时数据库变量与I/O点一对一的对应关系，即定义数据连接。

（7）根据第（4）步的画面结构和画面草图，组态每一幅静态的操作画面（主要是绘图）。

（8）将操作画面中的图形对象与实时数据库变量建立动画连接关系，规定动画属性和幅度。

(9) 视用户需求，制作历史趋势，报警显示，以及开发报表系统。之后，还需加上安全权限设置。

(10) 对组态内容进行分段和总体调试，视调试情况对软件进行相应修改。

(11) 将全部内容调试完成以后，对上位软件进行最后完善（如：加上开机自动打开监控画面，禁止从监控画面退出等），让系统投入正式（或试）运行。

1.5 组态软件发展趋势

社会信息化的加速是组态软件市场增长的强大推动力，很多新技术将不断被应用到组态软件当中，促使组态软件向更高层次和更广范围发展。其发展方向如下：

1. 数据采集的方式

大多数组态软件提供多种数据采集程序，用户可以进行配置。然而，在这种情况下，驱动程序只能由组态软件开发商提供，或者由用户按照某种组态软件的接口规范编写，这为用户提出了过高的要求。由 OPC 基金组织提出的 OPC 规范基于微软的 OLE/DCOM 技术，提供了在分布式系统下，软件组件交互和共享数据的完整解决方案。在支持 OPC 的系统中，数据的提供者作为服务器（Server），数据请求者作为客户（Client），服务器和客户之间通过 DCOM 接口进行通信，而无须知道对方内部实现的细节。由于 COM 技术是在二进制代码级实现的，所以服务器和客户可以由不同的厂商提供。在实际应用中，作为服务器的数据采集程序往往由硬件设备制造商随硬件提供，可以发挥硬件的全部效能，而作为客户的组态软件可以通过 OPC 与各厂家的驱动程序无缝连接，故从根本上解决了以前采用专用格式驱动程序总是滞后于硬件更新的问题。同时，组态软件同样可以作为服务器为其他的应用系统（如 MIS 等）提供数据。OPC 现在已经得到了包括 Interlution、Simens、GE、ABB 等国外知名厂商的支持。随着支持 OPC 的组态软件和硬件设备的普及，使用 OPC 进行数据采集必将成为组态中更合理的选择。

2. 脚本的功能

脚本语言是扩充组态系统功能的重要手段。因此，大多数组态软件提供了脚本语言的支持。具体的实现方式可分为三种：一是内置的类 C/Basic 语言；二是采用微软的 VBA 的编程语言；三是有少数组态软件采用面向对象的脚本语言。类 C/Basic 语言要求用户使用类似高级语言的语句书写脚本，使用系统提供的函数调用组合完成各种系统功能。应该指明的是，多数采用这种方式的国内组态软件，对脚本的支持并不完善，许多组态软件只提供 if…then…else 的语句结构，不提供循环控制语句，为书写脚本程序带来了一定的困难。微软的 VBA 是一种相对完备的开发环境，采用 VBA 的组态软件通常使用微软的 VBA 环境和组件技术，把组态系统中的对象以组件方式实现，使用 VBA 的程序对这些对象进行访问。由于 Visual Basic 是解释执行的，所以 VBA 程序的一些语法错误可能到执行时才能发现。而面向对象的脚本语言提供了对象访问机制，对系统中的对象可以通过其属性和方法进行访问，比较容易学习、掌握和扩展，但实现比较复杂。

3. 组态环境的可扩展性

可扩展性为用户提供了在不改变原有系统的情况下，向系统内增加新功能的能力，这种增加的功能可能来自于组态软件开发商、第三方软件提供商或用户自身。增加功能最常用的手段是 ActiveX 组件的应用，目前还只有少数组态软件能提供完备的 ActiveX 组件引入功能及实现引入对象在脚本语言中的访问。

4. 组态软件的开放性

随着管理信息系统和计算机集成制造系统的普及，生产现场数据的应用已经不仅仅局限于数据采集和监控。在生产制造过程中，需要现场的大量数据进行流程分析和过程控制，以实现对生产流程的调整和优化。现有的组态软件对这些需求还只能以报表的形式提供，或者通过 ODBC 将数据导出到外部数据库，以供其他的业务系统调用，在绝大多数情况下，仍然需要进行再开发才能实现。随着生产决策活动对信息需求的增加，可以预见，组态软件与管理信息系统或领导信息系统的集成必将更加紧密，并很可能以实现数据分析与决策功能的模块形式在组态软件中出现。

5. 对 Internet 的支持程度

现代企业的生产已经趋向国际化、分布式的生产方式。Internet 将是实现分布式生产的基础。组态软件能否从原有的局域网运行方式跨越到支持 Internet，是摆在所有组态软件开发商面前的一个重要课题。限于国内目前的网络基础设施和工业控制应用的程度，在较长时间内，以浏览器方式通过 Internet 对工业现场的监控，将会在大部分应用中停留于监视阶段，而实际控制功能的完成应该通过更稳定的技术，如专用的远程客户端、由专业开发商提供的 ActiveX 控件或 Java 技术实现。

6. 组态软件的控制功能

随着以工业 PC 为核心的自动控制集成系统技术的日趋完善和工程技术人员的使用组态软件水平的不断提高，用户对组态软件的要求已不像过去那样主要侧重于画面，而是要考虑一些实质性的应用功能，如软 PLC，先进过程控制策略等。软 PLC 产品是基于 PC 开放结构的控制装置，它具有硬 PLC 在功能、可靠性、速度、故障查找等方面的特点，利用软件技术可将标准的工业 PC 转换成全功能的 PLC 过程控制器。软 PLC 综合了计算机和 PLC 的开关量控制、模拟量控制、数学运算、数值处理、通信网络等功能，通过一个多任务控制内核，提供了强大的指令集、快速而准确的扫描周期、可靠的操作和可连接各种 I/O 系统及网络的开放式结构。所以可以这样说，软 PLC 提供了与硬 PLC 同样的功能，而同时具备了 PC 环境的各种优点。目前，国际上影响比较大的产品有：法国 CJ International 公司的 ISaGRAF 软件包、PCSoft International 公司的 WinPLC、美国 Wizdom Control Intellution 公司的 Paradym - 31、美国 Moore Process Automation Solutions 公司的 ProcessSuite、美国 Wonder ware Controls 公司的 InControl、SoftPLC 公司的 SoftPLC 等。国内还没有推出软 PLC 产品的组态软件，国内组态软件要想全面超过国外的竞争对手，就必须搞创新，推出类似功能的产品。

另外，随着企业提出的高柔性、高效益的要求，以经典控制理论为基础的控制方案已经不能适应，以多变量预测控制为代表的先进控制策略的提出和成功应用之后，先进过程控制受到了过程工业界的普遍关注。先进过程控制（Advanced Process Control，APC）是指一类在动态环境中，基于模型、充分借助计算机能力，为工厂获得最大理论而实施的运行和控制策略。先进控制策略主要有：双重控制及阀位控制、纯滞后补偿控制、解耦控制、自适应控制、差拍控制、状态反馈控制、多变量预测控制、推理控制及软测量技术、智能控制（专家控制、模糊控制和神经网络控制）等，尤其是智能控制已成为开发和应用的热点。目前，国内许多大企业纷纷投资，在装置自动化系统中实施先进控制。国外许多控制软件公司和 DCS 厂商都在竞相开发先进控制和优化控制的工程软件包。据资料报道，一个乙烯装置若投资 163 万美元实施先进控制，完成后预期每年可获得效益 600 万美元。从上可以看出能嵌入先进控制和优化控制策略的组态软件必将受到用户的极大欢迎。

本章小结

1. 计算机自动控制系统由命令输入装置、检测器、控制器、执行器和被控对象几部分组成。

2. 按照系统的功能，计算机控制系统可分为：数据采集系统（DAS）、直接数字控制（DDC）系统和集散式控制系统（DCS）等。

3. 组态软件的特点：

（1）延续性和可扩充性。

（2）封装性（易学易用）。

（3）通用性。

4. 组态软件的功能：

（1）数据采集与控制信息发送。

（2）报警处理。

（3）历史趋势显示与记录。

习题与思考题

1-1　简述计算机控制系统的构成。

1-2　按照系统的功能分，计算机控制系统有哪些形式？

1-3　简述组态的概念。

1-4　组态软件的特点和发展趋势。

1-5　简述直接数据控制系统和集散式控制系统的功能。

第2章

组态王“KingView”软件介绍

内容提要：

本章详细介绍了组态王工程管理器、工程浏览器、画面运行系统的组成、各部分功能和使用方法。

学习目标：

（1）掌握工程管理器的菜单及工具条功能；

（2）掌握工程浏览器的组成及功能；

（3）学会工程的建立和变量的定义方法；

（4）学会画面的设计与编辑方法；

（5）掌握画面运行系统的组成与使用方法。

组态王 KingView V6.5 软件完全基于网络的概念，是一个完全意义上的工业级软件平台，现已广泛应用于化工、电力、邮电通信、环保、水处理、冶金和食品等各个行业，并且作为首家国产监控组态软件应用于国防、航空航天等关键领域。

组态王 KingView V6.5 软件是运行于 Windows 2000/NT 4.0（补丁 6）/XP 简体中文版的中文界面的人机界面软件，采用了多线程、COM 组件等新技术，实现了实时多任务，软件使用方便，功能强大，性能优异，运行稳定，质量可靠。

组态王 KingView V6.5 软件包由以下三部分组成：

- 工程管理器（ProjManager）；
- 工程浏览器（TouchExplorer）；
- 画面运行系统（TouchView）。

在“组态王”软件中，用户建立的每一个应用程序称为一个工程。每个工程必须在一个独立的目录下，不同的工程不能共用一个目录。在每一个工程的路径下，生成了一些重要的数据文件，这些数据文件不允许直接修改，必须通过工程管理器或工程浏览器来修改。

2.1 工程管理器

工程管理器实现了对组态王各种版本工程的集中管理，使用户在进行工程开发和工程的备份、数据词典的管理上方便了许多。主要作用就是为用户集中管理本机上的所有组态王工程。工程管理器的主要功能包括：新建工程、删除工程，搜索指定路径下的所有组态王工程，修改工程属性，工程的备份、恢复，数据词典的导入/导出，切换到组态王开发或运行环境等。

2.1.1　工程管理器菜单

工程管理器界面简洁友好，易学易用。界面从上至下大致分为三个部分，如图 2.1 所示。

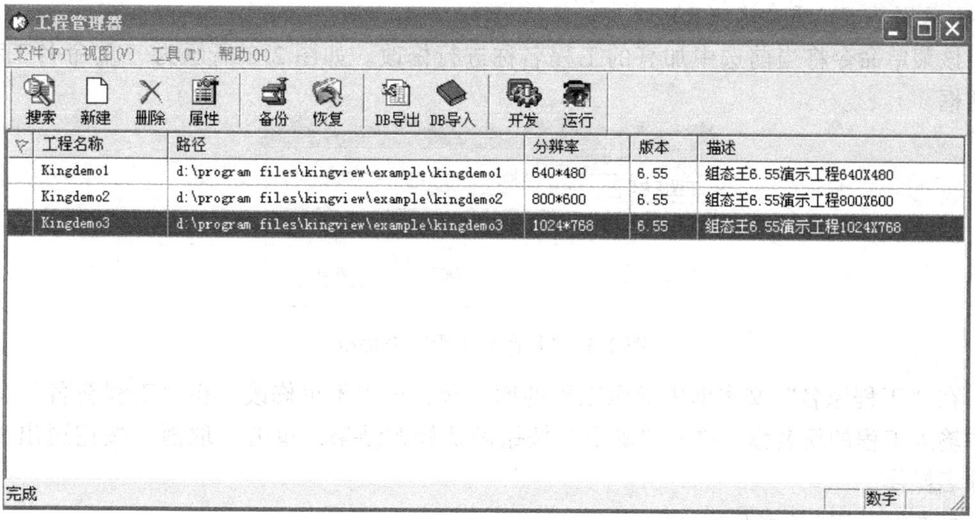

图 2.1　工程管理器界面

1. 文件菜单

单击“文件（F）”菜单，或按下【Alt + F】快捷键，弹出下拉式菜单，如图 2.2 所示。

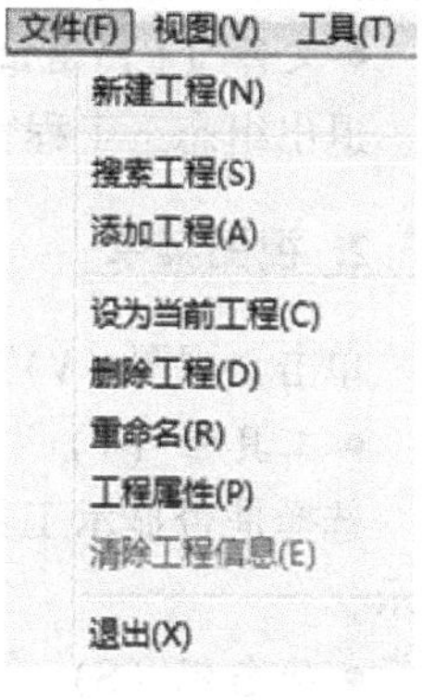

图 2.2　“文件”菜单

- 文件（F）\新建工程（N）

该菜单命令为新建一个组态王工程，但此处新建的工程，在实际上并未真正创建工程，只是在用户给定的工程路径下设置了工程信息，当用户将此工程作为当前工程，并且切换到组态王开发环境时才真正创建工程。

- 文件（F）\搜索工程（S）

该菜单命令为搜索用户指定目录下的所有组态王工程（包括不同版本、不同分辨率的工程），将其工程名称、工程所在路径、分辨率、开发工程时用的组态王软件版本、工程描述文本等信息加入到工程管理器中。搜索出的工程包括指定目录和其子目录下的所有工程。

- 文件（F）\添加工程（A）

该菜单命令主要是单独添加一个已经存在的组态王工程，并将其添加到工程管理器中

(与搜索工程不同的是：搜索工程是添加搜索到的指定目录下的所有组态王工程)。

● 文件（F)\设为当前工程（C)

该菜单命令将工程管理器中选中加亮的工程设置为组态王的当前工程。以后进入组态王开发系统或运行系统时，系统将默认打开该工程。被设置为当前工程的工程在工程管理器信息框的表格的第一列中用一个图标（小红旗）来标识。

● 文件（F)\删除工程（D)

该菜单命令将删除在工程管理器信息显示区中当前选中加亮的但没有被设置为当前工程的工程。

● 文件（F)\重命名（R)

该菜单命令将当前选中加亮的工程名称进行修改。如图 2. 3 所示为“重命名工程”对话框。

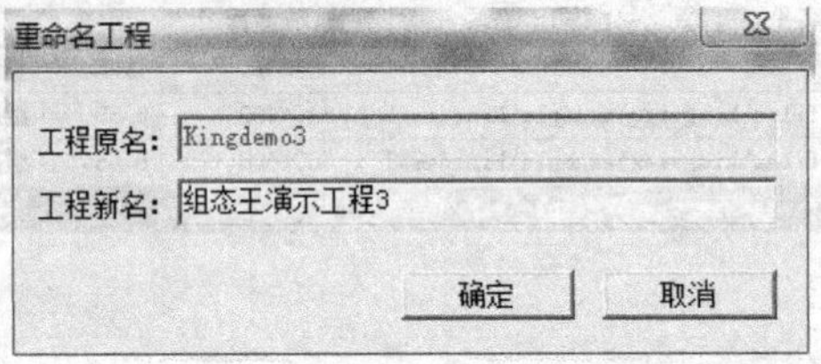

图 2. 3 “重命名工程”对话框

在“工程原名”文本框中显示工程的原名称，该项不可修改。在“工程新名”文本框中输入工程的新名称，单击“确定”按钮确认修改结果，单击“取消”按钮退出工程重命名操作。

● 文件（F)\工程属性（P)

该菜单命令将修改当前选中加亮工程的工程属性。

● 文件（F)\清除工程信息（E)

该菜单命令是将工程管理器中当前选中的高亮显示的工程信息条从工程管理器中清除，不再显示，执行该命令不会删除工程或改变工程。用户可以通过“搜索工程”或“添加工程”重新使该工程信息显示到工程管理器中。

● 文件（F)\退出（X)

退出组态王工程管理器。

2. 视图菜单

单击“视图（V)”菜单，或按下【Alt + V】快捷键，弹出下拉式菜单，如图 2.4 所示。

● 工具栏（T)

选择是否显示工具栏，当“工具栏”被选中时（有对勾标志），显示工具栏；否则不显示。

● 状态栏（S)

选择是否显示状态栏，当“状态栏”被选中时（有对勾标志），显示状态栏；否则不显示。

● 刷新（R)

刷新工程管理器窗口。

3. 工具菜单

单击“工具（T)”菜单，或按下【Alt +T】快捷键，弹出下拉式菜单，如图 2.5 所示。

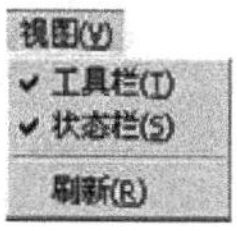

图 2.4 “视图”菜单

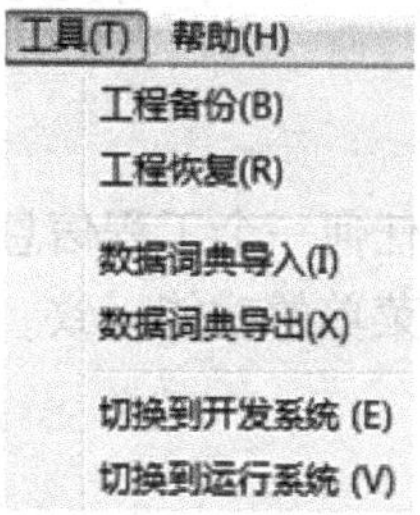

图 2.5 “工具”菜单

- 工具 (T)\工程备份 (B)

该菜单命令是将工程管理器中当前选中加亮的工程按照组态王指定的格式进行压缩备份。

- 工具 (T)\工程恢复 (R)

该菜单命令是将组态王的工程恢复到压缩备份前的状态。

- 工具 (T)\数据词典导入 (I)

为了使用户更方便地使用、查看、定义或打印组态王的变量，组态王提供了数据词典的导入/导出功能。数据词典导入命令是将 Excel 中定义好的数据或将由组态王工程导出的数据词典导入到组态王工程中。该命令常和数据词典导出命令配合使用。

- 工具 (T)\数据词典导出 (X)

该菜单命令是将组态王的变量导出到 Excel 格式的文件中，用户可以在 Excel 文件中查看或修改变量的一些属性，或直接在该文件中新建变量并定义其属性，然后导入到工程中。该命令常和数据词典导入命令配合使用。

- 工具 (T)\切换到开发系统 (E)

执行该命令进入组态王开发系统，同时将自动关闭工程管理器。打开的工程为工程管理器中指定的当前工程（标有当前工程标志的工程)。

- 工具 (T)\切换到运行系统 (V)

执行该命令进入组态王运行系统，同时将自动关闭工程管理器。打开的工程为工程管理器中指定的当前工程（标有当前工程标志的工程)。

4. 帮助菜单

- 帮助 (H)\关于组态王工程管理器 (A) …

执行该命令将弹出组态王工程管理器的版本号和版权等信息。

2.1.2 工程管理器工具条

组态王工程管理器工具条如图 2.6 所示。

工具条中的按钮功能与菜单中的功能相同。

图 2.6 工程管理器工具条

2.1.3 快捷菜单

在工程管理器内任何一个工程信息条上单击右键，弹出快捷菜单，如图 2.7 所示，快捷菜单的功能与普通菜单的功能一致。

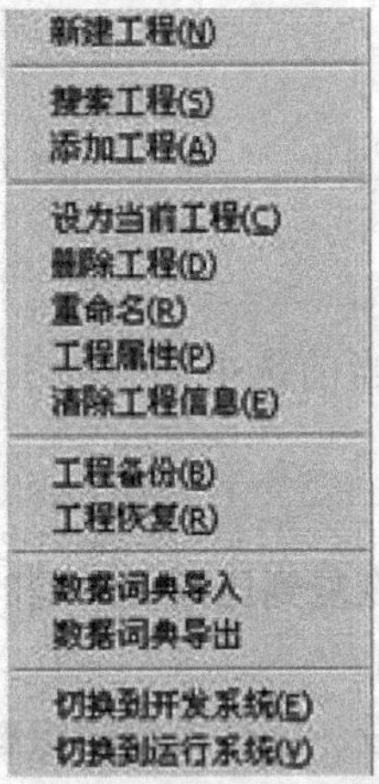

图 2.7 快捷菜单

2.1.4 如何新建一个工程

组态王提供新建工程向导。利用向导新建工程，使用户操作更简便、简单。单击菜单栏“文件\新建工程”命令或工具条“新建”按钮或快捷菜单“新建工程”命令后，弹出“新建工程向导之一——欢迎使用本向导”对话框，如图 2.8 所示。

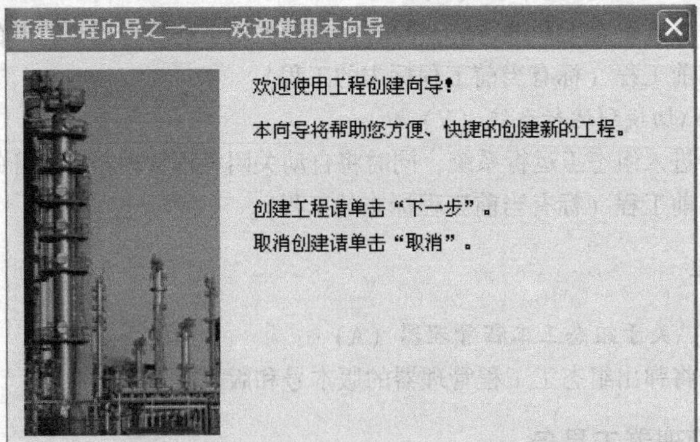

图 2.8 “新建工程向导之一——欢迎使用本向导”对话框

- 单击“取消”按钮退出新建工程向导。
- 单击“下一步”按钮继续新建工程。弹出“新建工程向导之二——选择工程所在路径”对话框，如图 2.9 所示。

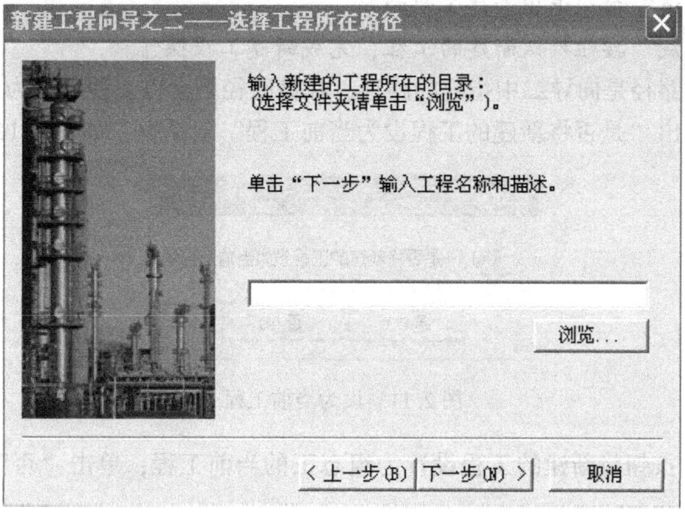

图 2.9 “新建工程向导之二——选择工程所在路径”对话框

在对话框的文本框中输入新建工程的路径，如果输入的路径不存在，系统将自动提示用户。或单击“浏览”按钮，从弹出的路径选择对话框中选择工程路径（可在弹出的路径选择对话框中直接输入路径）。

- 单击“上一步”按钮返回上一页向导对话框。
- 单击“取消”按钮退出新建工程向导。
- 单击“下一步”按钮进入“新建工程向导之三——工程名称和描述”对话框，如图 2.10 所示。

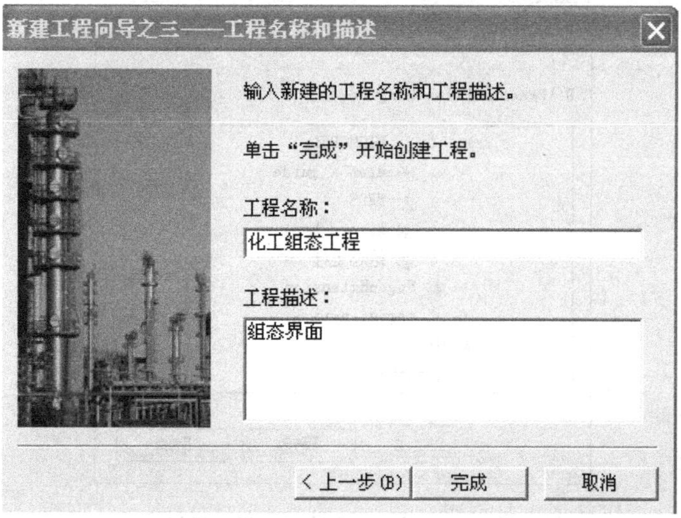

图 2.10 “新建工程向导之三——工程名称和描述”对话框

在“工程名称”文本框中输入新建工程的名称，名称有效长度小于32个字符。在“工程描述”中输入对新建工程的描述文本，描述文本有效长度小于40个字符。

- 单击“上一步”按钮返回向导的上一页。
- 单击“取消”按钮退出新建工程向导。
- 单击“完成”按钮确认新建的工程，完成新建工程操作。

新建工程的路径是向导二中指定的路径，在该路径下会以工程名称为目录建立一个文件夹。完成后弹出“是否将新建的工程设为当前工程”对话框，如图2.11所示。

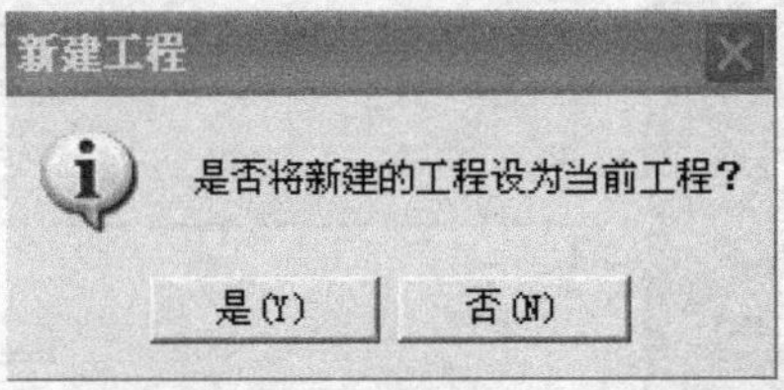

图2.11　设为当前工程

单击“是”按钮将新建的工程设置为组态王的当前工程；单击“否”按钮不改变当前工程的设置。

完成以上操作就可以新建一个组态王工程的工程信息了。此处新建的工程，在实际上并未真正创建工程，只是在用户给定的工程路径下设置了工程信息，当用户将此工程作为当前工程，并且切换到组态王开发环境时才真正创建工程。

2.1.5　如何找到一个已有的组态王工程

在工程管理器中使用“添加工程”命令来找到一个已有的组态王工程，并将工程的信息显示在工程管理器的信息显示区中。单击菜单栏“文件\添加工程”命令或快捷菜单“添加工程”命令后，弹出添加路径选择对话框，如图2.12所示。

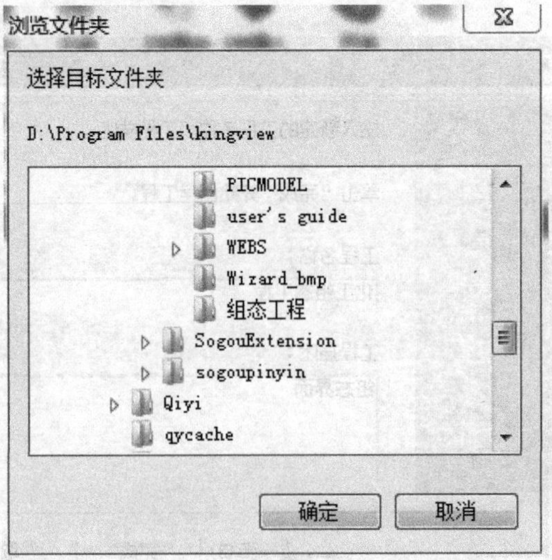

图2.12　添加工程路径选择对话框

选择想要添加的工程所在的路径。

- 确定：将选定的工程路径下的组态王工程添加到工程管理器中，如果选择的路径不是组态王的工程路径，则不能添加。
- 取消：取消添加工程操作。

单击“确定”按钮将指定路径下的工程添加到工程管理器显示区中。如图 2.13 所示。

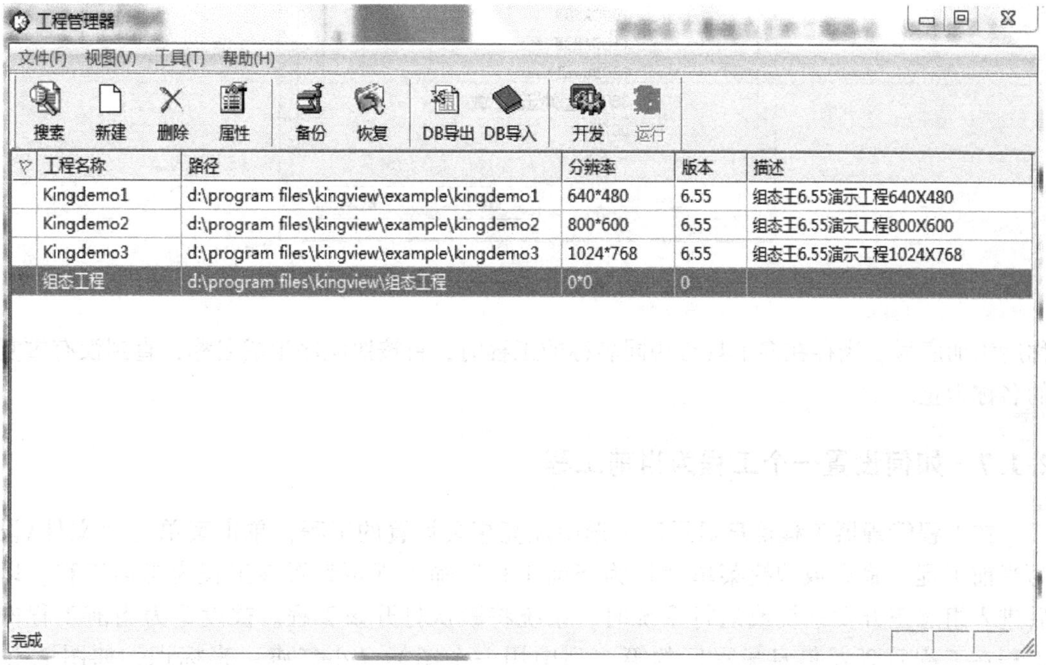

图 2.13　添加工程

如果添加的工程名称与当前工程信息显示区中存在的工程名称相同，则被添加的工程将动态生成一个工程名称，在工程名称后添加序号。当存在多个具有相同名称的工程时，将按照顺序生成名称，直到没有重复的名称为止。

2.1.6　如何找到一些已有的组态王工程

添加工程只能单独添加一个已有的组态王工程，要想找到更多的组态王工程，只能使用“搜索工程”命令。单击菜单栏“文件\搜索工程”命令或工具条“搜索”按钮或快捷菜单“搜索工程”命令后，弹出选择搜索路径对话框，如图 2.14 所示。

路径的选择方法与 Windows 的资源管理器相同，选定有效路径之后，单击“确定”按钮，工程管理器开始搜索工程。将搜索指定路径及其子目录下的所有工程。搜索完成后，搜索结果自动显示在管理器的信息显示区内，路径选择对话框自动关闭。单击“取消”按钮，取消搜索工程操作。

如果搜索到的工程名称与当前工程信息表格中存在的工程名称相同，或搜索到的工程中有相同名称的，在工程信息被添加到工程管理器时，将动态地生成工程名称，在工程名

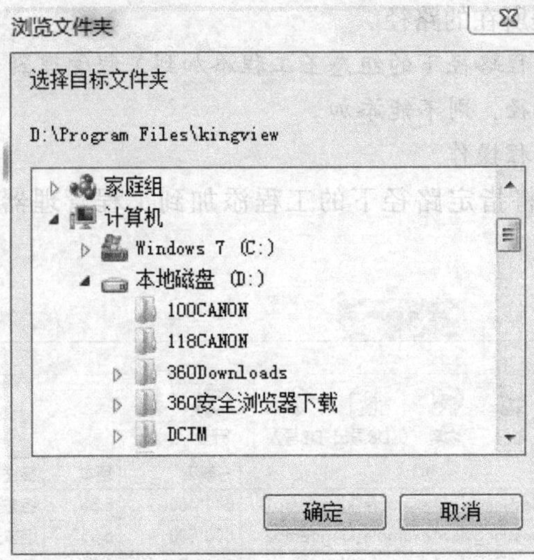

图 2.14　搜索工程路径选择对话框

称后添加序号。当存在多个具有相同名称的工程时，将按照顺序生成名称，直到没有重复的名称为止。

2.1.7　如何设置一个工程为当前工程

在工程管理器工程信息显示区中选中加亮想要设置的工程，单击菜单栏“文件\设为当前工程”命令或快捷菜单“设为当前工程”命令即可设置该工程为当前工程。以后进入组态王开发系统或运行系统时，系统将默认打开该工程。被设置为当前工程的工程在工程管理器信息显示区的第一列中用一个图标（小红旗）来标识，如图 2.15 所示。

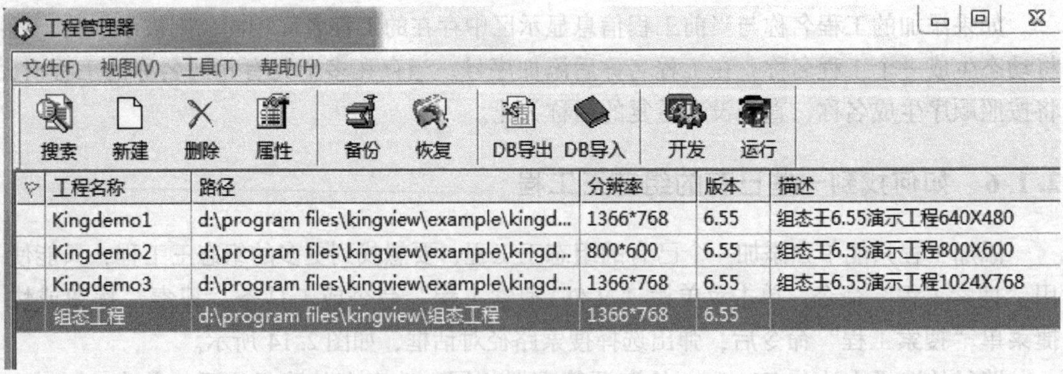

图 2.15　设置当前工程

注意：

只有当组态王的开发系统或运行系统没有打开时该项有效。

2.1.8　如何修改当前工程的属性

修改工程属性主要包括工程名称和工程描述两个部分。选中要修改属性的工程，使之加亮显示，单击菜单栏“文件\工程属性”命令或工具条“属性”按钮或快捷菜单“工程属性”命令后，弹出修改“工程属性”的对话框，如图 2.16 所示。

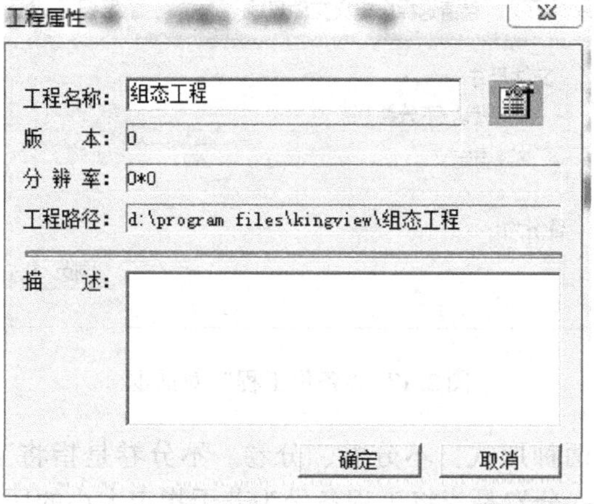

图 2.16　修改“工程属性”对话框

- “工程名称”文本框中显示的为原工程名称，用户可直接修改。
- “版本”、“分辨率”文本框中分别显示开发该工程的组态王软件版本和工程的分辨率。
- “工程路径”显示该工程所在的路径。
- “描述”显示该工程的描述文本，允许用户直接修改。

2.1.9　如何清除当前不需要显示的工程

选中要清除信息的工程，使之加亮显示，单击菜单栏“文件\清除工程信息”命令或快捷菜单“清除工程信息”命令后，将显示的工程信息条从工程管理器中清除，不再显示，执行该命令不会删除工程或改变工程。用户可以通过“搜索工程”或“添加工程”重新使该工程信息显示到工程管理器中。

注意：

清除工程信息命令只能将非当前工程的信息从工程管理器中删除，对于当前工程该命令无效。

2.1.10　如何备份和恢复工程

备份命令是将选中的组态王工程按照指定的格式进行压缩备份。恢复命令是将组态王的工程恢复到压缩备份前的状态。下面分别讲解如何备份和恢复组态王工程。

1. 工程备份

选中要备份的工程，使之加亮显示。单击菜单栏“工具\工程备份”命令或工具条

“备份”按钮或快捷菜单“工程备份”命令后，弹出“备份工程”对话框，如图 2.17 所示。

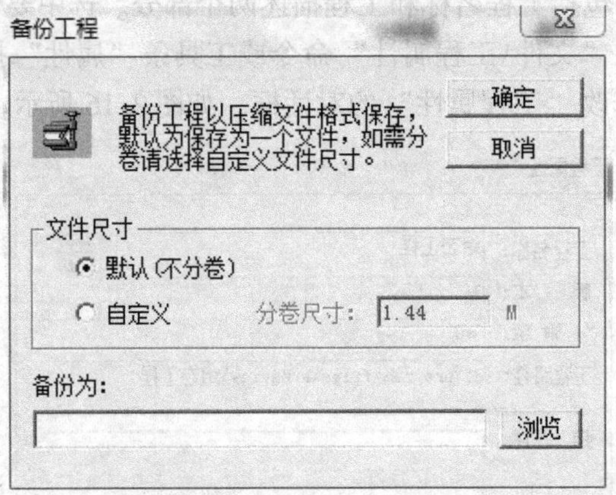

图 2.17 “备份工程”对话框

工程备份文件分为两种形式：不分卷、分卷。不分卷是指将工程压缩为一个备份文件，无论该文件有多大。分卷是指将工程备份为若干指定大小的压缩文件。系统的默认方式为不分卷。

默认（不分卷）：选择该选项，系统将把整个工程压缩为一个备份文件。单击“浏览”按钮，选择备份文件存储的路径和文件名称，如图 2.18 所示。工程被存储成扩展名为 . cmp 的文件，如：filename. cmp。工程备份完后，生成一个 filename. cmp 文件。

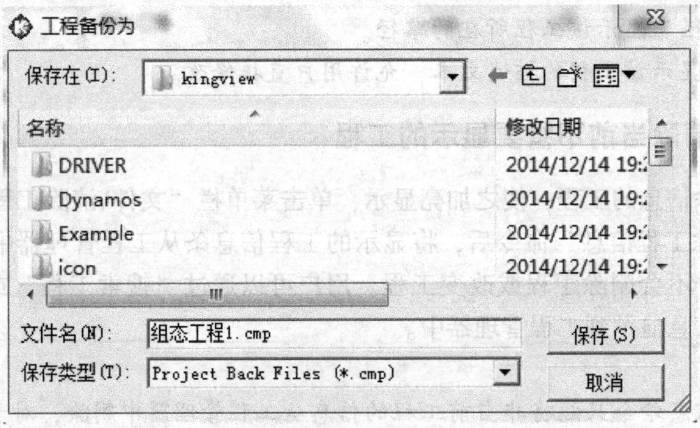

图 2.18 选择工程备份路径

自定义（分卷）：选择该选项，系统将把整个工程按照给定的分卷尺寸压缩为给定大小的多个文件。“分卷尺寸”文本框变为有效，在该文本中输入分卷的尺寸，即规定每个备份文件的大小，单位为兆。分卷尺寸不能为空，否则系统会提示用户输入分卷尺寸大小。单击“浏览”按钮，选择备份文件存储的路径和文件名称。分卷文件存储时会自动生成一系列文件，生成的第一个文件的文件名为所定义的文件名 . cmp，其他依次为：文件名 . c01、文件名 . c02……。如：定义的文件名为 filename，则备份产生的文件为：

filename. cmp、filename. c01、filename. c02……。

如果用户指定的存储路径为软驱，在保存时若磁盘满则系统会自动提示用户更换磁盘。这种情况下，建议用户使用“自定义”方式备份工程。

备份过程中在工程管理器的状态栏的左边有文字提示，右边有备份进度条标识当前进度。

注意：

备份的文件名不能为空。

2. 工程恢复

选择要恢复的工程，使之加亮显示。单击菜单栏“工具\工程恢复”命令或工具条“恢复”按钮或快捷菜单“工程恢复”命令后，弹出“选择要恢复的工程”对话框，如图 2. 19 所示。

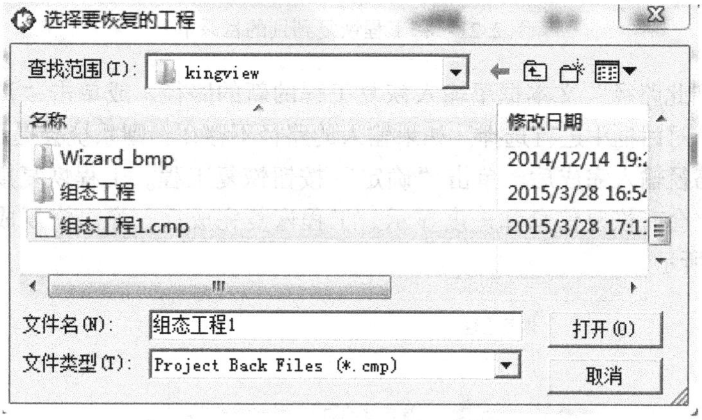

图 2. 19　“选择要恢复的工程”对话框

选择组态王备份文件——扩展名为 . cmp 的文件，如上例中的 filename. cmp。单击“打开”按钮，弹出“恢复工程”对话框，如图 2. 20 所示。

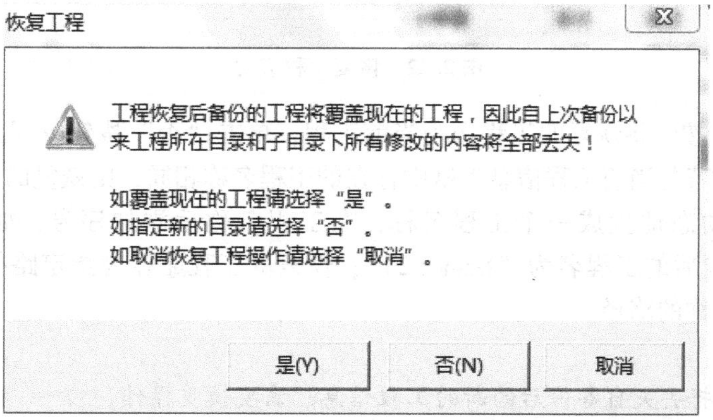

图 2. 20　“恢复工程”对话框

单击“是”按钮，则以前备份的工程覆盖当前的工程。如果恢复失败，系统会自动将工程还原为恢复前的状态。恢复过程中，工程管理器的状态栏上会有文字提示信息和进度条显示恢复进度。

单击“取消”按钮取消恢复工程操作。

单击“否”按钮，则另行选择工程目录，将工程恢复到别的目录下。单击“浏览”按钮后弹出路径选择对话框，如图2.21所示。

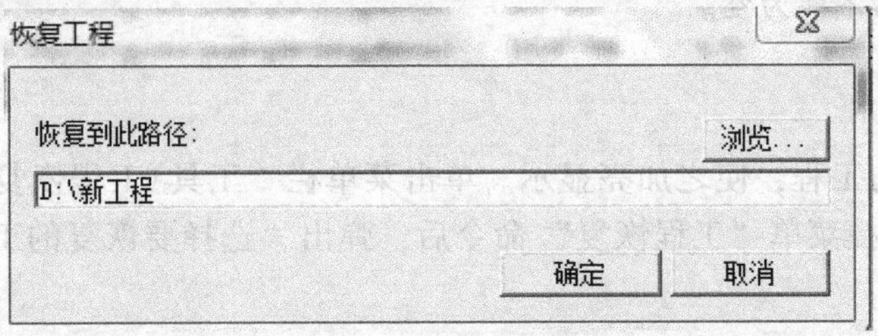

图2.21　将工程恢复到别的目录下

在“恢复到此路径”文本框里输入恢复工程的新的路径。或单击“浏览”按钮，在弹出的路径选择对话框中进行选择。如果输入的路径不存在，则系统会提示用户是否自动创建该路径。路径输入完成后，单击“确定”按钮恢复工程。工程恢复期间，在工程管理器的状态栏上会有恢复信息和进度显示。工程恢复完成后，弹出恢复成功与否的信息框，如图2.22所示。

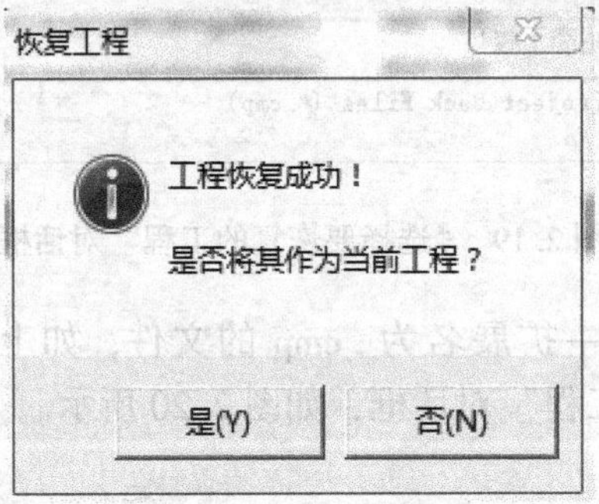

图2.22　恢复工程成功

单击“是”按钮将恢复的工程作为当前工程，单击“否”按钮返回工程管理器。恢复的工程的名称若与当前工程信息表格中存在的工程名称相同，则恢复的工程添加到工程信息表格时将动态地生成一个工程名称，在工程名称后添加序号，如：原工程名为“Demo”，则恢复后的工程名为“Demo(2)”；恢复的工程路径为指定路径下的以备份文件名为子目录名称的路径。

注意：

- 恢复工程将丢失自备份后的新的工程信息。需要慎重操作。
- 如果用户选择的备份工程不是原工程的备份时，系统在进行覆盖恢复时，会提示工程错误。

2.1.11　如何删除工程

选中要删除的工程，该工程为非当前工程，使之加亮显示，单击菜单栏“文件\删除工程”命令或工具条“删除”按钮或快捷菜单“删除工程”命令后，为防止用户误操作，弹出“删除工程”确认对话框，提示用户是否确定删除，如图 2.23 所示。单击“是”按钮删除工程，单击“否”按钮取消删除工程操作。删除工程将从工程管理器中删除该工程的信息，工程所在目录将被全部删除，包括子目录。

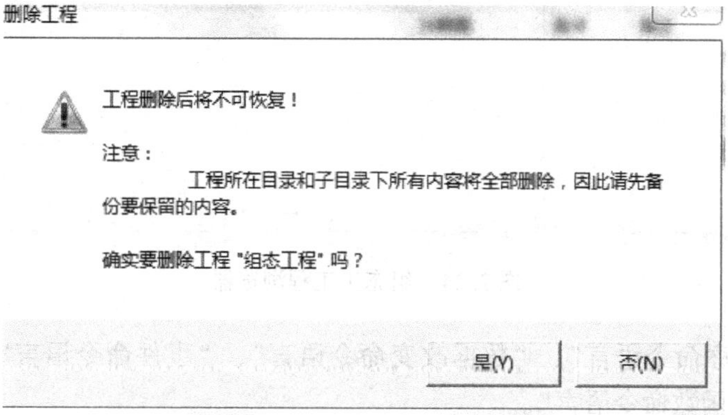

图 2.23　确认删除工程

注意：

删除工程将把工程的所有内容全部删除，不可恢复。用户应注意操作。

2.2　KingView 工程浏览器

工程浏览器是组态王的一个重要组成部分，它将图形画面、命令语言、设备驱动程序、配方、报警、网络等工程元素集中管理，工程人员可以一目了然地查看工程的各个组成部分。工程浏览器简便易学，操作界面和 Windows 中的资源管理器非常类似，为工程的管理提供了方便、高效的手段。

组态王开发系统内嵌于组态王工程浏览器，又称为画面开发系统，是应用程序的集成开发环境，工程人员在这个环境里进行系统开发。

2.2.1　工程浏览器概述

组态王工程浏览器的结构如图 2.24 所示。工程浏览器左侧是“工程目录显示区”，主要展示工程的各个组成部分。主要包括“系统”，“变量”，“站点”和“画面”四部分，这四部分的切换是通过工程浏览器最左侧的 Tab 标签实现的。

“系统”部分共有“Web”、“文件”、“数据库”、“设备”、“系统配置”和“SQL 访问管理器”等六大项。

“Web”为组态王 For Internet 功能画面发布工具。

“文件”主要包括：“画面”、“命令语言”、“配方”和“非线性表”。其中命令语言

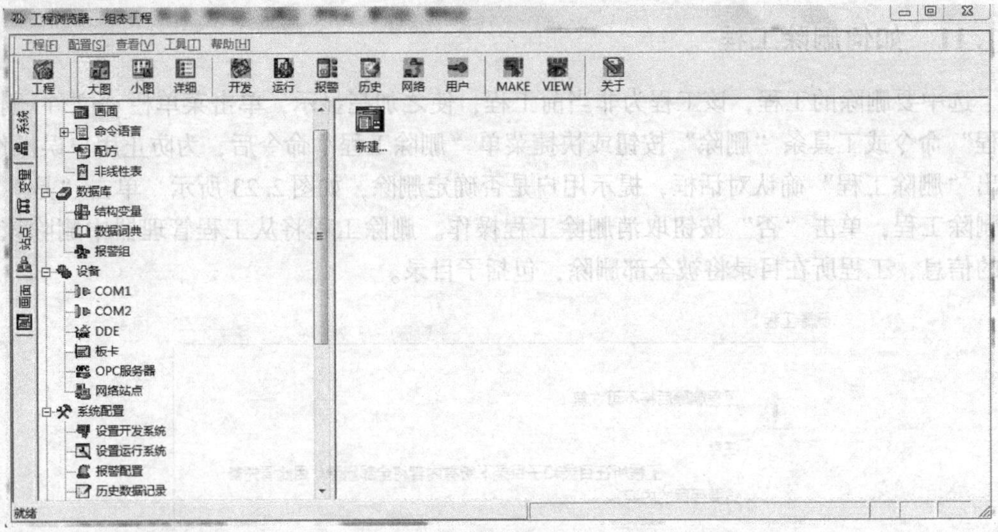

图 2.24　组态王工程浏览器

又包括“应用程序命令语言”、“数据改变命令语言”、“事件命令语言”、“热键命令语言”和“自定义函数命令语言”。

“数据库”主要包括：“结构变量”、“数据词典”和“报警组”。

“设备”主要包括：“串口 1（COM1）”、“串口 2（COM2）”、“DDE 设备”、“板卡”、“OPC 服务器”和“网络站点”。

“系统配置”主要包括：“设置开发系统”、“设置运行系统”、“报警配置”、“历史数据记录”、“网络配置”、“用户配置”和“打印配置”。

“SQL 访问管理器”主要包括：“表格模板”和“记录体”。

“变量”部分主要为变量管理，包括变量组。

“站点”部分显示定义的远程站点的详细信息。

“画面”部分用于对画面进行分组管理，创建和管理画面组。

右侧是“目录内容显示区”，将显示每个工程组成部分的详细内容，同时对工程提供必要的编辑修改功能。

组态王的工程浏览器由 Tab 标签条、菜单栏、工具栏、工程目录显示区、目录内容显示区、状态栏组成。工程目录显示区以树形结构图显示功能节点，用户可以扩展或收缩工程浏览器中所列的功能项。

目录显示区操作方法如下：

（1）打开“功能配置”对话框。

双击功能项节点，则工程浏览器扩展该项的成员并显示出来。如果选中某一个节点，如“应用程序命令语言”，在目录内容显示区中显示“请双击这儿进入 < 应用程…”图标，则可双击该节点，即可打开该功能的配置对话框；用户也可以在目录内容显示区中选中“请双击这儿进入 < 应用程…”图标，然后双击，可打开该功能的配置对话框。

（2）扩展大纲节点。

单击大纲项前面的“+”号，则工程浏览器扩展该项的成员并显示出来。

(3) 收缩大纲节点。

单击大纲项前面的“－”号，则工程浏览器收缩该项的成员并只显示大纲项。

● 目录内容显示区操作方法如下：

组态王支持鼠标右键的操作，合理使用鼠标右键将大大提高您使用组态王的效率。如果在工程目录显示区选中某一个成员名后（比如“画面”成员名），在目录内容显示区中显示“新建”图标，则可在目录内容显示区中的任何位置单击右键，弹出相应浮动式菜单进行操作；用户也可以在目录内容显示区中选中“新建”图标，然后双击，则弹出相应对话框。

2.2.2　工程浏览器菜单命令的使用

1. 工程菜单

用鼠标单击菜单栏上的“工程”菜单，弹出下拉式菜单，如图 2.25 所示。

(1) 工程\启动工程管理器。

此菜单命令用于打开工程管理器，单击“工程\启动工程管理器”菜单，则弹出“工程管理器”窗口，如图 2.26 所示。

利用组态王工程管理器可以使用户集中管理本机上的所有组态王工程。工程管理器的主要功能包括：新建、删除工程，对工程重命名，搜索组态王工程，修改工程属性，工程的备份、恢复，数据词典的导入、导出，切换到组态王开发或运行环境等。

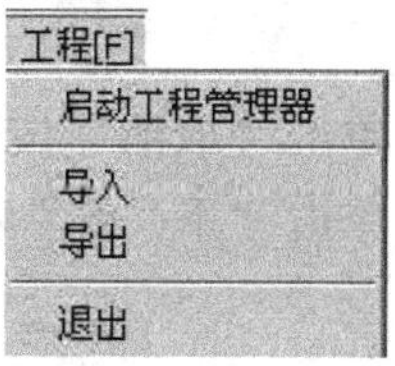

图 2.25　工程菜单

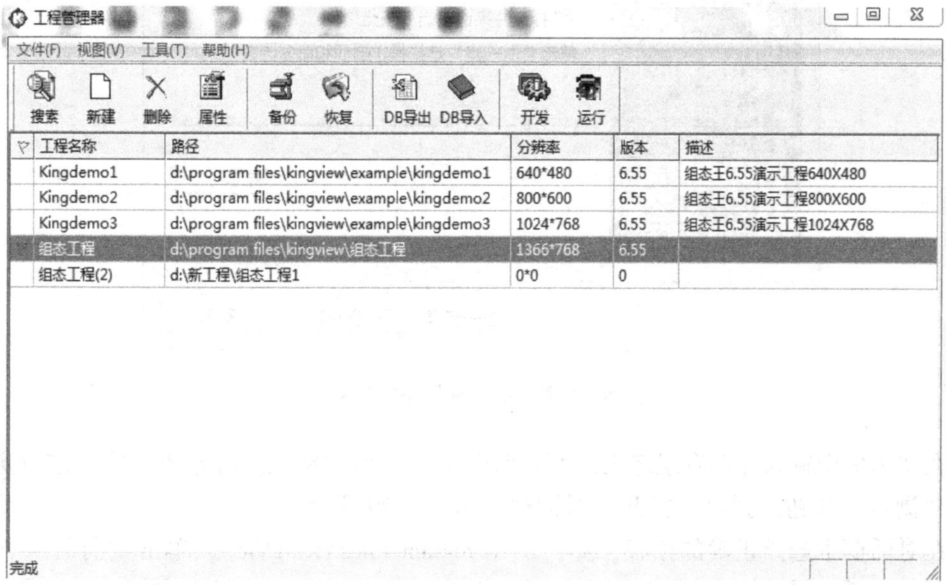

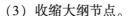

图 2.26　组态王工程管理器

(2) 工程\导入。

此菜单命令用于将另一组态王工程的画面和命令语言导入到当前工程中。单击“工程\导入”菜单，则弹出“画面和命令语言导入向导”对话框，如图 2.27 所示。

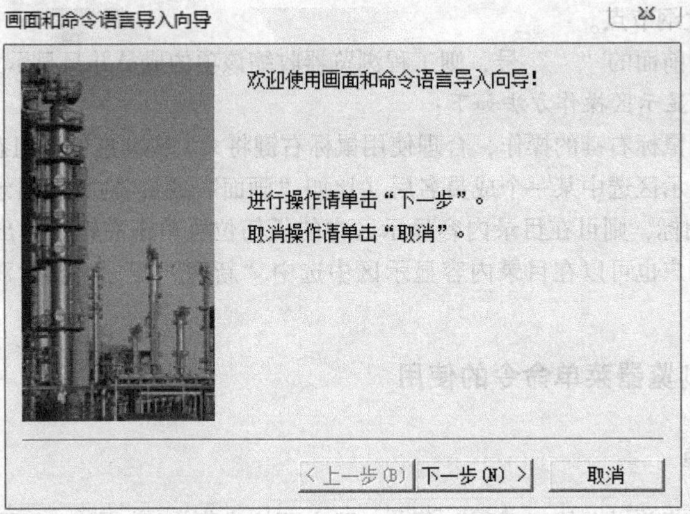

图 2.27 “画面和命令语言导入向导”对话框

单击“取消”按钮：用于退出画面和命令语言导入向导；

单击“下一步”按钮：用于进入“第一步：选择路径”对话框，如图 2.28 所示。

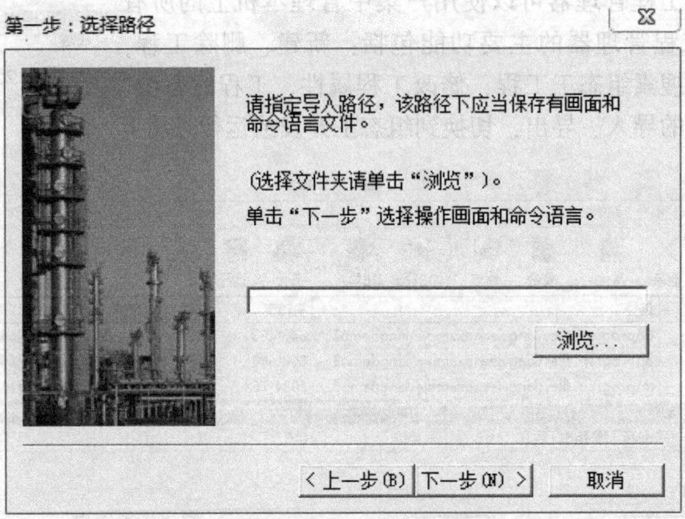

图 2.28 “第一步：选择路径”对话框

在文本框中输入保存有组态王画面和命令语言文件的路径。若希望对路径进行选择，单击“浏览”按钮，弹出“打开”对话框，如图 2.29 所示。

在对话框中选择正确的路径，如：D:\Program Files\KingView，单击“打开”按钮，则返回到“第一步：选择路径”对话框，选择的路径显示在路径文本框内。如图 2.30 所示。

单击“上一步”按钮：用于返回“画面和命令语言导入向导”对话框。

单击“下一步”按钮：用于进入“第二步：选择画面和命令语言”对话框。如图 2.31所示。

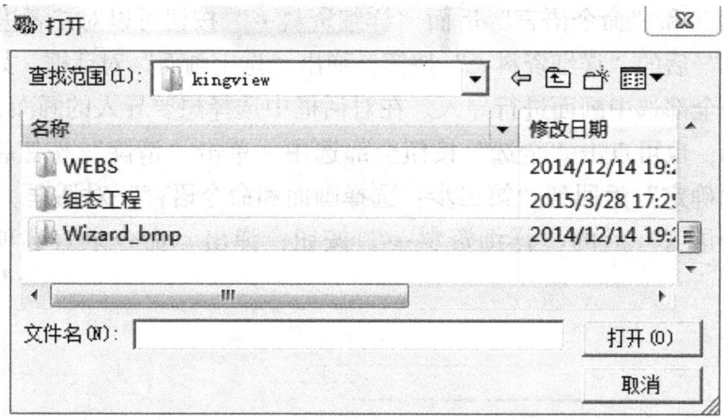

图 2.29 “打开”对话框

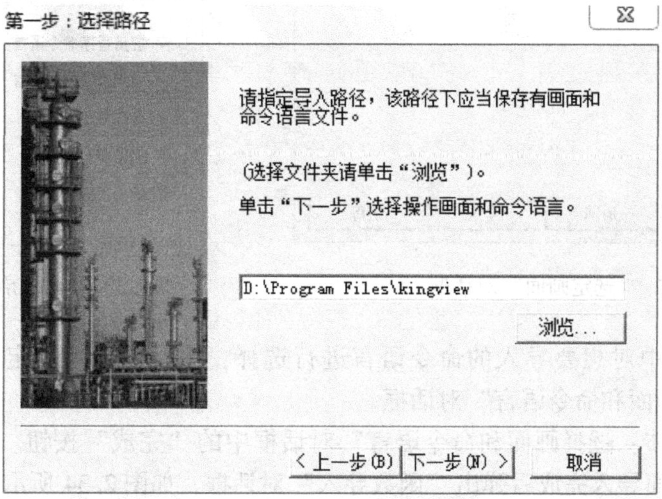

图 2.30 “第一步：选择路径”对话框

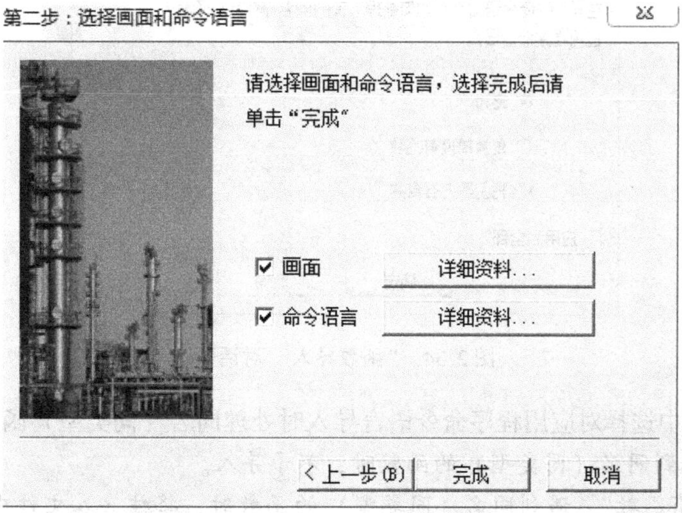

图 2.31 “第二步：选择画面和命令语言”对话框

单击“画面”和“命令语言”后面“详细资料…”按钮可以对二者进行详细选择。

单击“画面”后的“详细资料…”按钮，弹出“选定画面”对话框。如图2.32所示。

系统默认是全部选中画面进行导入。在对话框中选择想要导入的画面，可用鼠标对画面进行逐一选择，也可点击“全选”按钮全部选中。单击“清除”按钮将清除全部选定的画面。单击“确定”返回到“第二步：选择画面和命令语言”对话框。

单击“命令语言”后的“详细资料…”按钮，弹出“命令语言选项”对话框。如图2.33所示。

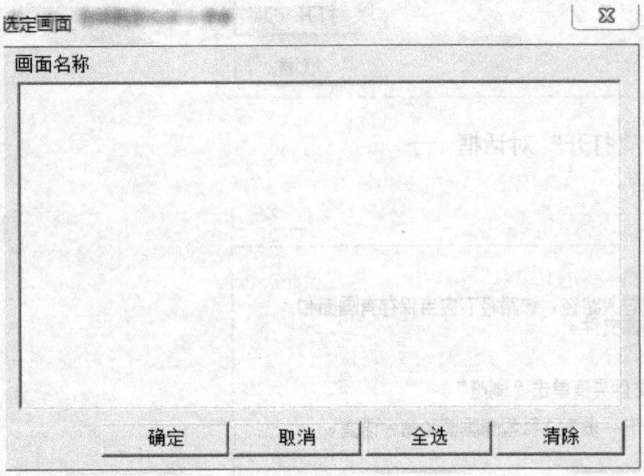

图2.32 “选定画面”对话框

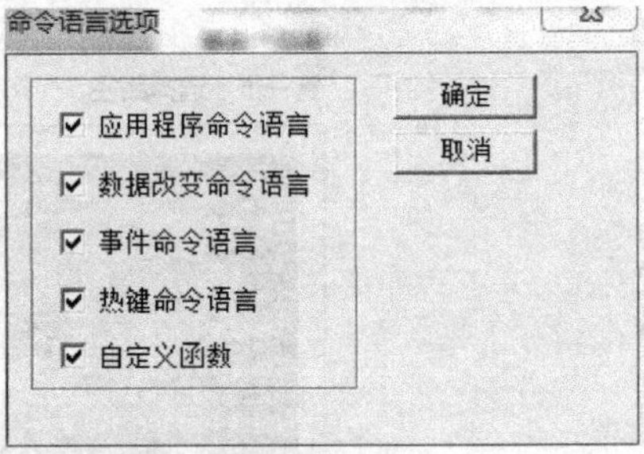

图2.33 “命令语言选项”对话框

在此对话框中对想要导入的命令语言进行选择，然后单击“确定”按钮，返回到“第二步：选择画面和命令语言”对话框。

单击“第二步：选择画面和命令语言”对话框中的“完成”按钮。系统首先完成对画面的导入。画面导入完成后弹出“函数导入”对话框，如图2.34所示。

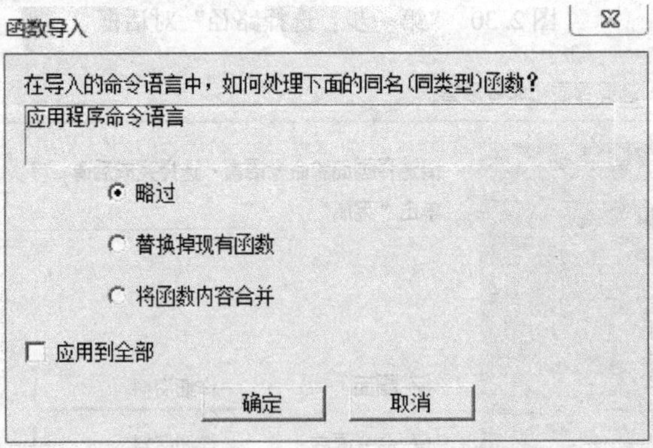

图2.34 “函数导入”对话框

在此对话框中选择对应用程序命令语言导入时处理同名（同类型）函数的规则。

“略过”：遇到同名（同类型）的函数时，不予导入。

“替换掉现有函数”：遇到同名（同类型）的函数时，将被导入文件中的同名（同类型）函数替换现有的函数。

“将函数内容合并”：遇到同名（同类型）的函数时，将被导入文件中的同名（同类型）函数的内容合并到现有的函数中。

“应用到全部”：选中此复选框，则对数据改变命令语言、事件命令语言、热键命令语言和自定义函数命令语言都应用同样的规则。否则将依次出现各种命令语言的“函数导入”对话框。

单击“确定”按钮，系统进行命令语言的导入。

导入命令语言结束后，就将其他组态王工程中的画面和命令语言导入到当前的组态王工程中。

（3）工程\导出。

此菜单命令用于将当前组态王工程的画面和命令语言导出到指定文件夹中。单击“工程\导出”菜单，则弹出“画面和命令语言导出向导”对话框，如图 2. 35 所示。

图 2. 35　“画面和命令语言导出向导”对话框

单击“取消”按钮：用于退出画面和命令语言导出向导；

单击“下一步”按钮：用于进入“第一步：选择路径”对话框。如图 2. 36 所示。

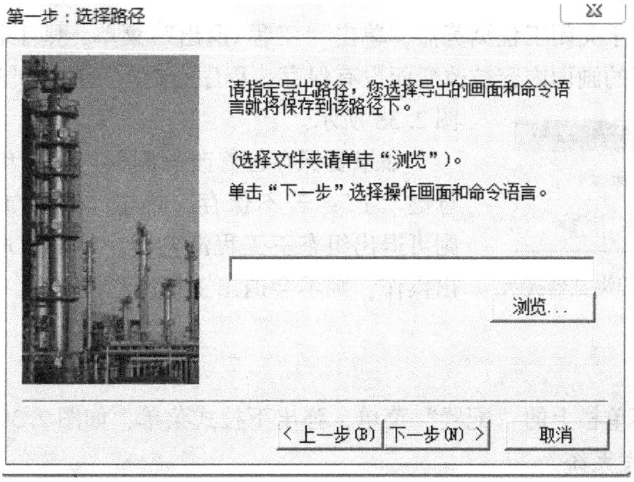

图 2. 36　“第一步：选择路径”对话框

在画面文本框中输入要导出组态王画面和命令语言所要保存的路径。若希望对路径进行选择，单击“浏览”按钮，弹出“打开”对话框，操作方法与导入画面和命令语言时选择路径相同。单击“下一步”按钮，进入“第二步：选择画面和命令语言”对话框。如图 2.37 所示。

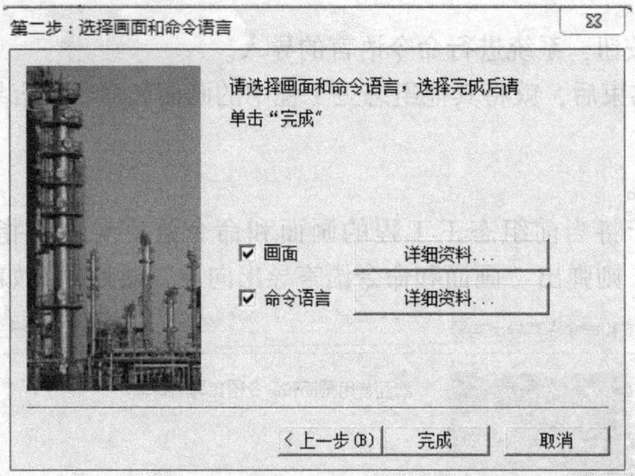

图 2.37 “第二步：选择画面和命令语言”对话框

单击“画面”和“命令语言”后面“详细资料…”按钮可以对二者进行详细选择。使用方法与导入画面和命令语言详细选择画面和命令语言相同。

单击“完成”按钮，系统完成对选定画面和命令语言的导出。可以在相应的导出路径下看到导出的文件。在文件夹中的文件有三种类型：＊. pic（画面中所有图素的信息文件）、＊. cfg（各种命令语言的信息文件）和＊. dat（画面属性的信息文件）。具体工程文件都有什么作用，请详见“附录 A 组态王使用的数据文件”。

注意：

使用“工程导入\工程导出”菜单命令可以重新使用旧工程中的画面和命令语言，减少工程制作人员的工作量，使组态王工程具有可重用性。

(4) 工程\退出。

此菜单命令用于关闭工程浏览器，单击“工程\退出”菜单，则工程浏览器退出。若界面开发系统中有的画面内容被改变而没有保存，程序会提示工程人员选择是否保存。如图 2.38 所示。

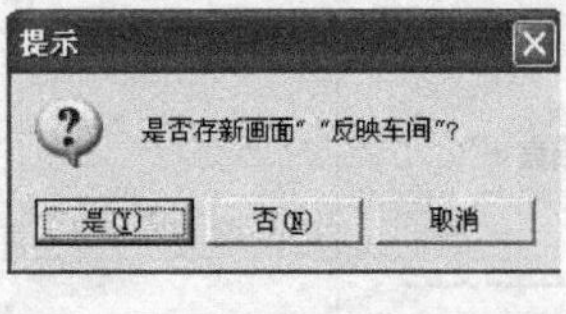

图 2.38 退出工程浏览器提示

如果要保存已修改的画面内容，单击“是”或按字母键“Y”；若不保存，单击“否”或按字母键“N”，则可退出组态王工程浏览器。单击“取消”按钮取消退出操作，则不会退出工程浏览器。

2. 配置菜单

用鼠标单击菜单栏上的“配置”菜单，弹出下拉式菜单，如图 2.39 所示。

(1) 配置\开发系统。

此菜单命令用于对开发系统外观进行设置。单击“配置\开发系统”菜单，弹出“开发系统外观定制” 对话框。如图 2.40 所示。

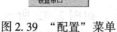

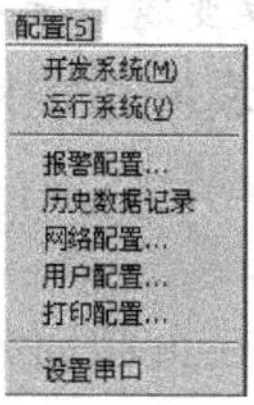

图 2.39 “配置” 菜单

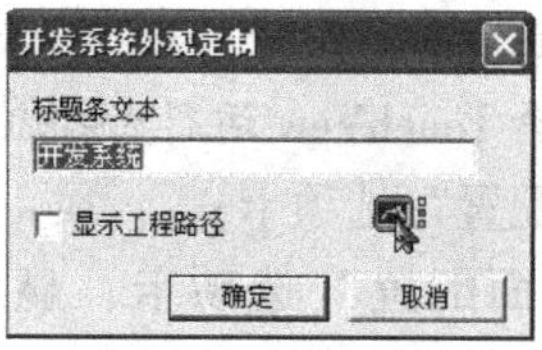

图 2.40 “开发系统外观定制” 对话框

标题条文本：此编辑框用于输入组态王画面开发系统标题栏中的标题。

显示工程路径：选择此选项使当前工程路径显示在组态王开发系统的标题栏中。

(2) 配置\运行系统。

此菜单命令是用于对运行系统外观、定义运行系统基准频率、设定运行系统启动时自动打开的主画面等。单击 “配置\运行系统” 菜单，弹出 “运行系统设置” 对话框。如图 2.41 所示。

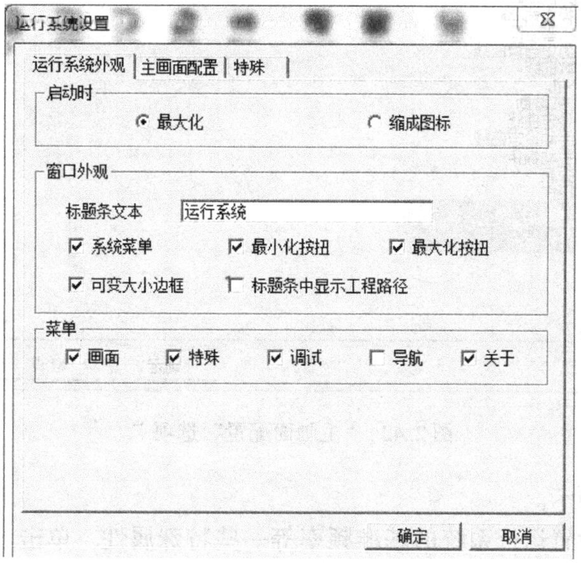

图 2.41 “运行系统设置” 对话框

“运行系统设置” 对话框由 3 个配置属性组成。

① “运行系统外观” 选项卡。

此选项卡中各项的含义和使用介绍如下：

- 启动时最大化：TouchVew 启动时占据整个屏幕。
- 启动时缩成图标：TouchVew 启动时自动缩成图标。
- 标题条文本：此文本框用于输入 TouchVew 运行时出现在标题栏中的标题。若此内容为空，则 TouchVew 运行时将隐去标题条，全屏显示。
- 系统菜单：选择此选项使 TouchVew 运行时标题栏中带有系统菜单框。
- 最小化按钮：选择此选项使 TouchVew 运行时标题栏中带有最小化按钮。

- 最大化按钮：选择此选项使 TouchVew 运行时标题栏中带有最大化按钮。
- 可变大小边框：选择此选项使 TouchVew 运行时，可以改变窗口大小。
- 标题条中显示工程路径：选择此选项使当前应用程序目录显示在标题栏中。
- 菜单：选择 TouchVew 运行时要显示的菜单。

②“主画面配置”选项卡。

单击“主画面配置”选项卡，显示该属性页，同时属性页画面列表对话框中列出了当前工程中所有有效的画面，选中的画面加亮显示。如图 2.42 所示。此属性页指定了 TouchVew 运行系统启动时自动加载的画面。如果几个画面互相重叠，最后调入的画面在前面显示。

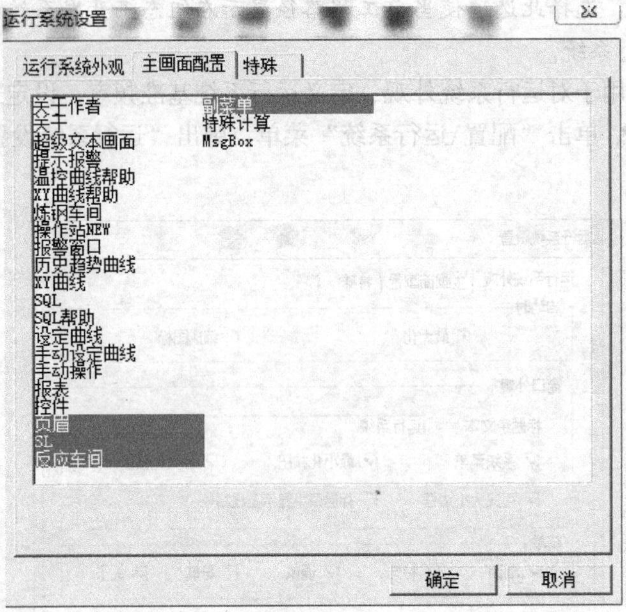

图 2.42 “主画面配置”选项卡

③“特殊”选项卡。

此选项卡用于设置运行系统的基准频率等一些特殊属性，单击“特殊”选项卡，则弹出如图 2.43 所示的对话框。

- 运行系统基准频率：是一个时间值。所有其他与时间有关的操作选项（如：有“闪烁”动画连接的图形对象的闪烁频率、趋势曲线的更新频率、后台命令语言的执行）都以它为单位，是它的整数倍。组态王最高基准频率为 55 毫秒。
- 时间变量更新频率：用于控制 TouchVew 在运行时更新系统时间变量（如 $秒、$分、$时等）的频率。
- 通信失败时显示上一次的有效值：用于控制组态王中的 IO 变量在通信失败后在画面上的显示方式。选中此项后，对于组态王画面上 IO 变量的“值输出”连接，在设备通信失败时画面上将显示组态王最后采集的数据值，否则将显示“???”。
- 禁止退出运行环境：选择此选项后，其左边复选框内出现“✓”号。选择此选项使 TouchVew 启动后，用户不能使用系统的“关闭”按钮或菜单来关闭程序，使程序退出运行。但用户可以在组态王中使用 EXIT( ) 函数控制程序退出。

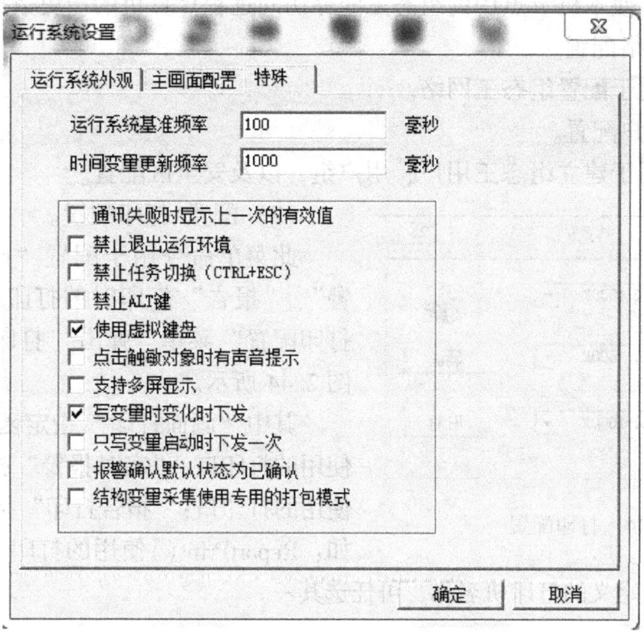

图 2.43　“特殊”选项卡

- 禁止任务切换（Ctrl + Esc）：选择此选项后，其左边小方框内出现“✓”号。选择此选项将禁止使用【Ctrl + Esc】组合键，用户不能作任务切换。
- 禁止 Alt 键：选择此选项后，其左边小方框内出现“✓”号。选择此选项将禁止使用【Alt】键，用户不能用【Alt】键调用菜单命令。

注意：若将上述所有选项选中时，只有使用组态王提供的内部函数 Exit (Option) 退出。

- 使用虚拟键盘：选择此选项后，其左边小方框内出现“✓”号。画面程序运行时，当需要操作者使用键盘时，比如输入模拟值，则弹出模拟键盘窗口，操作者用鼠标在模拟键盘上选择字符即可输入。
- 点击触敏对象时有声音提示：选择此选项后，其左边小方框内出现“✓”号。则系统运行时，鼠标单击按钮等可操作的图素时，蜂鸣器发出声音。
- 支持多屏显示：选择此选项后，其左边小方框内出现“✓”号。选择此选项支持多显卡显示，可以一台主机接多个显示器，组态王画面在多个显示器上显示。
- 写变量变化时下发：选择此选项后，如果变量的采集频率为 0，组态王写变量的时候，只有变量值发生变化才写，否则不写。
- 只写变量启动时下发一次：对于只写变量，选择此选项后，运行组态王，将初始值向下写一次，否则不写。

(3) 配置\报警配置。

此菜单命令用于将报警和事件信息输出到文件、数据库和打印机中的配置。

(4) 配置\历史数据记录。

此菜单命令和历史数据的记录有关，是用于对历史数据记录文件保存路径和其他参数

(如数据保存天数) 进行配置。从而可以利用历史趋势曲线显示历史数据。也可进行分布式历史数据配置，使本机节点中的组态王能够访问远程计算机的历史数据。

(5) 配置\网络配置。

此菜单命令用于配置组态王网络。

(6) 配置\用户配置。

此菜单命令用于建立组态王用户、用户组，以及安全区配置。

(7) 配置\打印配置。

此菜单命令用于配置“画面”、“实时报警”、“报告”打印时的打印机。单击“配置\打印配置”菜单，弹出“打印配置”画面。如图 2.44 所示。

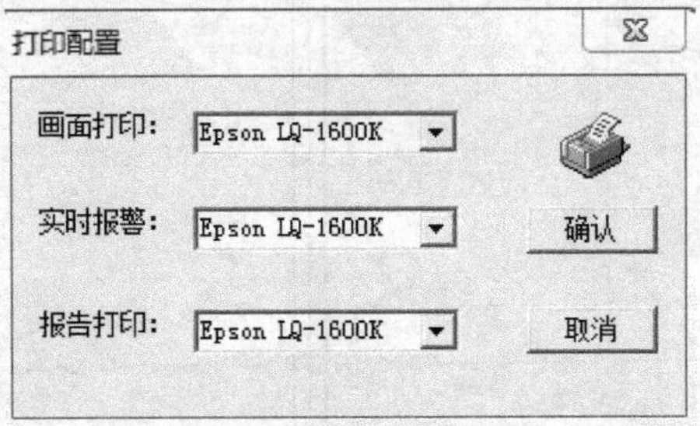

图 2.44　打印配置

其中“画面打印”指定函数 PrintWindow( )使用的打印口；“实时报警”指定实时报警打印使用的打印口；“报告打印”指定报表打印函数，如：ReportPrint( )使用的打印口。各个列表框中列出了本机上用户定义的打印机名称，可任选其一。

注意：

这里的打印配置设置的是本地并口的打印机，也是为兼容组态王早期版本而保留的。组态王 6.5 以上版本的画面打印、报表打印和通用控件的打印均可使用网络打印机，或系统默认的其他类型的打印机，不必在此处进行设置。

(8) 配置\设置串口。

此菜单命令用于配置串口通信参数及对 Modem 拨号的设置。单击工程浏览器“工程目录显示区”中“设备”上的“COM1”或“COM2”，然后单击“配置\设置串口”菜单；或是直接双击“COM1”或“COM2”。弹出“设置串口”对话框。如图 2.45 所示。

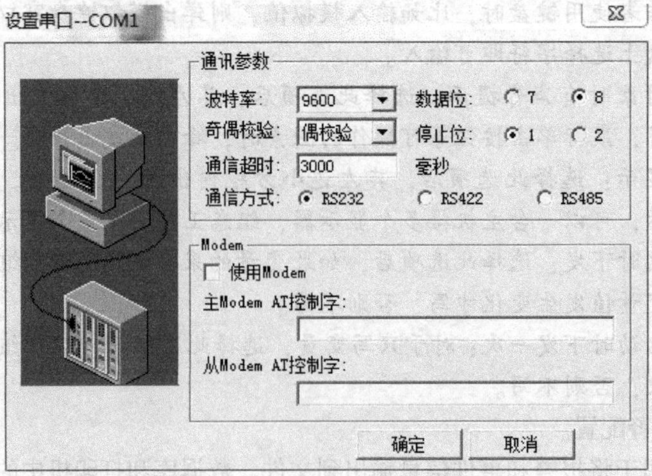

图 2.45　“设置串口”对话框

3. 查看菜单

用鼠标单击菜单栏上的“查看”菜单，弹出下拉式菜单，如图 2.46 所示。

(1) 查看\工具条。

此菜单命令用于显示\关闭工程浏览器的工具条，当工具条菜单左边出现“✓”号时，显示工具条，当工具条菜单左边没有出现“✓”号时，工具条消失。

(2) 查看\状态条。

此菜单命令用于显示\关闭工程浏览器的状态条，当状态条菜单左边出现“✓”号时，显示状态条，当状态条菜单左边没有出现“✓”号时，状态条消失。

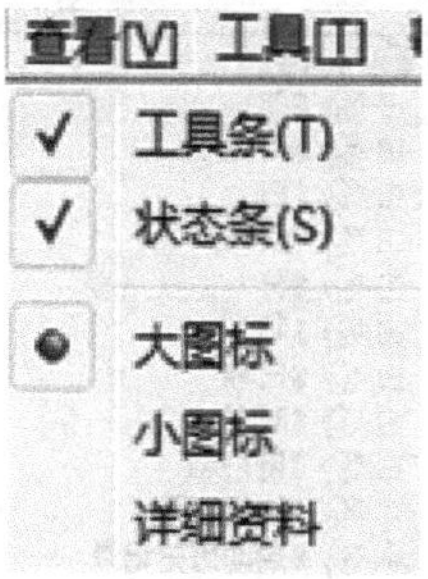

图 2.46 “查看”菜单

(3) 查看\大图标。

此菜单命令用于将目录内容显示区中的内容以大图标显示。当“大图标”菜单左边出现“·”号时，显示大图标。

(4) 查看\小图标。

此菜单命令用于将目录内容显示区中的内容以小图标显示。当“小图标”菜单左边出现“·”号时，显示小图标。

(5) 查看\详细资料。

此菜单命令用于将目录内容显示区中各成员项所包含的全部详细内容显示出来。

4. 工具菜单

用鼠标单击菜单栏上的“工具”菜单，弹出下拉式菜单，如图 2.47 所示。

(1) 工具\查找数据库变量。

此菜单命令用于查找指定数据库中的变量，并且显示该变量的详细情况供用户修改。单击工程浏览器“工程目录显示区”中的“变量词典”项时，该菜单命令由灰色（不可用）变为黑色（可用）。弹出“查找”对话框。如图 2.48 所示。

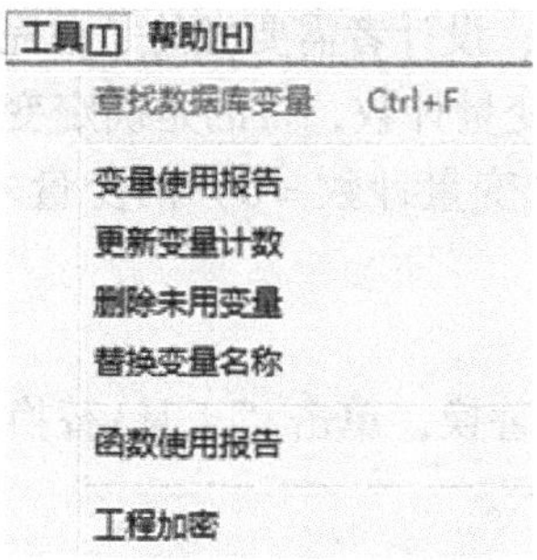

图 2.47 “工具”菜单

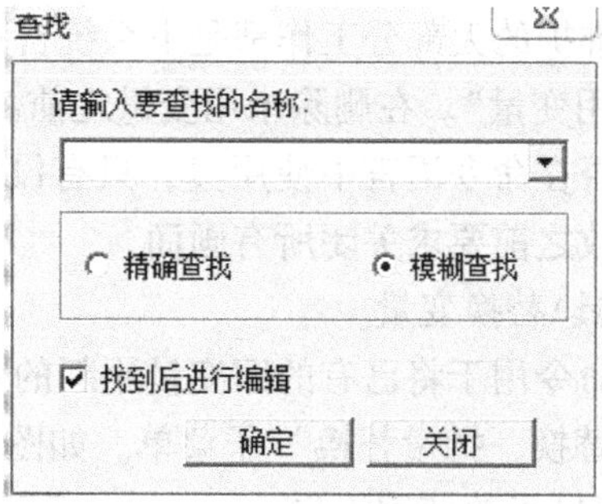

图 2.48 “查找”对话框

(2) 工具\变量使用报告。

此菜单命令用于统计组态王变量的使用情况，即变量所在的画面以及使用变量的图素在画面中的坐标位置和使用变量的命令语言的类型。单击“工具\变量使用报告”菜单，系统对变量进行统计交替弹出“调入…画面”、“统计…画面”等对话框，直到统计完成，弹出“变量使用报告”对话框。如图 2. 49 所示。

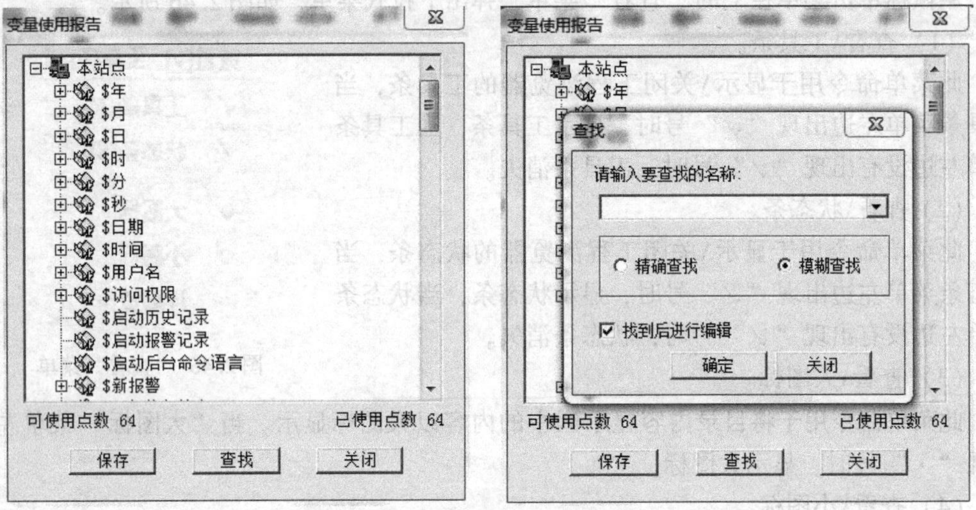

图 2. 49 “变量使用报告”对话框

点击“查找”按钮，可以快速查找到某个变量的位置及使用变量的图素在画面中的坐标位置和使用变量的命令语言的类型。

(3) 工具\更新变量计数。

数据库采用对变量引用进行计数的办法来表明变量是否被引用，“变量引用计数”为 0 表明数据定义后没有被使用过。当删除、修改某些连接表达式，或删除画面，使变量引用计数变化时，数据库并不自动更新此计数值。用户需要使用更新变量计数命令来统计、更新变量使用情况。

一般情况下工程人员不需要选择此命令，在应用设计结束时作最后的清理工作时才会用到此项功能。

(4) 工具\删除未用变量。

数据库维护的大部分工作都是由系统自动完成的，设计者需要做的是在完成的最后阶段“删除未用变量”。在删除未用变量之前需要更新变量计数，目的是确定变量是否有动画连接或是否在命令语言中使用过，只有没使用过（变量计数 =0）的变量才可以删除。更新变量计数之前要求关闭所有画面。

(5) 工具\替换变量。

此菜单命令用于将已有的旧变量用新的变量名来替换，单击“工具\替换变量名称”，弹出“单个替换、批量替换”子菜单。如图 2. 50 所示。

(6) 工具\函数使用报告。

组态王 6. 55 新增的函数使用报告功能为用户准确提供了工程中函数的使用情况，该功能显示的函数包括组态王函数、控件的属性和方法，以及用户自定义函数。

在工程浏览器中，选中“工具/函数使用报告”选项，弹出如图 2. 51 所示的对话框。

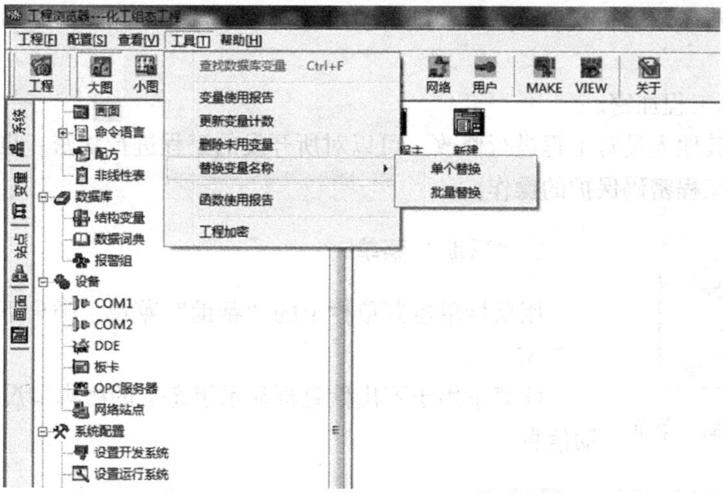

图 2.50　变量名称替换

图 2.51　“函数使用报告”对话框

上面的对话框列出了所有画面使用到的函数，并且允许将函数使用报告保存为 CSV 文件或根据函数名查找函数。单击“保存”按钮弹出图 2.52 所示的界面。

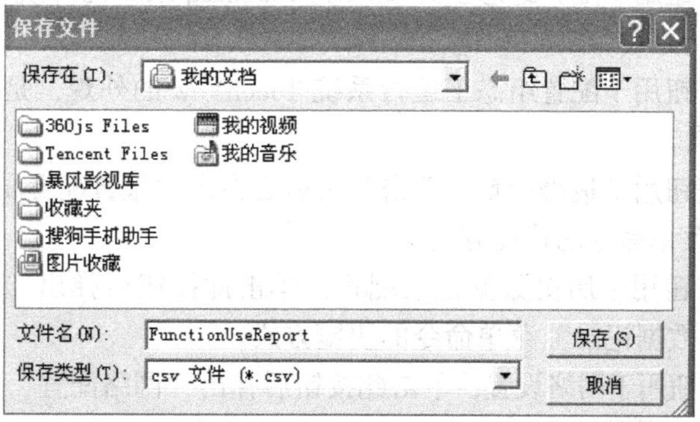

图 2.52　保存函数使用报告

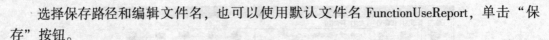

选择保存路径和编辑文件名，也可以使用默认文件名 FunctionUseReport，单击“保存”按钮。

(7) 工具\工程加密。

为了防止其他人员对工程进行修改，可以对所开发的工程进行加密。也可以将加密的工程进行取消工程密码保护的操作。

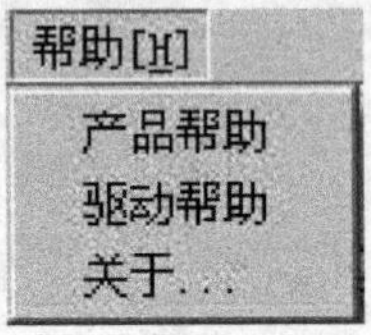

图 2.53 “帮助”菜单

5. “帮助”菜单

用鼠标单击菜单栏上的“帮助”菜单，弹出下拉式菜单，如图 2.53 所示。

此菜单用于弹出信息框显示组态王的版本情况和组态王的帮助信息。

2.2.3 工程浏览器的工具按钮

工具条按钮是工程浏览器中菜单命令的快捷方式。当鼠标放在工具条的任一按钮上时，立刻出现一个提示信息框标明此按钮的功能。

工程浏览器的工具按钮条如图 2.54 所示。

图 2.54 工具条

工具按钮条上的每一个按钮对应着一个菜单命令，分别介绍如下。

(1) “工程”按钮用于打开“组态王工程管理”对话框，是“工程\启动工程管理器”菜单命令的快捷方式。

(2) “大图”按钮用于设置目录内容显示方式为“大图标”方式，是“查看\大图标”菜单命令的快捷方式。

(3) “小图”按钮用于设置目录内容显示方式为“小图标”方式，是“查看\小图标”菜单命令的快捷方式。

(4) “详细”按钮用于设置目录内容显示方式为“详细资料”方式，是“查看\详细资料”菜单命令的快捷方式。

(5) “开发”按钮用于配置组态王开发系统 TouchExplorer 的外观，是“配置\开发系统”菜单命令的快捷方式。

(6) “运行”按钮用于配置组态王运行系统 TouchVew 的外观，是“配置\运行系统”菜单命令的快捷方式。

(7) “报警”按钮用于报警配置，单击此按钮后弹出“报警配置属性页”对话框，是“配置\报警配置”菜单命令的快捷方式。

(8) “历史”按钮用于历史数据记录配置，单击此按钮后弹出“历史库配置”对话框，是“配置\历史数据记录”菜单命令的快捷方式。

(9) “网络”按钮用于网络设置，单击此按钮后弹出“网络配置”对话框，是“配置\网络配置”菜单命令的快捷方式。

（10）“用户”按钮用于用户和安全区的设置，单击此按钮后弹出“用户和安全区管理器”对话框，是“配置\用户配置”菜单命令的快捷方式。

（11）“Make”按钮用于“切换到 Make”，即切换到组态王画面开发系统。

（12）“View”按钮用于“切换到 View”，即切换到组态王运行环境。

（13）“关于”按钮用于提供组态王的系统帮助信息，是“帮助\关于”菜单命令的快捷方式。

2.2.4　I/O 设备管理

组态王软件系统与最终工程人员使用的具体的 PLC 或现场部件无关。对于不同的硬件设施，只需为组态王配置相应的通信驱动程序即可。组态王驱动程序采用最新软件技术，使通信程序和组态王构成一个完整的系统。这种方式既保证了运行系统的高效率，也使系统能够达到很大的规模。

组态王支持的硬件设备包括：可编程控制器（PLC）、智能模块、板卡、智能仪表，变频器等。工程人员可以把每一台下位机看作一种设备，不必关心具体的通信协议，只需要在组态王的设备库中选择设备的类型，然后按照“设备配置向导”的提示一步步完成安装即可，使驱动程序的配置更加方便。

组态王支持的几种通信方式：

- 串口通信
- 数据采集板
- DDE 通信
- 人机界面卡
- 网络模块
- OPC

1. 设备管理

组态王的设备管理结构列出已配置的与组态王通信的各种 I/O 设备名，每个设备名实际上是具体设备的逻辑名称（简称逻辑设备名，以此区别 I/O 设备生产厂家提供的实际设备名），每一个逻辑设备名对应一个相应的驱动程序，以此与实际设备相对应。组态王的设备管理增加了驱动设备的配置向导，工程人员只要按照配置向导的提示进行相应的参数设置，选择 I/O 设备的生产厂家、设备名称、通信方式，指定设备的逻辑名称和通信地址，则组态王自动完成驱动程序的启动和通信，不再需要工程人员人工进行操作。

组态王采用工程浏览器界面来管理硬件设备，已配置好的设备统一列在工程浏览器界面下的设备分支。如图 2.55 所示。

2. 组态王逻辑设备概念

组态王对设备的管理是通过对逻辑设备名的管理实现的，具体来讲就是每一个实际 I/O 设备都必须在组态王中指定一个唯一的逻辑名称，此逻辑设备名就对应着该 I/O 设备的生产厂家、实际设备名称、设备通信方式、设备地址、与上位 PC 的通信方式等信息内容。(逻辑设备名的管理方式就如同对城市长途区号的管理，每个城市都有一个唯一的区号相对应，这个区号就可以认为是该城市的逻辑城市名，比如北京市的区号为010，则查看长途区号时就可以知道010代表北京)。

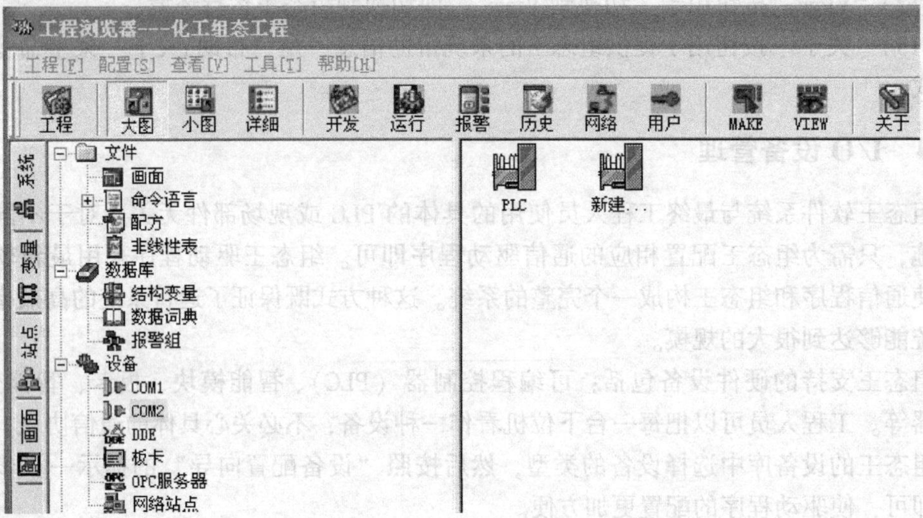

图2.55 I/O设备

在组态王中，具体I/O设备与逻辑设备名是一一对应的，有一个I/O设备就必须指定一个唯一的逻辑设备名，特别是设备型号完全相同的多台I/O设备，也要指定不同的逻辑设备名。组态王中变量、逻辑设备与实际设备对应的关系如图2.56所示。

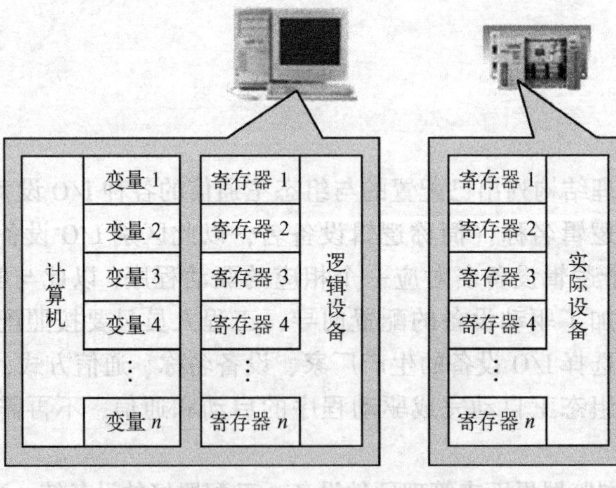

图2.56 变量、逻辑设备与实际设备的对应关系

例如：设有2台型号为三菱公司的FX2－60MR PLC作下位机控制工业生产现场，同时这两台PLC均要与装有组态王的上位机通信，则必须给两台FX2－60MR PLC指定不同的逻辑名，如图2.57所示，其中PLC1，PLC2是由组态王定义的逻辑设备名（此名由工程人员自己确定)，而不一定是实际的设备名称。

另外，组态王中的I/O变量与具体I/O设备的数据交换就是通过逻辑设备名来实现的，当工程人员在组态王中定义I/O变量属性时，就要指定与该I/O变量进行数据交换的逻辑设备名，I/O变量与逻辑设备名之间的关系如图2.58所示，一个逻辑设备可与多个I/O变量对应。

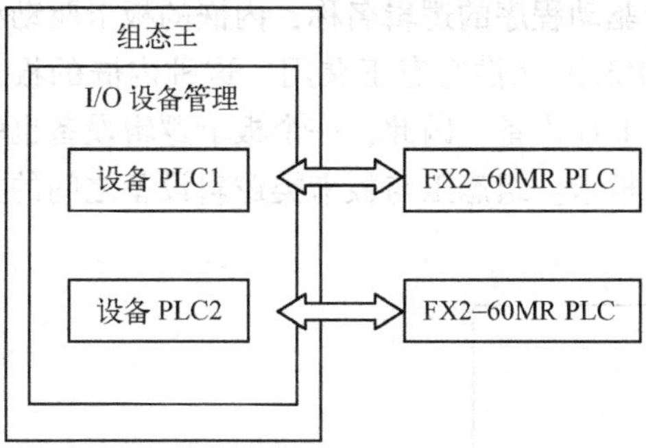

图2.57　逻辑设备与实际设备示例

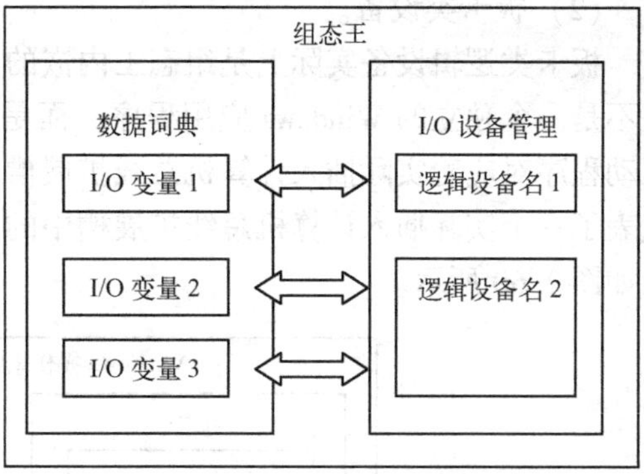

图2.58　变量与逻辑设备间的对应关系

3. 组态王逻辑设备的分类

组态王设备管理中的逻辑设备分为DDE设备、板卡类设备（即总线型设备）、串口类设备、人机界面卡、网络模块，工程人员根据自己的实际情况，通过组态王的设备管理功能来配置定义这些逻辑设备，下面分别介绍这五种逻辑设备。

（1）DDE设备。

DDE设备是指与组态王进行DDE数据交换的Windows独立应用程序，因此，DDE设备通常就代表了一个Windows独立应用程序，该独立应用程序的扩展名通常为.EXE文件，组态王与DDE设备之间通过DDE协议交换数据，如：Excel是Windows的独立应用程序，当Excel与组态王交换数据时，就是采用DDE的通信方式进行；

又比如，北京亚控公司开发的莫迪康MICRO37的PLC服务程序也是一个独立的Windows应用程序，此程序用于组态王与莫迪康Micro37PLC之间进行数据交换，则可以给服务程序定义一个逻辑名称作为组态王的DDE设备，组态王与DDE设备之间的关系如图2.59所示。

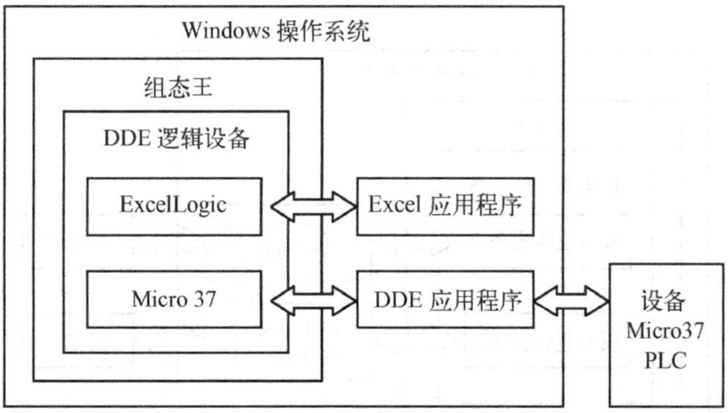

图2.59　组态王与DDE设备之间的关系

通过此结构图，可以进一步理解 DDE 设备的含义，显然，组态王、Excel、Micro37 都是独立的 Windows 应用程序，而且都要处于运行状态，再通过给 Excel、Micro37 DDE 分别指定一个逻辑名称，则组态王通过 DDE 设备就可以和相应的应用程序进行数据交换。

（2）板卡类设备。

板卡类逻辑设备实际上是组态王内嵌的板卡驱动程序的逻辑名称，内嵌的板卡驱动程序不是一个独立的 Windows 应用程序，而是以 DLL 形式供组态王调用，这种内嵌的板卡驱动程序对应着实际插入计算机总线扩展槽中的 I/O 设备，因此，一个板卡逻辑设备也就代表了一个实际插入计算机总线扩展槽中的 I/O 板卡。组态王与板卡类逻辑设备之间的关系如图 2.60 所示。

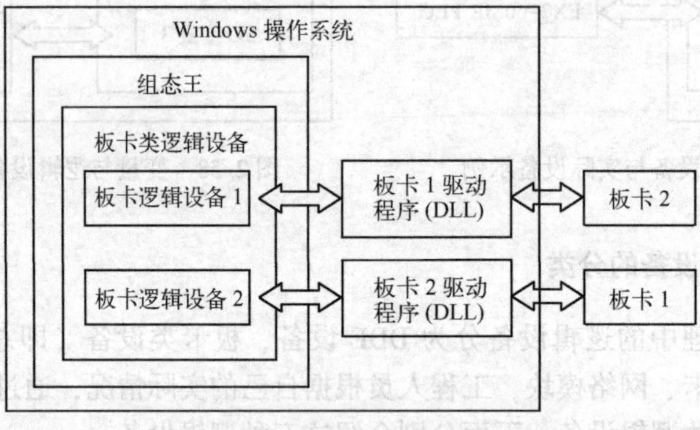

图 2.60　组态王与板卡设备之间的关系

显然，组态王根据工程人员指定的板卡逻辑设备自动调用相应内嵌的板卡驱动程序，因此对工程人员来说只需要在逻辑设备中定义板卡逻辑设备，其他的事情就由组态王自动完成。

（3）串口类设备。

串口类逻辑设备实际上是组态王内嵌的串口驱动程序的逻辑名称，内嵌的串口驱动程序不是一个独立的 Windows 应用程序，而是以 DLL 形式供组态王调用，这种内嵌的串口驱动程序对应着实际与计算机串口相连的 I/O 设备，因此，一个串口逻辑设备也就代表了一个实际与计算机串口相连的 I/O 设备。组态王与串口类逻辑设备之间的关系如图 2.61 所示。

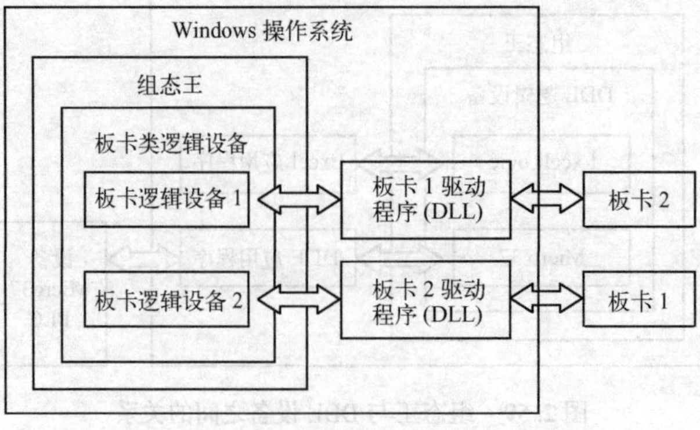

图 2.61　组态王与串口设备之间的关系

(4) 人机界面卡。

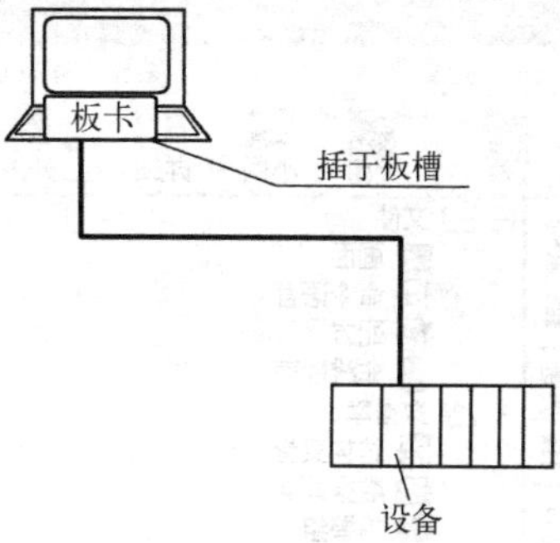

图 2.62 组态王与人机界面卡设备之间的关系

人机界面卡又可称为高速通信卡，它既不同于板卡，也不同于串口通信，它往往由硬件厂商提供，如西门子公司的 S7-300 用的 MPI 卡、莫迪康公司的 SA85 卡。其工作原理和通信示意图如图 2.62 所示。

通过人机界面卡可以使设备与计算机进行高速通信，这样不占用计算机本身所带的 RS232 串口，因为这种人机界面卡一般插在计算机的 ISA 板槽上。

(5) 网络模块。

组态王利用以太网和 TCP/IP 协议可以与专用的网络通信模块进行连接，例如选用松下 ET-LAN 网络通信单元通过以太网与上位机相连，该单元和其他计算机上的组态王运行程序使用 TCP/IP 协议，其连接示意图如图 2.63 所示。

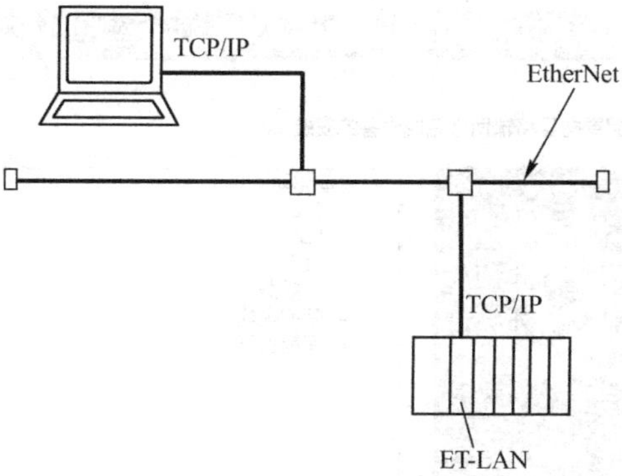

图 2.63 组态王与网络模块设备之间的关系

4. 如何定义 I/O 设备

在了解了组态王逻辑设备的概念后，工程人员可以轻松地在组态王中定义所需的设备了。进行 I/O 设备的配置时将弹出相应的配置向导页，使用这些配置向导页可以方便、快捷地添加、配置、修改硬件设备。组态王提供大量不同类型的驱动程序，工程人员根据自己实际安装的 I/O 设备选择相应的驱动程序即可。

(1) 如何定义 DDE 设备。

工程人员根据设备配置向导就可以完成 DDE 设备的配置，操作步骤如下：

① 在工程浏览器的目录显示区，单击大纲项设备下的成员 DDE，则在目录内容显示区出现"新建"图标，如图 2.64 所示。

选中"新建"图标后双击，弹出"设备配置向导"对话框；或者用右键单击，则弹出浮动式菜单，选择"新建 DDE 节点"菜单命令，也可弹出"设备配置向导"对话框，如图 2.65 所示，工程人员从树形设备列表区中选择 DDE 节点。

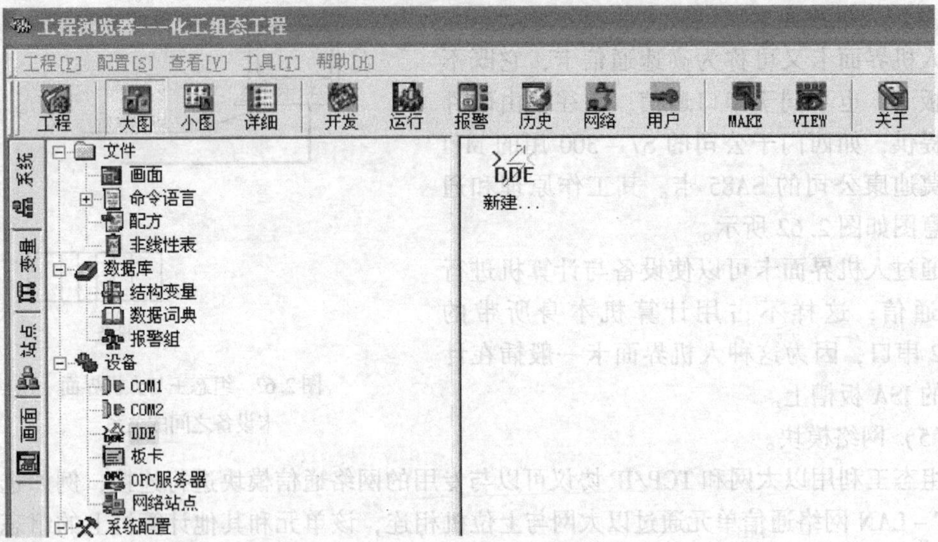

图 2.64　DDE 设备配置

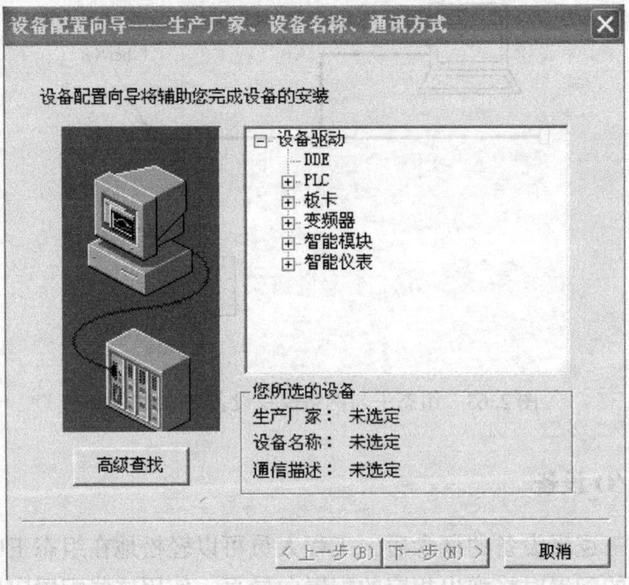

图 2.65　设备配置向导

② 单击“下一步”按钮，则弹出“设备配置向导——逻辑名称”对话框，如图 2.66 所示。

在对话框的编辑框中为 DDE 设备指定一个逻辑名称。如“ExcelToView”。单击“上一步”按钮，则可返回上一个对话框。

③ 单击“下一步”按钮，则弹出“配置向导——DDE”对话框，具体设置如图 2.67 所示。

工程人员要为 DDE 设备指定 DDE 服务程序名、话题名、数据交换方式。若要修改 DDE 设备的逻辑名称，单击“上一步”按钮，则可返回上一个对话框。对话框中各项的含义为：

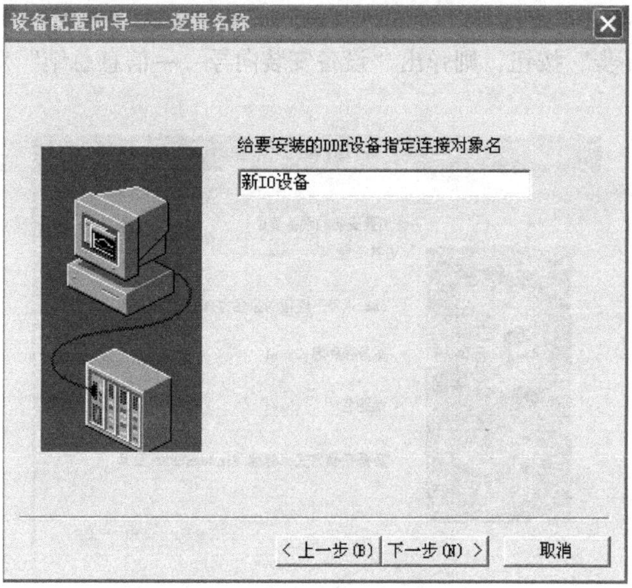

图 2.66　填入设备逻辑名称

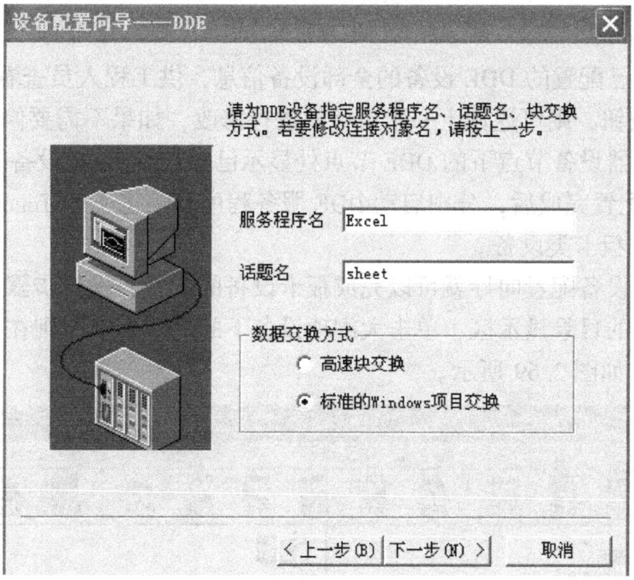

图 2.67　填入 DDE 服务器配置信息

- 服务程序名：是与“组态王”交换数据的 DDE 服务程序名称，一般是 I/O 服务程序，或者是 Windows 应用程序。本例中是 Excel。
- 话题名：是本程序和服务程序进行 DDE 连接的话题名（Topic）。如图为 Excel 程序的工作表名 sheet。
- 数据交换形式：是指 DDE 会话的两种方式，“高速块交换”是本公司开发的通信程序采用的方式，它的交换速度快；如果工程人员是按照标准的 Windows DDE 交换协议开发自己的 DDE 服务程序，或者是在“组态王”和一般的 Windows 应用程序之间交换数据，则应选择“标准的 Windows 项目交换”选项。

④ 单击“下一步”按钮，则弹出“设备安装向导——信息总结”对话框，如图 2.68 所示。

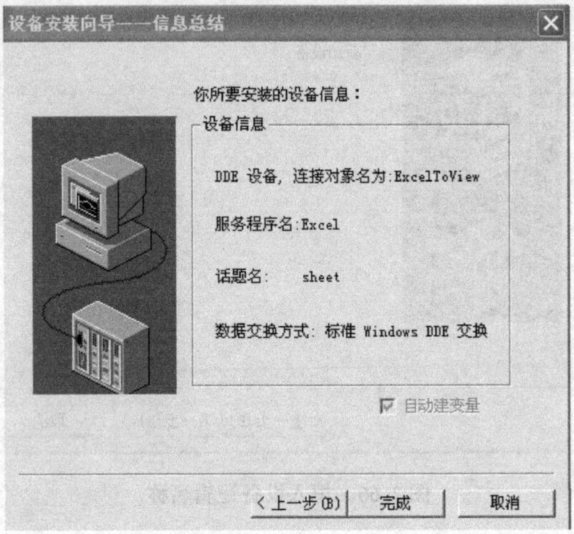

图 2.68　DDE 设备配置信息汇总

此向导页显示已配置的 DDE 设备的全部设备信息，供工程人员查看，如果需要修改，单击“上一步”按钮，则可返回上一个对话框进行修改，如果不需要修改，单击“完成”按钮，则工程浏览器设备节点下的 DDE 节点处显示已添加的 DDE 设备。

⑤ DDE 设备配置完成后，分别启动 DDE 服务程序和组态王的 Touchvew 运行环境。

(2) 如何定义板卡类设备。

工程人员根据设备配置向导就可以完成板卡设备的配置，操作步骤如下：

在工程浏览器的目录显示区，单击大纲项设备下的成员板卡，则在目录内容显示区出现“新建”图标，如图 2.69 所示。

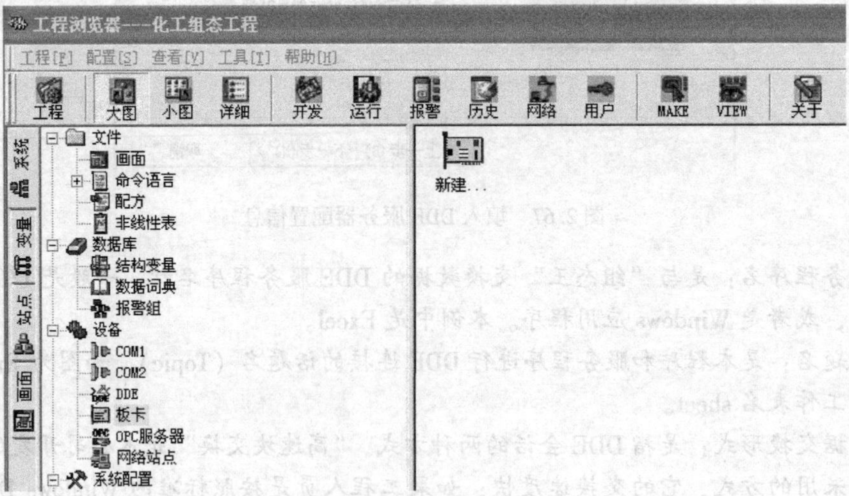

图 2.69　板卡配置

下面以研华 PCL_724（24 通道数字量输出/输入，采用 8255 控制方式）介绍板卡设备的配置。

① 选中“新建”图标后双击，弹出“设备配置向导”列表对话框；或者用右键单击，则弹出浮动式菜单，选择“新建板卡”菜单命令，也弹出“设备配置向导——生产厂家、设备名称、通信方式”对话框，如图 2.70 所示。

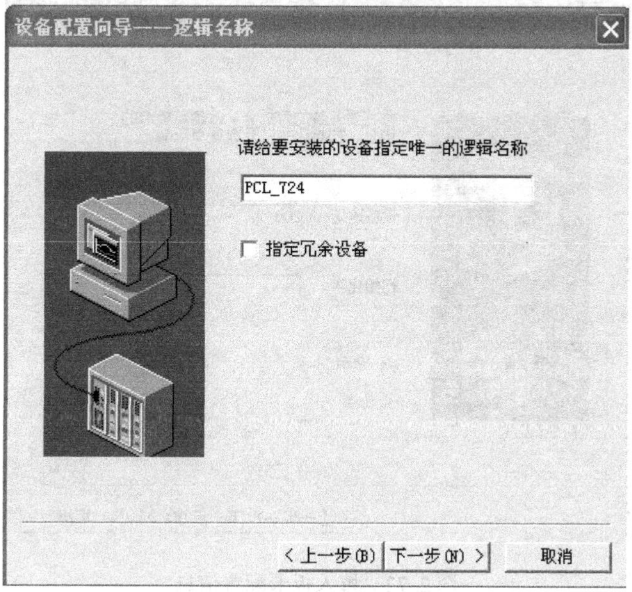

图 2.70 “设备配置向导——生产厂家、设备名称、通信方式”对话框

从树形设备列表区中选择板卡节点。然后选择要配置板卡设备的生产厂家、设备名称。如“板卡/研华/PCL724”。

② 单击“下一步”按钮，则弹出“设备配置向导——逻辑名称”，如图 2.71 所示。

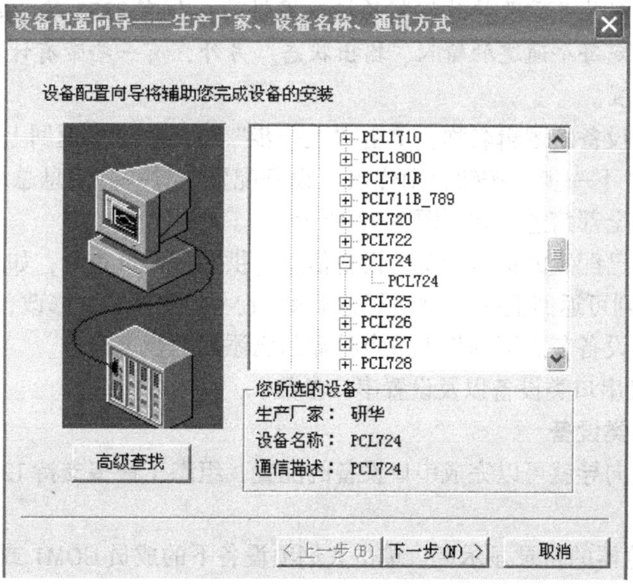

图 2.71 “设备配置向导——逻辑名称”对话框

工程人员给要配置的板卡设备指定一个逻辑名称。单击“上一步”按钮，则可返回上一个对话框。

③ 继续单击“下一步”按钮，则弹出“设备配置向导——板卡地址”对话框，如图2.72所示。

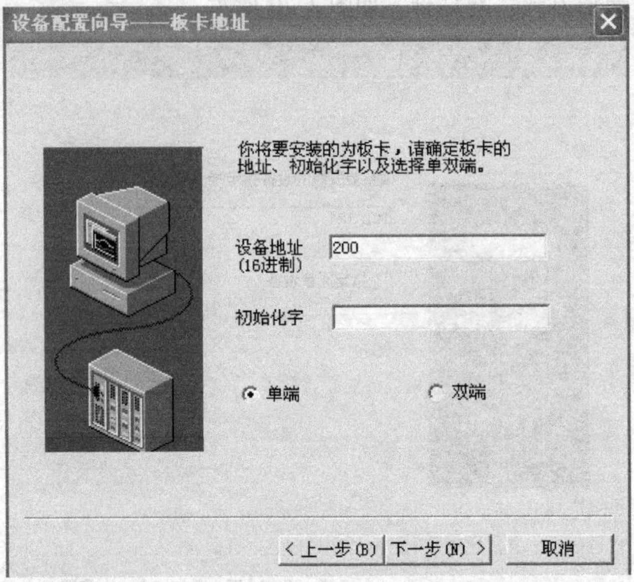

图2.72　填入板卡配置信息

工程人员要为板卡设备指定板卡地址、初始化字（初始化字以 port,dat,port,dat……形式输入，其中 port 为芯片初始化地址偏移量，dat 为初始化字）、AD 转换器的输入方式（单端或双端）。

注意：

初始化字是针对某些需要特殊控制的板卡提供的，如有 8255 芯片的板卡，用户需要通过初始化字来确定每个通道的输入、输出状态。另外，有一些带有计数器的板卡也需要相应的初始化字配置。

若要修改板卡设备的逻辑名称，单击“上一步”按钮，则可返回上一个对话框。

④ 继续单击“下一步”按钮，则弹出“设备配置向导——信息总结”对话框，汇总当前定义的设备的全部信息，如下图2.73所示。

此向导页显示已配置的板卡设备的设备信息，供工程人员查看，如果需要修改，单击“上一步”按钮，则可返回上一个对话框进行修改，如果不需要修改，单击“完成”按钮，则工程浏览器设备节点下的板卡节点处显示已添加的板卡设备。

（3）如何定义串口类设备以及设置串口参数。

如何定义串口类设备

根据设备配置向导就可以完成串口设备的配置，组态王最多支持128个串口。操作步骤如下：

① 在工程浏览器的目录显示区，单击大纲项设备下的成员 COM1 或 COM2，则在目录内容显示区出现“新建”图标，如图2.74所示。

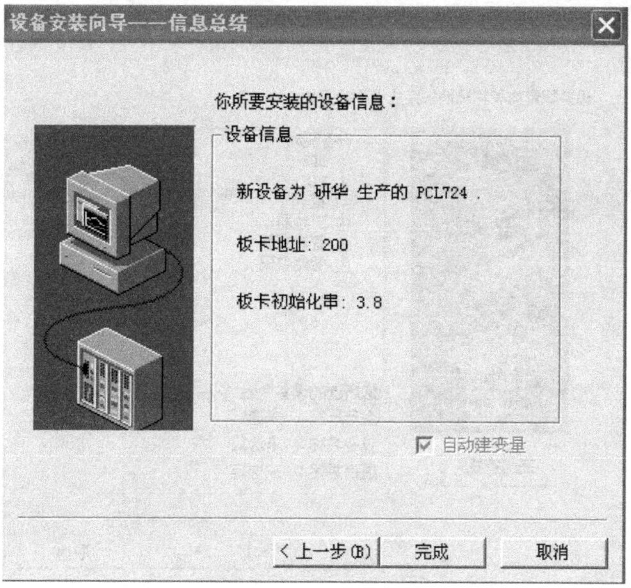

图 2.73　板卡配置信息汇总

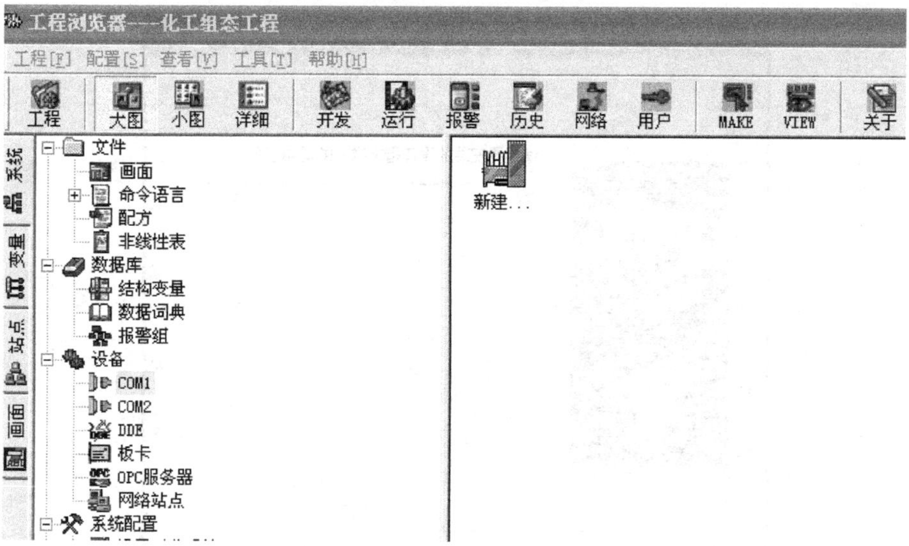

图 2.74　新建串口设备

② 选中“新建”图标后双击，弹出“设备配置向导——生产厂家、设备名称、通信方式”对话框；或者右击，则弹出浮动式菜单，选择“新建逻辑设备”菜单命令，也可弹出该对话框，如图 2.75 所示。

从树形设备列表区中可选择 PLC、智能仪表、智能模块、板卡、变频器等节点中的一个。然后选择要配置串口设备的生产厂家、设备名称、通信方式；PLC、智能仪表、智能模块、变频器等设备通常与计算机的串口相连进行数据通信。

③ 单击“下一步”按钮，则弹出“设备配置向导——逻辑名称”对话框，如图 2.76 所示。

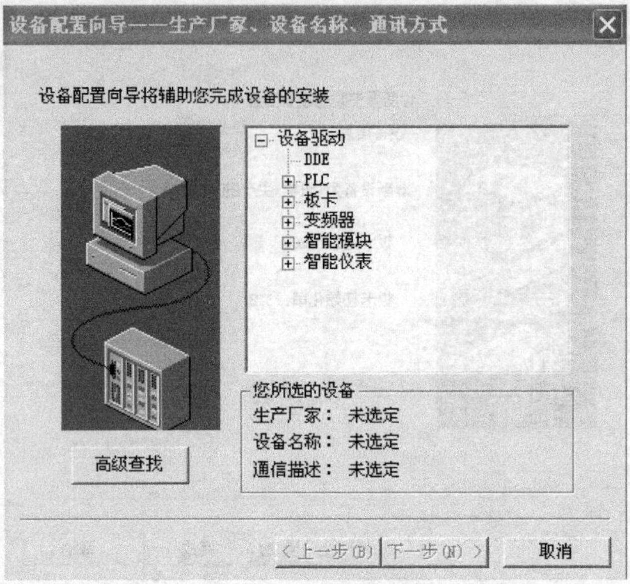

图 2.75　串口配置向导

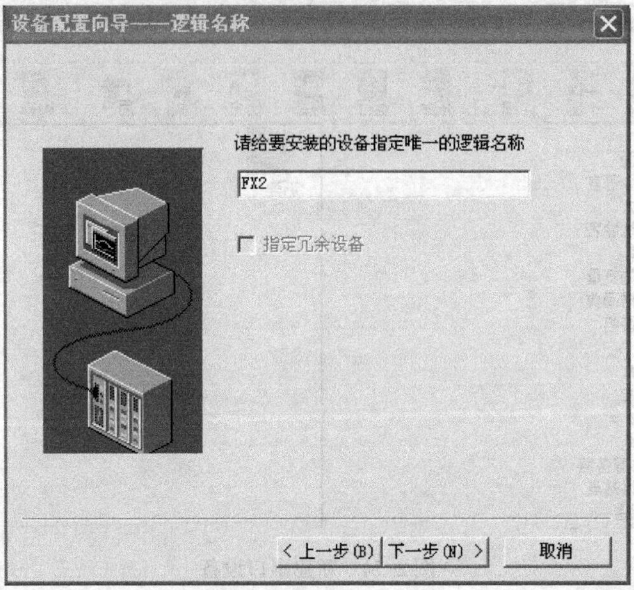

图 2.76　设备逻辑名称

给要配置的串口设备指定一个逻辑名称。单击“上一步”按钮，则可返回上一个对话框。

④ 继续单击“下一步”按钮，则弹出“设备配置向导——选择串口号”对话框，如图 2.77 所示。

为配置的串行设备指定与计算机相连的串口号，该下拉式串口列表框共有 128 个串口号供选择。

⑤ 继续单击“下一步”按钮，则弹出“设备配置向导——设备地址设置指南”对话

框，如图 2.78 所示。

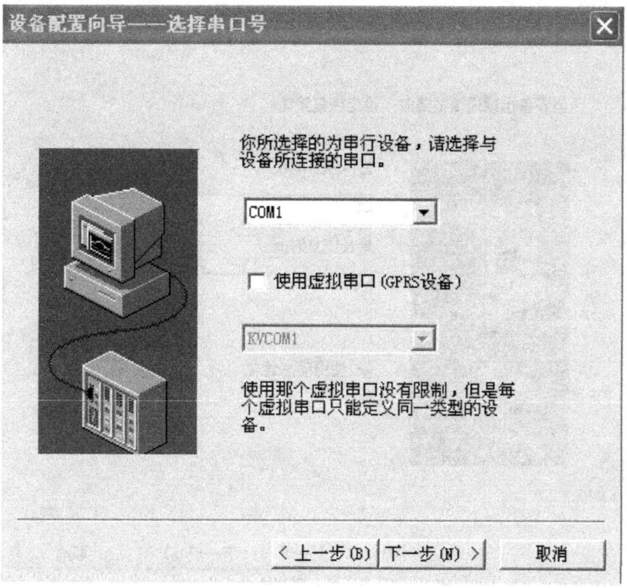

图 2.77　选择设备连接的串口

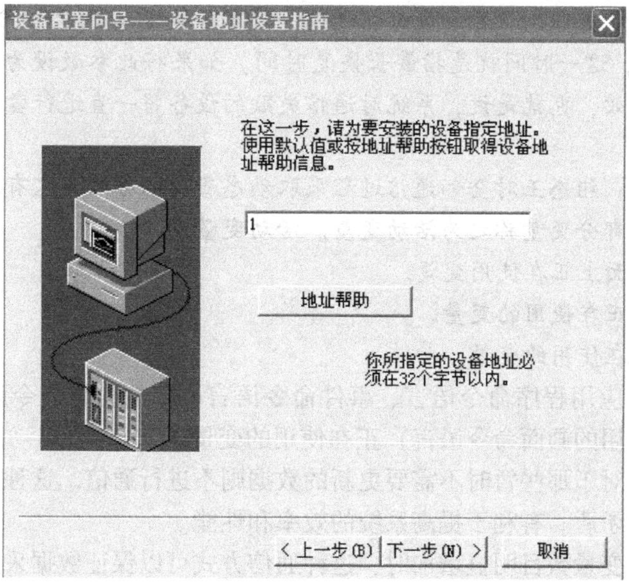

图 2.78　填入 PLC 设备地址

为串口设备指定设备地址，该地址应该对应实际的设备定义的地址，若要修改串口设备的逻辑名称，单击“上一步”按钮，则可返回上一个对话框。

⑥ 继续单击“下一步”按钮，则弹出“通信参数”对话框，如图 2.79 所示。

此向导页配置一些关于设备在发生通信故障时，系统尝试恢复通信的策略参数。

尝试恢复时间：在组态王运行期间，如果有一台设备如 PLC1 发生故障，则组态王能够自动诊断并停止采集与该设备相关的数据，但会每隔一段时间尝试恢复与该设备的通信，如尝试时间间隔为30秒。

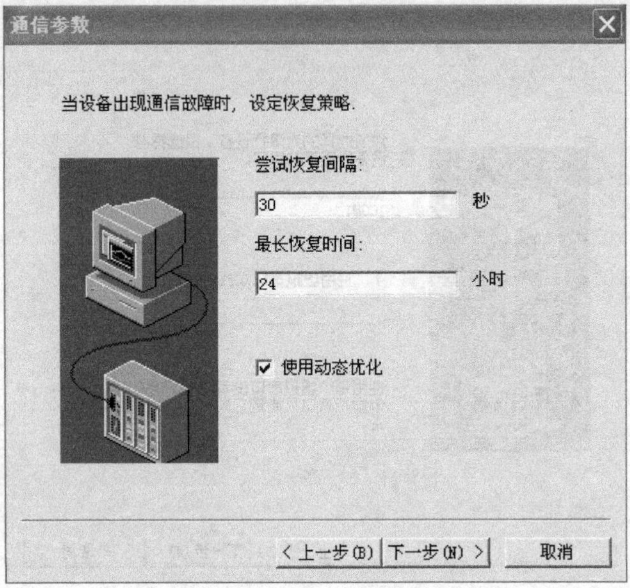

图2.79　填入通信参数

最长恢复时间：若组态王在一段时间之内一直不能恢复与PLC1的通信，则不再尝试恢复与PLC1通信，这一时间就是指最长恢复时间。如果将此参数设为0，则表示最长恢复时间参数设置无效，也就是说，系统对通信失败的设备将一直进行尝试恢复，不再有时间上的限制。

使用动态优化：组态王对全部通信过程采取动态管理的办法，只有在数据被上位机需要时才被采集，这部分变量称之为活动变量。活动变量包括：

- 当前显示画面上正在使用变量。
- 历史数据库正在使用的变量。
- 报警记录正在使用的变量。

命令语言中（应用程序命令语言、事件命令语言、数据变化命令语言、热键命令语言、当前显示画面用的画面命令语言）正在使用的变量。

同时，组态王对于那些暂时不需要更新的数据则不进行通信。这种方法可以大大缓解串口通信速率慢的矛盾。有利于提高系统的效率和性能。

当系统中I/O变量数目明显增加时，这种通信方式可以保证数据采集周期不会有太大变化。

如果对与通信参数还需要修改，单击“上一步”按钮，则可返回上一个对话框进行修改，如果不需要修改，单击“下一步”按钮。

⑦ 继续单击“下一步”按钮，则弹出“设备安装向导——信息总结”对话框，如图2.80所示。

此向导页显示已配置的串口设备的设备信息，供查看，如果需要修改，单击“上一步”按钮，则可返回上一个对话框进行修改，如果不需要修改，单击“完成”按钮，则工程浏览器设备节点处显示已添加的串口设备。

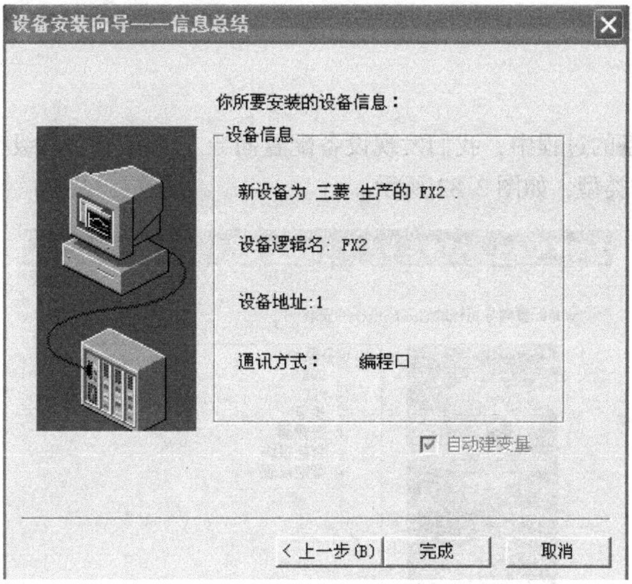

图 2.80 配置信息汇总

如何设置串口参数

对于不同的串口设备，其串口通信的参数是不一样的，如波特率、数据位、校验位等。所以在定义完设备之后，还需要对计算机通信时串口的参数进行设置。如上节中定义设备时，选择了 COM1 口，则在工程浏览器的目录显示区，选择"设备"，双击"COM1"图标，弹出"设置串口——COM1"对话框，如图 2.81 所示。

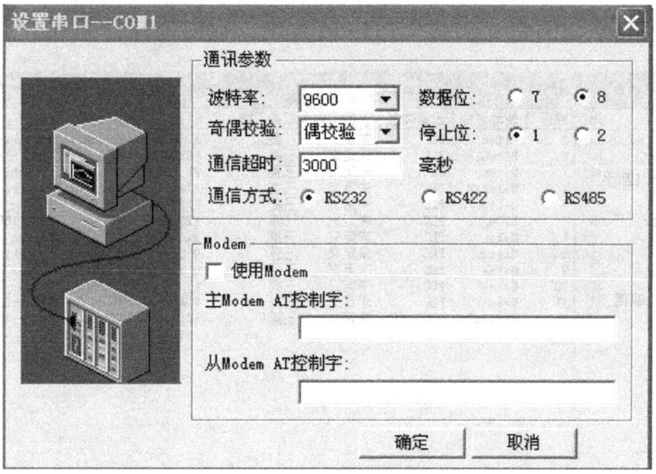

图 2.81 设置串口参数

在"通信参数"栏中，选择设备对应的波特率、数据位、校验类型、停止位等，这些参数的选择可以参考组态王的相关设备帮助或按照设备中通信参数的配置。"通信超时"为默认值，除非特殊说明，一般不需要修改。"通信方式"是指计算机一侧串口的通信方式，是 RS232 或 RS485，一般计算机一侧都为 RS232，按实际情况选择相应的类型即可。

5. 选择驱动

在定义 IO 设备的过程中，我们发现设备配置向导左侧有个“高级查找”按钮，用来帮助用户选择驱动类型，如图 2. 82 所示。

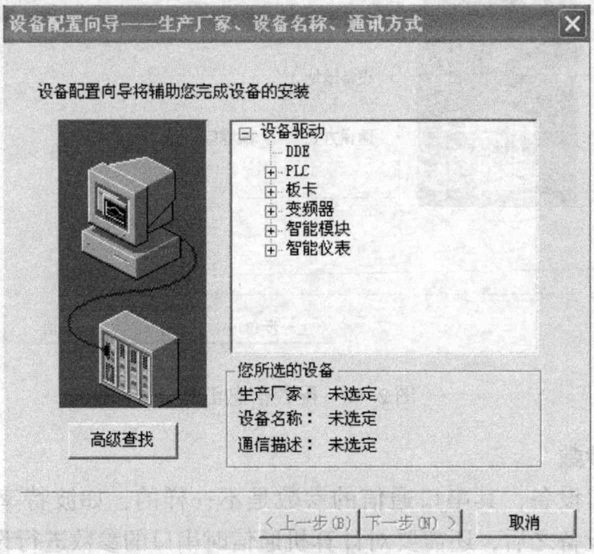

图 2. 82　设备配置向导

点击“高级查找”按钮，弹出对话框，如图 2. 83 所示，左边为设备类型、厂家信息的树，右边为对应的驱动信息。对话框可以最大化，自由拖拉任意尺寸。

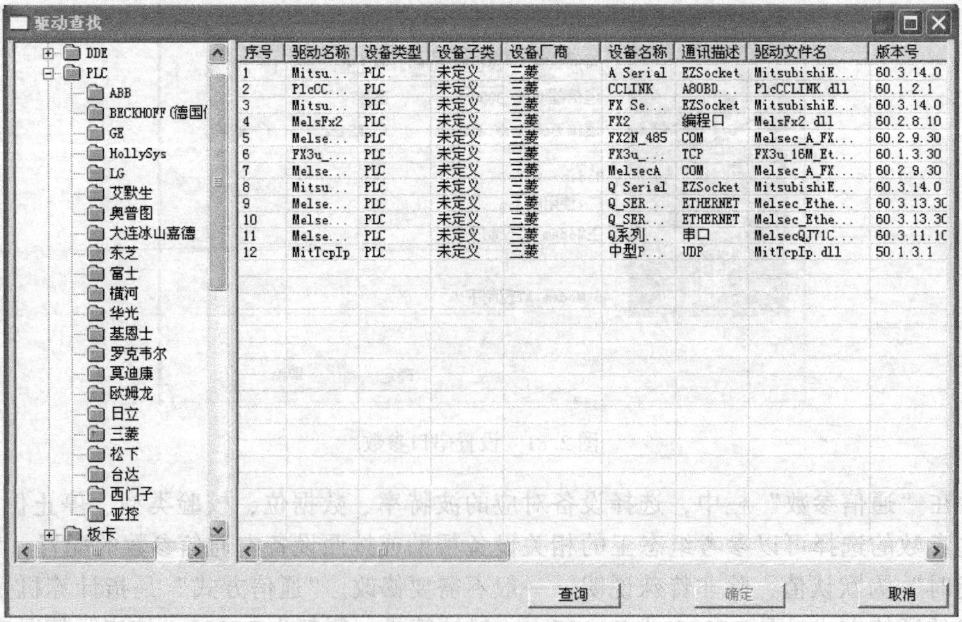

图 2. 83　驱动查找

选中左边树上的文件夹，可以在右边表格中列出相应的设备驱动信息，包含设备类型、设备子类、设备厂商、设备名称等，可以从中选择驱动，这与从向导页树上选择的驱动是可以互相定位的。

6. 驱动查找

单击图 2.83 的“查询”按钮，弹出“驱动查找”对话框，所列驱动信息为当前所选择文件夹及其子文件夹下的设备驱动信息，如图 2.84 所示，右击树目录，亦可以弹出该文件夹下驱动查询对话框。

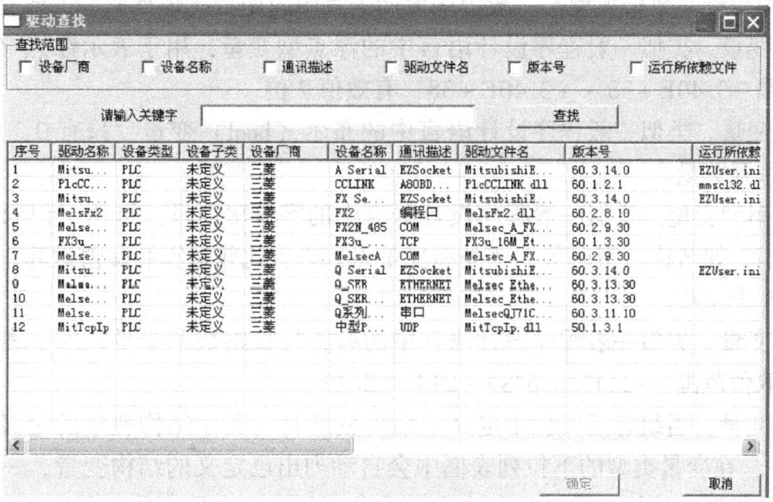

图 2.84 驱动查找

输入查询的关键字后，可以按“设备厂商”、“设备名称”、“通信描述”、“驱动文件名”、“版本号”、“运行时所依赖的文件”等查询。

在列出的驱动中，只有选中一条以后，“确定”按钮才有效。

2.2.5 变量定义和管理

数据库是“组态王”最核心的部分。在组态王运行时，工业现场的生产状况要以动画的形式反映在屏幕上，同时工程人员在计算机前发布的指令也要迅速送达生产现场，所有这一切都是以实时数据库为中介环节，数据库是联系上位机和下位机的桥梁。

在数据库中存放的是变量的当前值，变量包括系统变量和用户定义的变量。变量的集合形象地称为“数据词典”，数据词典记录了所有用户可使用的数据变量的详细信息。

1. 变量的类型

组态王系统中定义的变量与一般程序设计语言，比如 Basic、Pascal、C 语言，定义的变量有很大的不同，既能满足程序设计的一般需要，又考虑到工控软件的特殊需要。

（1）基本变量类型。

变量的基本类型共有两类：内存变量、I/O 变量。IO 变量是指可与外部数据采集程序直接进行数据交换的变量，如下位机数据采集设备（如 PLC、仪表等）或其他应用程序（如 DDE、OPC 服务器等）。这种数据交换是双向的、动态的，就是说：在“组态王”系统运行过程中，每当 I/O 变量的值改变时，该值就会自动写入下位机或其他应用程序；每当下位机或应用程序中的值改变时，“组态王”系统中的变量值也会自动更新。所以，那些从下位机采集来的数据、发送给下位机的指令，比如“反应罐液位”、“电源开关”等变量，都需要设置成“I/O 变量”。

内存变量是指那些不需要和其他应用程序交换数据、也不需要从下位机得到数据、只在“组态王”内需要的变量，比如计算过程的中间变量，就可以设置成“内存变量”。

（2）变量的数据类型。

组态王中变量的数据类型与一般程序设计语言中的变量比较类似，主要有以下几种：

① 实型变量。类似一般程序设计语言中的浮点型变量，用于表示浮点（float）型数据，取值范围 -3.40E+38 ~ +3.40E+38，有效值 7 位。

② 离散变量。类似一般程序设计语言中的布尔（bool）变量，只有 0，1 两种取值，用于表示一些开关量。

③ 字符串型变量。类似一般程序设计语言中的字符串变量，可用于记录一些有特定含义的字符串，如名称，密码等，该类型变量可以进行比较运算和赋值运算。字符串长度最大值为 128 个字符。

④ 整数变量。类似一般程序设计语言中的有符号长整数型变量，用于表示带符号的整型数据，取值范围(-2147483648) ~2147483647。

⑤ 结构变量。当组态王工程中定义了结构变量时（关于结构变量的定义详见 5.5 结构变量一节），在变量类型的下拉列表框中会自动列出已定义的结构变量，一个结构变量作为一种变量类型，结构变量下可包含多个成员，每一个成员就是一个基本变量，成员类型可以为：内存离散、内存整型、内存实型、内存字符串、IO 离散、IO 整型、IO 实型、IO 字符串。

注意：

结构变量的成员的变量类型必须在定义结构变量的成员时先定义，包括离散型、整型、实型、字符串型或已定义的结构变量。在变量定义的界面上只能选择该变量是内存型还是 IO 型。

（3）特殊变量类型。

特殊变量类型有报警窗口变量、历史趋势曲线变量、系统预设变量三种。这几种特殊类型的变量正是体现了“组态王”系统面向工控软件、自动生成人机接口的特色。

① 报警窗口变量。这是制作画面时通过定义报警窗口生成的，在报警窗口定义对话框中有一选项为：“报警窗口名”，工程人员在此处键入的内容即为报警窗口变量。此变量在数据词典中是找不到的，是组态王内部定义的特殊变量。可用命令语言编制程序来设置或改变报警窗口的一些特性，如改变报警组名或优先级，在窗口内上下翻页等。

② 历史趋势曲线变量。这是制作画面时通过定义历史趋势曲线时生成的，在历史趋势曲线定义对话框中有一选项为：“历史趋势曲线名”，工程人员在此处键入的内容即为历史趋势曲线变量（区分大小写）。此变量在数据词典中是找不到的，是组态王内部定义的特殊变量。工程人员可用命令语言编制程序来设置或改变历史趋势曲线的一些特性，如改变历史趋势曲线的起始时间或显示的时间长度等。

③ 系统预设变量。预设变量中有 8 个时间变量是系统已经在数据库中定义的，用户可以直接使用：

$ 年：返回系统当前日期的年份。

$ 月：返回 1～12 之间的整数，表示当前日期的月份。

$ 日：返回 1～31 之间的整数，表示当前日期的日。

$ 时：返回 0～23 之间的整数，表示当前时间的时。

$ 分：返回 0～59 之间的整数，表示当前时间的分。

$ 秒：返回 0～59 之间的整数，表示当前时间的秒。

$ 日期：返回系统当前日期字符串。

$ 时间：返回系统当前时间字符串。

以上变量由系统自动更新，工程人员只能读取时间变量，而不能改变它们的值。

预设变量还有：

$ 用户名：在程序运行时记录当前登录的用户的名字。

$ 访问权限：在程序运行时记录当前登录的用户的访问权限。

$ 启动历史记录：表明历史记录是否启动。(1 = 启动；0 = 未启动)

在开发程序时，可通过按钮弹起命令预先设置该变量为 1，在程序运行时可由用户控制，按下按钮启动历史记录。

$ 启动报警记录：表明报警记录是否启动。(1 = 启动；0 = 未启动)

在开发程序时，可通过按钮弹起命令预先设置该变量为 1，在程序运行时可由工程人员控制，按下按钮启动报警记录。

$ 新报警：每当报警发生时，“$ 新报警”被系统自动设置为 1。由工程人员负责把该值恢复到 0。

在开发程序时，可通过数据变化命令语言设置，当报警发生时，产生声音报警（用 PlaySound( ) 函数），在程序运行时可由工程人员控制，听到报警后，将该变量置 0，确认报警。如图 2.85 所示。

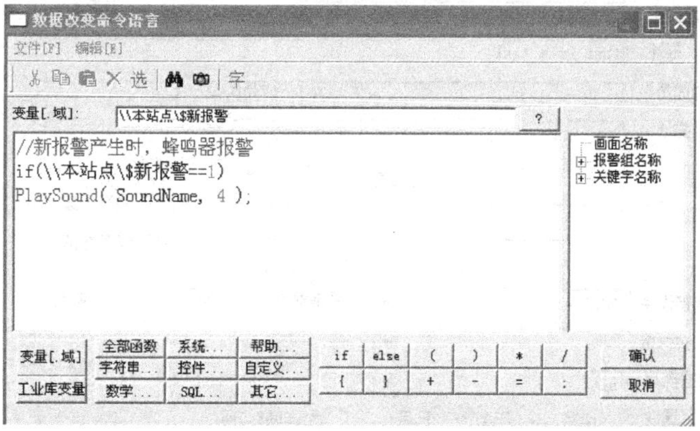

图 2.85　系统变量的引用

$ 启动后台命令：表明后台命令是否启动。(1 = 启动；0 = 未启动)

工程人员在开发程序时，可通过按钮弹起命令预先设置该变量为 1，在程序运行时可由工程人员控制，按下按钮启动后台命令。

$双机热备状态：表明双机热备中主从计算机所处的状态，整型（1=主机工作正常；2=主机工作不正常；-1=从机工作正常；-2=从机工作不正常；0=无双机热备)。主、从机初始工作状态是由组态王中的网络配置决定的。该变量的值只能由主机进行修改，从机只能进行监视，不能修改该变量的值。

$毫秒：返回当前系统的毫秒数。

$网络状态：用户通过引用网络上计算机的$网络状态的变量得到网络通信的状态。显示的数据是从0到5的数据，0代表人为将网络中断，1到4代表网络在通过可能存在的4块网卡中的某一块进行通信。5代表通信故障。当此数字为1到5时，用户只能将此数字改为0，中断网络通信，其他的数字，变量不接受。但此数字为0时，用户任意输入数据，寄存器的数值将变成5，网络通信进入尝试恢复的状态。

2. 基本变量的定义

内存离散、内存实型、内存长整数、内存字符串、I/O离散、I/O实型、I/O长整数、I/O字符串，这8种基本类型的变量是通过“变量属性”对话框定义的，同时在“变量属性”对话框的属性中设置它们的部分属性。

(1) 变量及变量属性的定义。

在工程浏览器中左边的目录树中选择“数据词典”项，右侧的内容显示区会显示当前工程中所定义的变量。双击“新建”图标，弹出“定义变量”属性对话框。组态王的变量属性由基本属性、报警定义、记录和安全区三个属性页组成。采用这种卡片式管理方式，用户只要用鼠标单击卡片顶部的属性标签，则该属性卡片有效，用户可以定义相应的属性。“变量属性”对话框如图2.86所示。

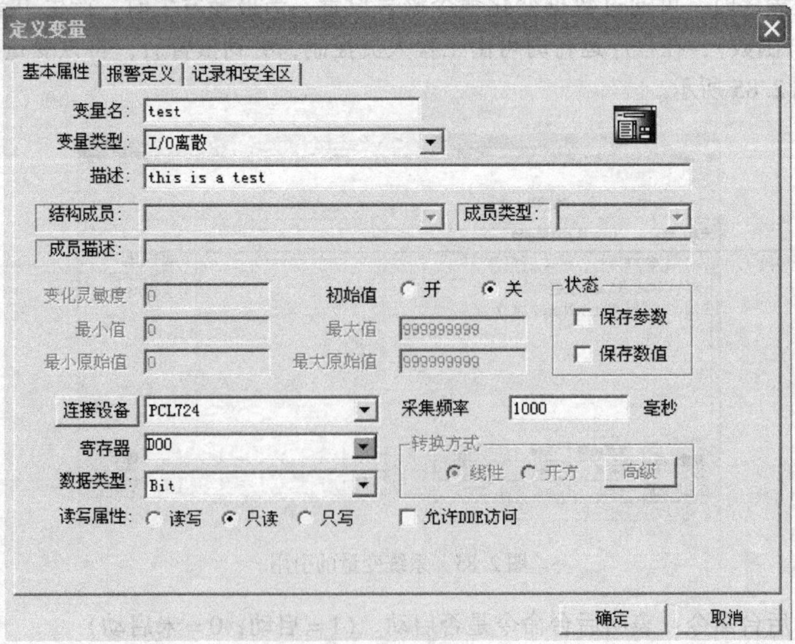

图2.86　变量基本属性

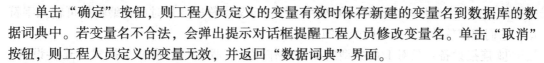

单击“确定”按钮，则工程人员定义的变量有效时保存新建的变量名到数据库的数据词典中。若变量名不合法，会弹出提示对话框提醒工程人员修改变量名。单击“取消”按钮，则工程人员定义的变量无效，并返回“数据词典”界面。

(2) 基本属性的定义。

“变量属性”对话框的基本属性卡片中的各项用来定义变量的基本特征，各项意义解释如下：

① 变量名：唯一标识一个应用程序中数据变量的名字，同一应用程序中的数据变量不能重名，数据变量名区分大小写，最长不能超过 31 个字符。用鼠标单击编辑框的任何位置进入编辑状态，工程人员此时可以输入变量名字，变量名可以是汉字或英文名字，第一个字符不能是数字。例如，温度、压力、液位、var1 等均可以作为变量名。变量的名称最多为 31 个字符。

② 组态王变量名命名规则：变量名命名时不能与组态王中现有的变量名、函数名、关键字、构件名称等相重复；命名的首字符只能为字符，不能为数字等非法字符，名称中间不允许有空格、算术符号等非法字符存在。名称长度不能超过 31 个字符。

③ 变量类型：在对话框中只能定义 8 种基本类型中的一种，用鼠标单击变量类型下拉列表框列出可供选择的数据类型。当定义有结构模板时，一个结构模板就是一种变量类型。

④ 描述：用于输入对变量的描述信息。例如若想在报警窗口中显示某变量的描述信息，可在定义变量时，在描述编辑框中加入适当说明，并在报警窗口中加上描述项，则在运行系统的报警窗口中可见该变量的描述信息。(最长不超过 39 个字符)

⑤ 变化灵敏度：数据类型为模拟量或整型时此项有效。只有当该数据变量的值变化幅度超过“变化灵敏度”时，“组态王”才更新与之相连接的画面显示（缺省为 0）。

⑥ 最小值：指该变量值在数据库中的下限。

⑦ 最大值：指该变量值在数据库中的上限。

注意：

组态王中最大的精度为 float 型，四个字节。定义最大值时注意不要越限。

⑧ 最小原始值：变量为 IO 模拟变量时，驱动程序中输入原始模拟值的下限。(具体可参见组态王驱动在线帮助)

⑨ 最大原始值：变量为 IO 模拟变量时，驱动程序中输入原始模拟值的上限。(具体可参见组态王驱动在线帮助)

以上⑥、⑦、⑧、⑨四项是对 IO 模拟量进行工程值自动转换所需要的。组态王将采集到的数据按照这四项的对应关系自动转为工程值。

⑩ 保存参数：在系统运行时，如果变量的域（可读可写型）值发生了变化，组态王运行系统退出时，系统自动保存该值。组态王运行系统再次启动后，变量的初始域值为上次系统运行退出时保存的值。

⑪ 保存数值：系统运行时，如果变量的值发生了变化，组态王运行系统退出时，系统自动保存该值。组态王运行系统再次启动后，变量的初始值为上次系统运行退出时保存的值。

⑫ 初始值：这项内容与所定义的变量类型有关，定义模拟量时出现编辑框可输入一

个数值，定义离散量时出现开或关两种选择。定义字符串变量时出现编辑框可输入字符串，它们规定软件开始运行时变量的初始值。

⑬ 连接设备：只对 I/O 类型的变量起作用，工程人员只需从下拉式“连接设备”列表框中选择相应的设备即可。此列表框所列出的连接设备名是组态王设备管理中已安装的逻辑设备名。用户要想使用自己的 I/O 设备，首先单击“连接设备”按钮，则“变量属性”对话框自动变成小图标出现在屏幕左下角，同时弹出“设备配置向导”对话框，工程人员根据安装向导完成相应设备的安装，当关闭“设备配置向导”对话框时，“变量属性”对话框又自动弹出；工程人员也可以直接从设备管理中定义自己的逻辑设备名。

注意：

如果连接设备选为 Windows 的 DDE 服务程序，则“连接设备”选项下的选项名为“项目名”；当连接设备选为 PLC 等，则“连接设备”选项下的选项名为“寄存器”；如果连接设备选为板卡等，则“连接设备”选项下的选项名为“通道”。

⑭ 项目名：连接设备为 DDE 设备时，DDE 会话中的项目名，可参考 Windows 的 DDE 交换协议资料。

⑮ 寄存器：指定要与组态王定义的变量进行连接通信的寄存器变量名，该寄存器与工程人员指定的连接设备有关。

⑯ 转换方式：规定 I/O 模拟量输入原始值到数据库使用值的转换方式。有线性转化、开方转换、和非线性表、累计等转换方式。

⑰ 数据类型：只对 I/O 类型的变量起作用，定义变量对应的寄存器的数据类型，共有 9 种数据类型供用户使用，这 9 种数据类型分别是：

BIT：1 位；范围是：0 或 1

BYTE：8 位，1 个字节；范围是：0 ~ 255

SHORT，2 个字节；范围是：-32768 ~ 32767

USHORT：16 位，2 个字节；范围是：0 ~ 65535

BCD：16 位，2 个字节；范围是：0 ~ 9999

LONG：32 位，4 个字节；范围是：-2147483648 ~ 2147483647

LONGBCD：32 位，4 个字节；范围是：0 ~ 4294967295

FLOAT：32 位，4 个字节；范围是：-3.40E+38 ~ +3.40E+38，有效位 7 位

STRING：128 个字符长度

⑱ 采集频率：用于定义数据变量的采样频率。与组态王的基准频率设置有关。

⑲ 读写属性：定义数据变量的读写属性，工程人员可根据需要定义变量为“只读”属性、“只写”属性、“读写”属性。

⑳ 只读：对于只进行采集而不需要人为手动修改其值，并输出到下位设备的变量一般定义属性为只读。

㉑ 只写：对于只需要进行输出而不需要读回的变量，一般定义属性为只写。

注意：

当采集频率为 0 时，只要组态王上的变量值发生变化时，就会进行写操作；当采集频率不为 0 时，会按照采集频率周期性的输出值到设备。

㉒ 读写：对于需要进行输出控制又需要读回的变量，一般定义属性为读写。

㉓ 允许 DDE 访问：组态王内置的驱动程序与外围设备进行数据交换，为了方便工程人员用其他程序对该变量进行访问，可通过选中“允许 DDE 访问”，这样组态王就作为 DDE 服务器，可与 DDE 客户程序进行数据交换。

2.3　组态王运行系统

“组态王”软件包由工程管理器 ProjectManage、工程浏览器 TouchExplorer 和画面运行系统 TouchVew 三部分组成。其中工程浏览器内嵌组态王画面制作开发系统，生成人机界面工程。画面制作开发系统中设计开发的画面工程在 TouchVew 运行环境中运行。TouchExplorer 和 TouchVew 各自独立，一个工程可以同时被编辑和运行，这对于工程的调试是非常方便的。本章主要通过 TouchVew 的菜单命令来介绍组态王画面的运行系统。

2.3.1　配置运行系统

在运行组态王工程之前首先要在开发系统中对运行系统环境进行配置。在开发系统中单击“配置\运行系统”菜单栏命令或工具条中的“运行”按钮或工程浏览器“工程目录显示区\系统配置\设置运行系统”按钮后，弹出“运行系统设置”对话框，如图 2.87 所示。

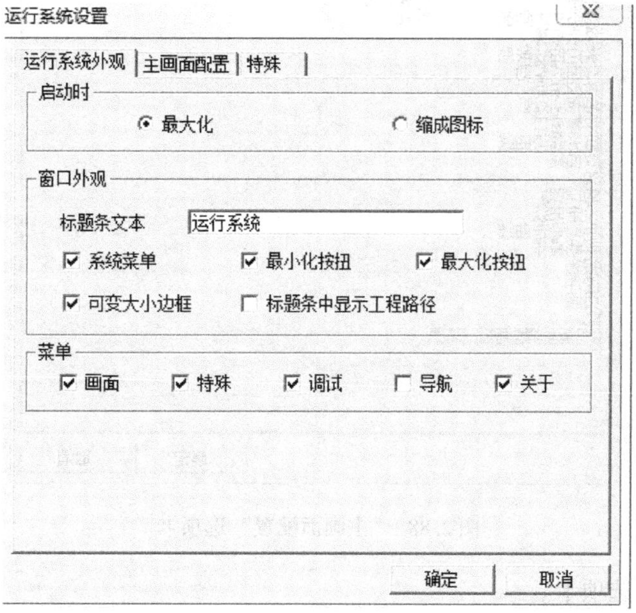

图 2.87　“运行系统设置”对话框

“运行系统设置”对话框由三个配置属性组成：

(1) “运行系统外观”选项卡。

此选项卡中各项的含义和使用介绍如下：

① 启动时最大化：TouchVew 启动时占据整个屏幕。

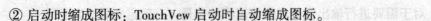

② 启动时缩成图标：TouchVew 启动时自动缩成图标。

③ 窗口外观标题条文本：此字段用于输入 TouchVew 运行时出现在标题栏中的标题。若此内容为空，则 TouchVew 运行时将隐去标题条，全屏显示。

④ 窗口外观系统菜单：选择此选项使 TouchVew 运行时标题栏中带有系统菜单框。

⑤ 窗口外观最小化按钮：选择此选项使 TouchVew 运行时标题栏中带有最小化按钮。

⑥ 窗口外观最大化按钮：选择此选项使 TouchVew 运行时标题栏中带有最大化按钮。

⑦ 窗口外观可变大小边框：选择此选项使 TouchVew 运行时，可以改变窗口大小。

⑧ 窗口外观标题条中显示工程路径：选择此选项使当前应用程序目录显示在标题栏中。

⑨ 菜单：选择此选项使 TouchVew 运行时带有菜单。

(2) "主画面配置" 选项卡。

规定 TouchVew 画面运行系统启动时自动调入的画面，如果几个画面互相重叠，最后调入的画面在前面。单击 "主画面配置" 选项卡，则此属性页对话框弹出，同时属性页画面列表对话框中列出了当前应用程序所有有效的画面，选中的画面加亮显示。如图 2.88 所示。

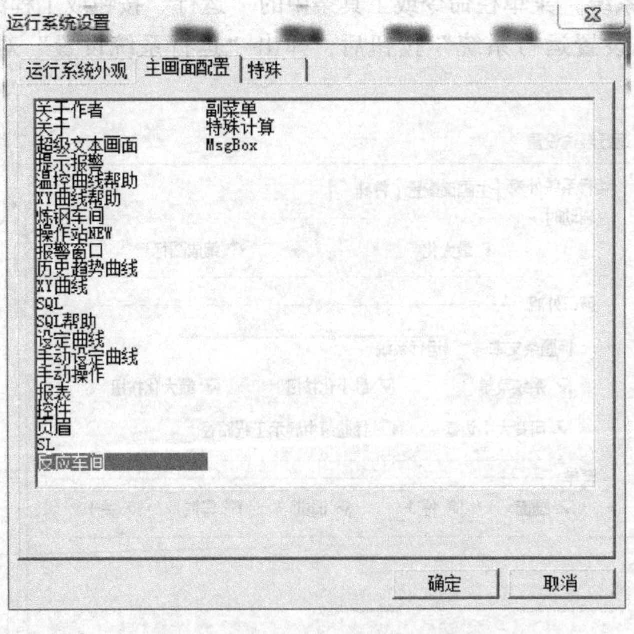

图 2.88 "主画面配置" 选项卡

(3) "特殊" 选项卡。

此选项卡用于设置运行系统的基准频率等一些特殊属性，单击 "特殊" 选项卡，则弹出如图 2.89 所示的对话框。

① 运行系统基准频率：是一个时间值。所有其他与时间有关的操作选项（如：有 "闪烁" 动画连接的图形对象的闪烁频率、趋势曲线的更新频率、后台命令语言的执行）都以它为单位，是它的整数倍。

② 时间变量更新频率：用于控制 TouchVew 在运行时更新数据库中时间变量（$毫

秒、$秒、$分、$时等）。

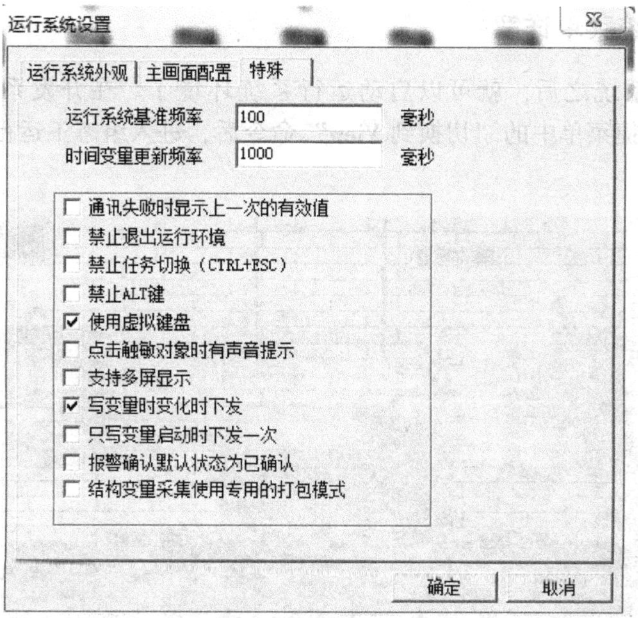

图 2.89　“特殊”选项卡

③ 通信失败时显示上一次的有效值：用于控制组态王中的 IO 变量在通信失败后在画面上的显示方式。选中此项后，对于组态王画面上 IO 变量的“值输出”连接，在设备通信失败时画面上将显示组态王最后采集的数据值，否则将显示“???”。

④ 禁止退出运行环境：选择此选项后，其左边小方框内出现“✓”号。选择此选项使 TouchVew 启动后，除关机外不能退出。

⑤ 禁止任务切换【Ctrl + Esc】：选择此选项后，其左边小方框内出现“✓”号。选择此选项将禁止使用【Ctrl + Esc】组合键，用户不能作任务切换。

⑥ 禁止【Alt】键：选择此选项后，其左边小方框内出现“✓”号。选择此选项将禁止使用【Alt】键，用户不能用 Alt 键调用菜单命令。

注意：

若将上述所有选项选中时，只有使用组态王提供的内部函数 Exit（Option）退出。

⑦ 使用虚拟键盘：选择此选项后，其左边小方框内出现“✓”号。画面程序运行中，当需要操作者使用键盘时，比如输入模拟值，则弹出模拟键盘窗口，操作者用鼠标在模拟键盘上选择字符即可输入。

⑧ 点击触敏对象时有声音提示：选中此项后，其左边小方框内出现“✓”号。则系统运行时，鼠标单击按钮等图素时，蜂鸣器发出声音。

⑨ 支持多屏显示：选择此选项后，其左边小方框内出现“✓”号。选择此选项支持多显卡显示，可以一台主机接多个显示器，组态王画面在多个显示器上显示。

⑩ 写变量变化时下发：选择此选项后，如果变量的采集频率为 0，组态王写变量的时候，只有变量值发生变化才写，否则不写。

⑪ 只写变量启动时下发一次：对于只写变量，选择此选项后，组态王运行系统启动

时，将初始值向下写一次，否则不写。

2.3.2　运行系统菜单详解

配置好运行系统之后，就可以启动运行系统环境了。在开发系统中单击工具条“View”按钮或快捷菜单中的“切换到 View”命令后，进入组态王运行系统。如图 2.90 所示。

图 2.90　组态王运行系统

下面分别对运行系统菜单命令进行讲解。

1.“画面”菜单

单击“画面”菜单，弹出下拉式菜单，如图 2.91 所示。

(1) 画面\ 打开。

选择此命令后，弹出“打开画面”对话框，如图 2.92 所示。

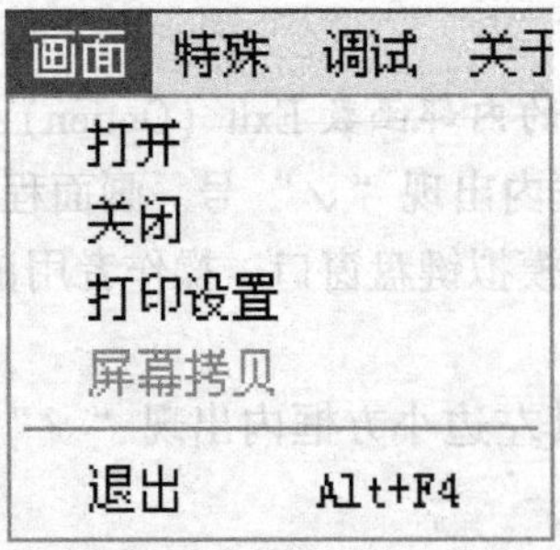

图 2.91　“画面”菜单

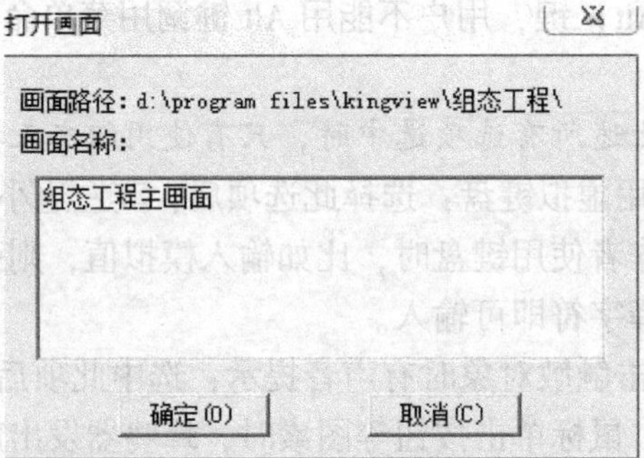

图 2.92　“打开画面”对话框

对话框中列出当前路径下所有未打开画面的清单。用鼠标或空格键选择一个或多个窗口后，单击“确定”按钮，打开所有选中的画面，或单击“取消”按钮撤消当前操作。

（2）画面\关闭。

选择此命令后，弹出“关闭画面”对话框，如图 2.93 所示。

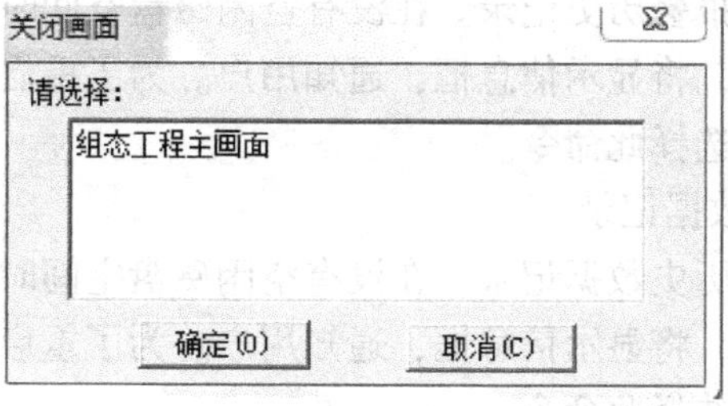

图 2.93　“关闭画面”对话框

对话框中列出所有已打开画面的清单。用鼠标或空格键选择一个或多个窗口后，单击“确定”按钮，打开所有选中的画面，或单击“取消”按钮撤消当前操作。

（3）画面\打印设置。

选择此命令后，弹出“打印设置”对话框，如图 2.94 所示。用来设置画面打印时打印机的属性，如选择要使用的打印机、纸张大小、打印方向等。TouchVew 在运行时根据这些设置打印预览或打印画面。

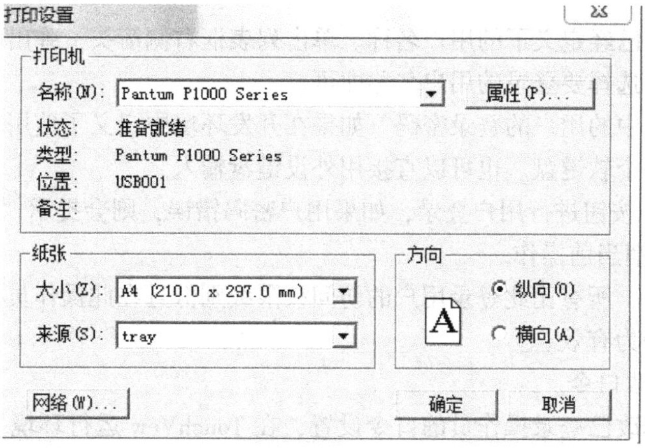

图 2.94　“打印设置”对话框

（4）画面\退出（Alt + F4）。

选择此命令后退出“组态王”运行程序。

2. “特殊”菜单

单击“特殊”菜单，弹出下拉式菜单，如图 2.95 所示。

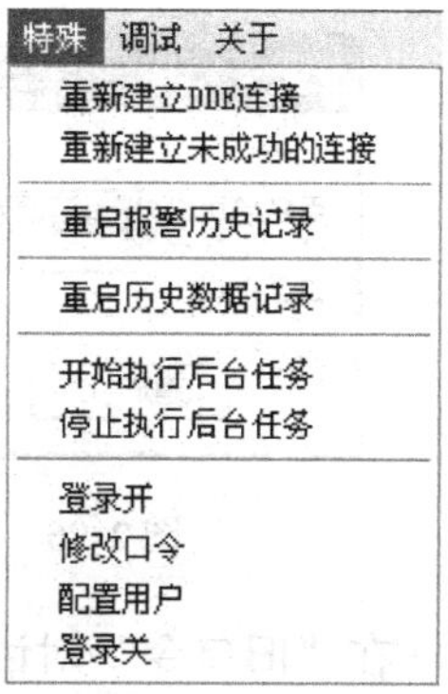

图 2.95　“特殊”菜单

（1）特殊\重新建立 DDE 连接。

TouchVew 先中断了已经建立的 DDE 连接，此命令用于重新建立 DDE 连接。

（2）特殊\重新建立未成功的连接。

重新建立启动时未建立成功的 DDE 连接。已经建立成功的

DDE 连接不受影响。

（3）特殊\重启报警历史记录。

此选项用于重新启动报警历史记录。在没有空闲磁盘空间时，系统自动停止报警历史记录。当发生此种情况时，将显示信息框，通知用户。为了重启报警历史记录，用户须清理出一定的磁盘空间，并选择此命令。

（4）特殊\重启历史数据记录。

此选项用于重新启动历史数据记录。在没有空闲磁盘空间时，系统自动停止历史数据记录。当发生此种情况时，将显示信息框，通知用户。为了重启历史数据记录，用户须清理出一定的磁盘空间，并选择此命令。

（5）特殊\开始执行后台任务。

此选项用于启动后台命令语言程序，使之定时运行。

（6）特殊\停止执行后台任务。

此选项用于停止后台命令语言程序。

（7）特殊\登录开。

此选项用于用户进行登录。登录后，可以操作有权限设置的图形元素或对象。在 TouchVew 运行环境下，当运行画面打开后，单击此选项，则弹出“登录”对话框，如图 2.96 所示。

用户名：选择已经定义了的用户名称。单击列表框右侧箭头，弹出的列表框中列出了所有的用户名称，选择要登录的用户名称即可。

口令：输入选中的用户的登录密码。如果在开发环境中定义了使用软键盘，则单击该文本框时，弹出一个软键盘。也可以直接用外设键盘输入。

单击“确定”按钮进行用户登录，如果用户密码错误，则会提示“登录失败”；单击“取消”按钮则取消当前操作。

在用户登录后，所有比此登录用户的访问权限级别低且在此操作员登录安全区内的图形元素或对象均变为有效。

（8）特殊\修改口令。

此选项用于修改已登录操作员的口令设置，在 TouchVew 运行环境下，当运行画面打开后，单击此选项，则弹出“修改口令”对话框，如图 2.97 所示。

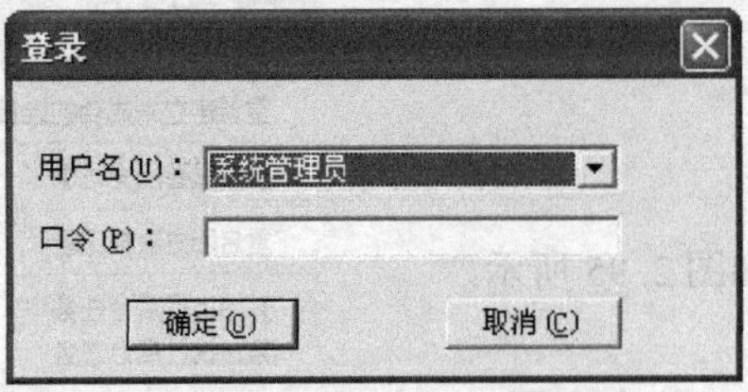

图 2.96 “登录”对话框

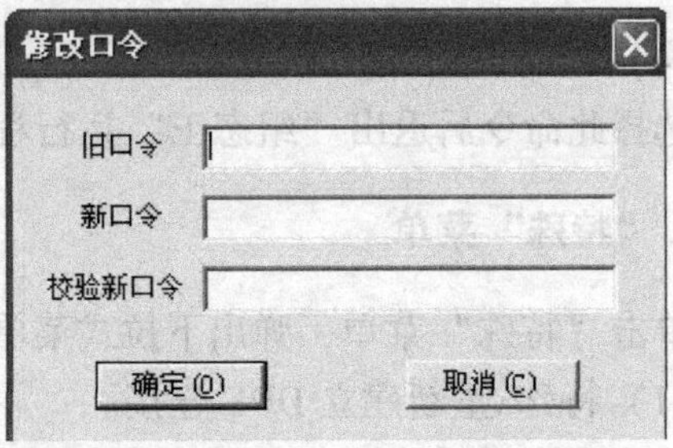

图 2.97 “修改口令”对话框

在“旧口令”对话框中输入当前的用户密码，在“新口令”文本框中输入新的用户密码，在“校验新口令”文本框中输入新的用户密码，用于确认新密码的正确性。输入完成后，单击“确定”按钮确认口令修改；单击“取消”取消当前操作。

（9）特殊\配置用户。

此选项用于重新设置用户的访问权限和口令以及安全区，当操作员的访问权限大于或等于 900 时，此选项有效。弹出“用户和安全区配置”对话框。

当操作员的访问权限小于 900 时，此选项有效，会提示没有权限。

（10）特殊\登录关闭。

此选项用于使当前登录的用户退出登录状态，关闭有口令设置的图形元素或对象，则用户不可访问。

3. “调试”菜单

单击“调试”菜单，弹出下拉式菜单，如图 2.98 所示。

（1）调试\通信。

此命令用于给出组态王与 I/O 设备通信时的调试信息，包括通信信息、读成功、读失败、写成功、写失败。当用户需要了解通信信息时，选择“通信信息”项，此时该项前面有一个符号“✓”，表示该选项有效，则组态王与 I/O 设备通信时会在信息窗口中给出通信信息，如图 2.99 所示。

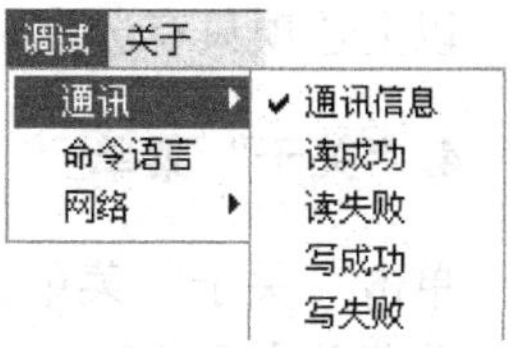

图 2.98　“调试”菜单

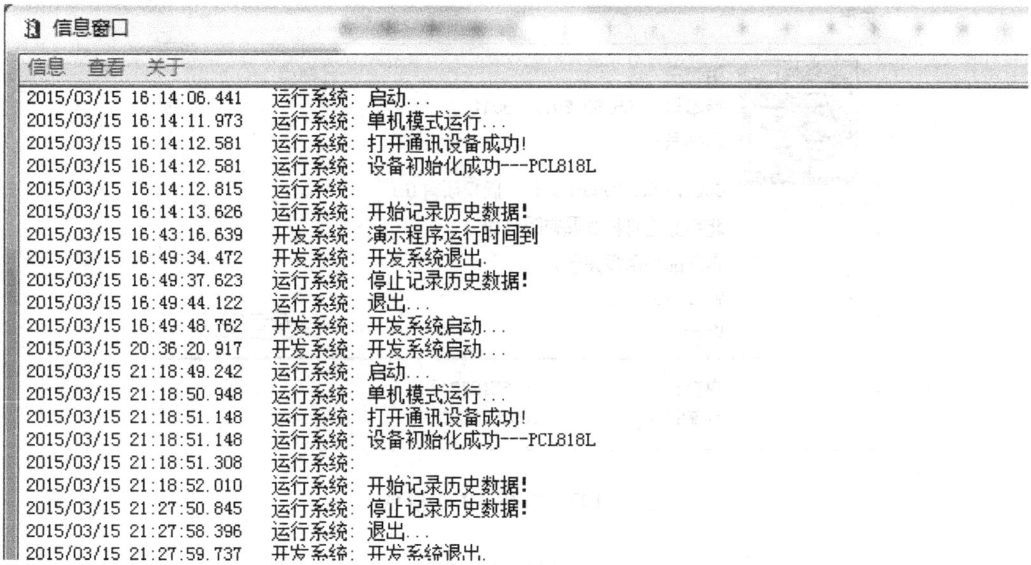

图 2.99　信息窗口通信信息

① 通信信息：在组态王信息窗口中显示/不显示组态王与设备的通信信息。

② 读成功：在组态王信息窗口中显示/不显示组态王读取设备寄存器数据时成功的信息。

③ 读失败：在组态王信息窗口中显示/不显示组态王读取设备寄存器数据时失败的信息。

④ 写成功：在组态王信息窗口中显示/不显示组态王向设备寄存器写数据时成功的

信息。

⑤ 写失败：在组态王信息窗口中显示/不显示组态王向设备寄存器写数据时失败的信息。

(2) 调试\命令语言。该选项目前不起作用。

(3) 调试\ 网络，如图 2. 100 所示。

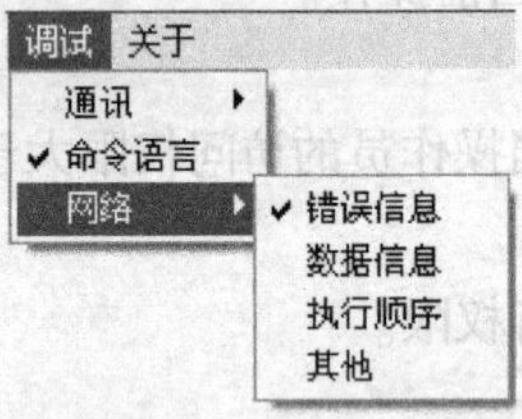

图 2. 100　调试网络窗口

① 错误信息：在组态王信息窗口中显示/不显示组态王与设备的通信的错误信息。

② 数据信息：在组态王信息窗口中显示/不显示组态王读取或回写的数据信息。

③ 执行顺序：在组态王信息窗口中显示/不显示组态王的执行顺序。

④ 其他：在组态王信息窗口中显示/不显示组态王其他的信息。

以上选项只有选中时（菜单项有“✓”符号）有效。

4. “关于”菜单

单击“关于”菜单，弹出下拉式菜单，如图 2. 101 所示

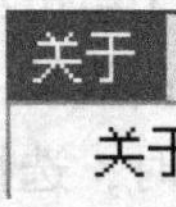

图 2. 101　“关于”菜单

此菜单命令项用于显示“组态王”的版权信息和系统内存信息，对话框如图 2. 102 所示。

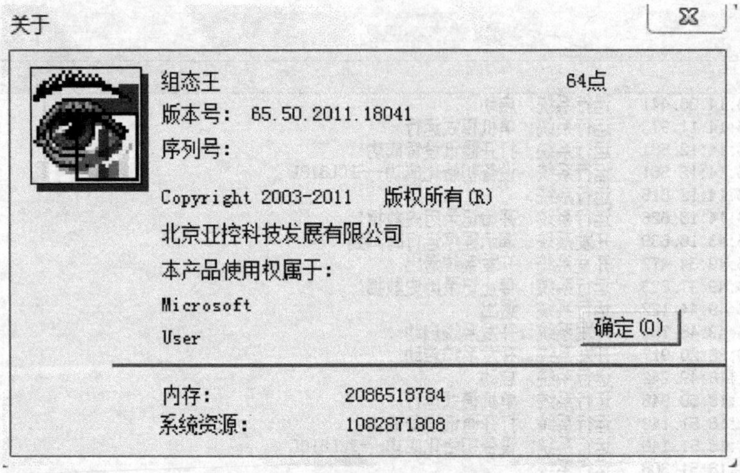

图 2. 102　组态王关于信息

本章小结

1. 组态王 KingView V6. 5 软件包由以下三部分组成：

- 工程管理器（ProjManager）；
- 工程浏览器（TouchExplorer）；
- 画面运行系统（TouchView）。

2. 工程管理器的主要功能包括：新建工程、删除工程，搜索指定路径下的所有组态王工程，修改工程属性，工程的备份、恢复，数据词典的导入/导出，切换到组态王开发

或运行环境等。

3. 工程浏览器将图形画面、命令语言、设备驱动程序、配方、报警、网络等工程元素集中管理，工程人员可以一目了然地查看工程的各个组成部分。组态王开发系统内嵌于组态王工程浏览器，又称为画面开发系统，是应用程序的集成开发环境，工程人员在这个环境里进行系统开发。

4. 组态王支持的硬件设备包括：可编程控制器（PLC）、智能模块、板卡、智能仪表，变频器等等；组态王支持的几种通信方式有：串口通信、数据采集板、DDE 通信、人机界面卡、网络模块和 OPC。

5. 数据库是“组态王”最核心的部分。在数据库中存放的是变量的当前值，变量包括系统变量和用户定义的变量。变量的集合形象地称为“数据词典”，数据词典记录了所有用户可使用的数据变量的详细信息。

6. 变量的类型

（1）变量的基本类型共有两类：内存变量、I/O 变量。

（2）特殊变量类型有报警窗口变量、历史趋势曲线变量和系统预设变量三种。

7. 变量的数据类型主要有以下几种：

（1）实型变量；

（2）离散变量；

（3）字符串型变量；

（4）整数变量；

（5）结构变量。

习题与思考题

2-1　工程管理器和工程浏览器的功能有哪些？

2-2　如何新建一个工程？如何找到一个已有的工程？

2-3　如何设置一个工程为当前工程？如何修改当前工程的属性？

2-4　如何清除当前不要的工程？

2-5　如何备份和恢复一个工程？

2-6　如何进入工程浏览器？如何新建一个画面？

2-7　如何定义一个新设备？以西门子 PLC 为例。

2-8　变量的数据类型有哪些？

2-9　设有 2 台型号为三菱公司的 FX2－60MR PLC 作为下位机控制工业生产现场，同时这两台 PLC 均要与装有组态王的上位机通信，请问怎样给这两台 FX2－60MR PLC 指定的逻辑名？请在组态王中定义这两个设备。

2-10　请在组态王的数据库中定义下列变量（内存型）

变量名	变量类型	初始值	注释
系统启停	开关	0	反映系统运行/停止的变量，1：运行
放气阀	开关	0	开关量输出，反映放气阀状态，1：开

续表

变 量 名	变量类型	初 始 值	注 释
给水阀	开关	0	开关量输出，反映给水阀状态，1：开
供气阀	开关	0	开关量输出，反映供气阀状态，1：开
温度	数值	20	模拟量输入，反应锅炉温度，正常范围：60～80℃
压力	数值	0.1	模拟量输入，反应锅炉压力，正常范围：低于0.13MPa
液位	数值	0.5	模拟量输入，反应锅炉液位，正常范围：0.5～1.0m
运行标志	字符	正常	字符显示：正常或报警

第3章

机械手监控系统

内容提要：

本章介绍机械手监控系统的设计方案、实施过程及调试。重点学习工程建立、设备定义、变量定义及画面的设计方法；掌握动画连接及命令语言的编写方法；通过三种不同工作方式的介绍，了解机械设备的工作状态。

学习目标：

1. 了解机械手监控系统的控制要求；
2. 了解机械手监控系统的接口设备及硬件接线；
3. 掌握 PLC 的配置与连接方法；
4. 掌握变量的定义方法和使用方法；
5. 通过机械手监控系统的学习，学会组态软件的使用和工程组态的方法；
6. 通过机械手监控系统的调试，掌握工程调试和分析问题与处理问题的方法；
7. 通过动画连接，掌握对现场开关量的控制方法。

3.1 机械手监控系统方案设计

3.1.1 机械手监控系统的控制要求

（1）机械手具有启动、停止、移动、抓、放等功能。

机械手工作人员可以通过启动、停止按钮控制机械手的启动和停止。移动和抓、放功能由电磁阀控制，当相应的电磁阀动作时，机械手会做出相应的机械动作。

（2）本控制系统具有三种工作方式：手动、半自动和自动。

① 手动工作方式要求在启动的情况下，按下“手动”按钮，机械手画面中的上移、下移、左移、右移、放松、夹紧按钮变为可用，即按下任一按钮，机械手完成相应的动作。

② 半自动工作方式要求在启动的情况下，按下“半自动”按钮，机械手将自动完成一个相应的动作，比如按下“下移”按钮，机械手将自动下移，直到下移到最低端。

③ 自动的工作方式要求按下启动按钮后，机械手下移至工件处→夹紧工件→携工件上升→右移至下一个工位上方→下移至指定位置→放下工件→机械手上移→机械手左移，

回到原始位置，此过程反复循环。

（3）机械手运动过程中，按下停止按钮 SB2，机械手停在当前位置，所有功能失效，再次按下启动按钮和工作方式按钮，机械手继续运行。

3.1.2 机械手监控系统接口设备选型

本系统有 5 个开关量控制信号需要输入到计算机，分别是启动按钮 SB1、停止按钮 SB2、手动 SB3、自动 SB4 和半自动 SB5。计算机有 6 个开关量控制信号需要输出到机械手，分别是放松信号 HL1、夹紧信号 HL2、下移信号 HL3、上移信号 HL4、左移信号 HL5 和右移信号 HL6。

本项目 I/O 接口设备选择三菱公司 FX2N－48MR，AC 电源，DC 输入型 PLC。

1. PLC 配置与连接

（1）系统连接，如图 3.1 所示。

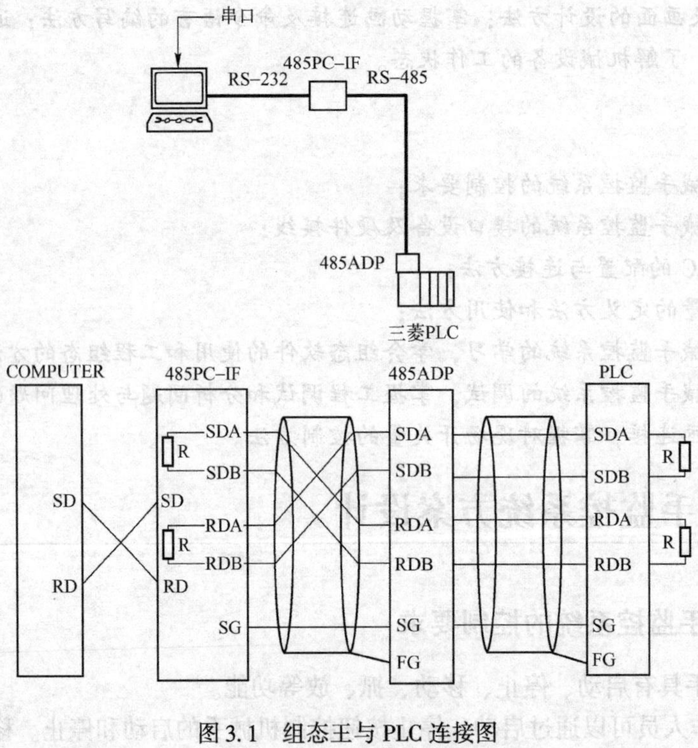

图 3.1 组态王与 PLC 连接图

说明：R 为连接电阻，阻值为 330Ω；SG 为信号的地线；FG 为屏蔽的地线。

（2）PLC 中通信参数的设置。

使用三菱的 232ADP，485BD，485ADP 通信模块和组态王通信时，需要通过编程软件或手操器设置三菱 PLC 中的 D8120、D8121 两个参数，其中 D8121 可设置 PLC 地址，D8120 可设置 PLC 通信参数。D8120 推荐设置 E080，具体表示的通信参数如下：

协议：Link

数据：: 7

校验：无

停止：1
传输速率：9600
硬件：RS－485
数目检查：YES
控制程序：Format4

注意：

设置后必须关 PLC 电源，再重新给 PLC 上电，以上设置才能生效。

2. 组态王设置

组态王数据词典——变量定义，见表3-1。

表3-1 变量定义

寄存器名称	寄存器名格式	数据类型	变量类型	取值范围
输入寄存器	X####	BIT	I/O离散	0～7FF
输出寄存器	Y####	BIT	I/O离散	0～7FF
辅助寄存器	Mdddd	BIT	I/O离散	0～9255
拴锁寄存器	Ldddd	BIT	I/O离散	0～8191
步进寄存器	Sdddd	BIT	I/O离散	0～8191
连接寄存器	B####	BIT	I/O离散	0～FFF
错误寄存器	Fdddd	BIT	I/O离散	0～2047
定时器接点	TSdddd	BIT	I/O离散	0～2047
定时器线圈	TCdddd	BIT	I/O离散	0～2047
计数器接点	CSdddd	BIT	I/O离散	0～1023
计数器线圈	CCdddd	BIT	I/O离散	0～1023
定时器当前值	TNddd	USHORT	I/O整型	0～2047
计数器当前值	CNddd	USHORT，LONGBCD	I/O整型	0～1023
数据寄存器	Ddddd	SHORT，USHORT，LONG，FLOAT	I/O整型 I/O实型	0～9255
连接寄存器	W####	SHORT，USHORT	I/O整型	0～FFF
	Rdddd	SHORT，USHORT	I/O整型	0～8191

上表中####表示16进制格式，dddd表示10进制格式

X、Y寄存器定义的特别说明：

X、Y寄存器的通道号是16进制，定义寄存器需要换算一下。由于三菱PLC X、Y的通道都是0～7、10～17、20～27。为十进制形式需要换算成相应的十六进制来定义寄存器。

组态王按照寄存器名称来读取下位机相应的数据。组态王中定义的寄存器与下位机所有的寄存器相对应。如定义非法寄存器，将不被承认。如定义的寄存器在所用的下位机具体型号中不存在，将读不上数据。

3.1.3 机械手监控系统方框图和电路接线图

(1) 机械手监控系统方框图（见图3.2）。

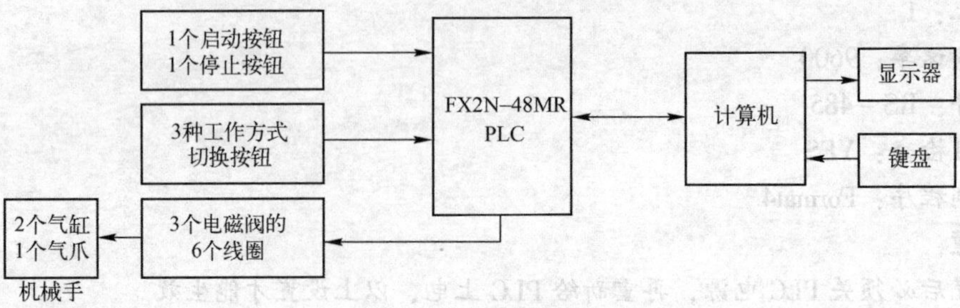

图 3.2 机械手系统方框图

（2）PLC 与机械手及计算机的连接电路图。

① 机械手监控系统 I/O 分配表（见表 3-2）。

表 3-2 机械手监控制系统 I/O 分配表

输入信号		输出信号	
对象	FX2N－48MR 接线端子	对象	FX2N－48MR 接线端子
启动（SB1）	X0	放松（HL1）	Y0
停止（SB2）	X1	夹紧（HL2）	Y1
手动（SB3）	X2	上移（HL3）	Y2
半自动（SB4）	X3	下移（HL4）	Y3
自动（SB5）	X4	左移（HL5）	Y4
		右移（HL6）	Y5

② 机械手监控系统接线图如图 3.3 所示。

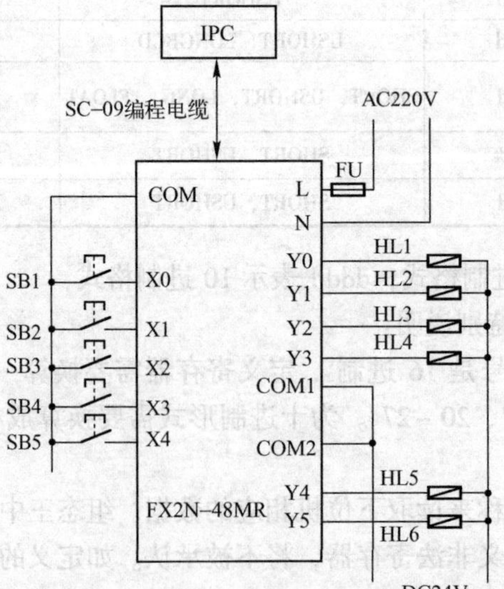

图 3.3 机械手与 FX2N－48MR 及 IPC 接线图

3.2 机械手监控系统实施及调试

3.2.1 工程建立

（1）单击桌面“组态王 6.55”图标，出现组态王“工程管理器”窗口，如图 3.4 所示。组态王工程管理器窗口中显示了计算机中所有已建立的工程项目的名称和存储路径。

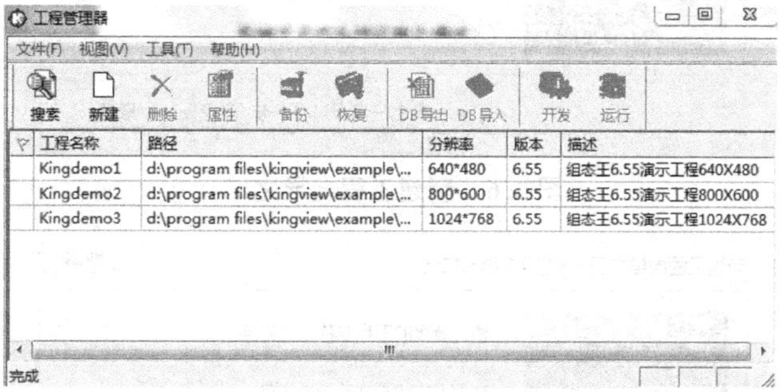

图 3.4 “工程管理器”窗口

（2）在组态王“工程管理器”窗口中单击“新建”按钮，出现“新建工程向导之一”对话框，如图 3.5 所示。

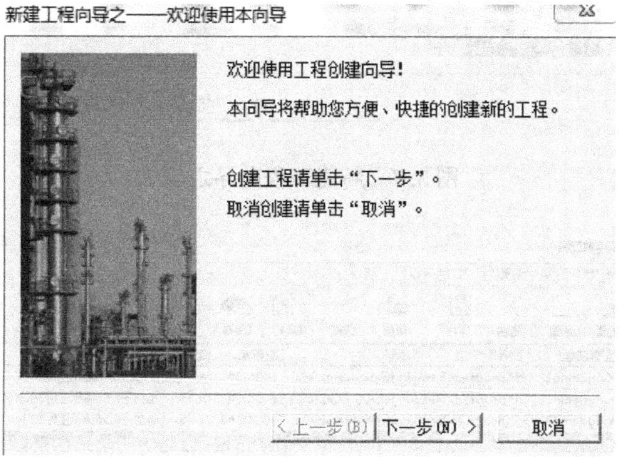

图 3.5 新建工程向导之一

（3）单击“下一步”按钮，在如图 3.6 所示“新建工程向导之二”窗口中的文本框中直接输入或用“浏览”方式确定工程路径。

（4）单击“下一步”按钮，在出现如图 3.7 所示的“新建工程向导之三”窗口中输入工程名称为“机械手监控系统”。

（5）单击“完成”按钮，在出现的“是否将新建的工程设置为组态王当前工程”对话框中单击“是”按钮，完成工程的建立。

（6）此时，组态王在指定路径下出现了一个“机械手监控系统”项目名，如图 3.8 所示，以后所进行的组态工作的所有数据都将存储在这个目录中。

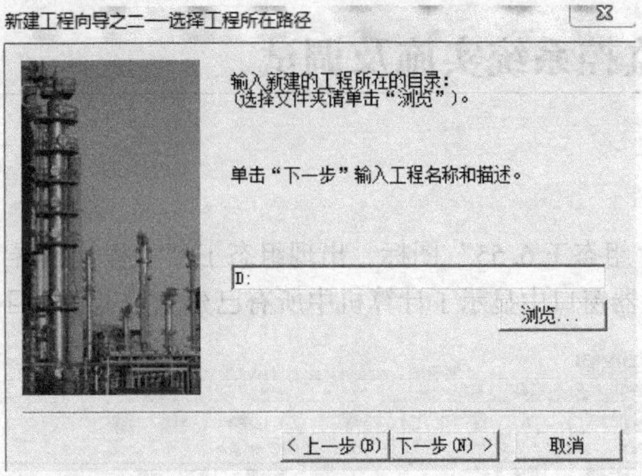

图 3.6　新建工程向导之二

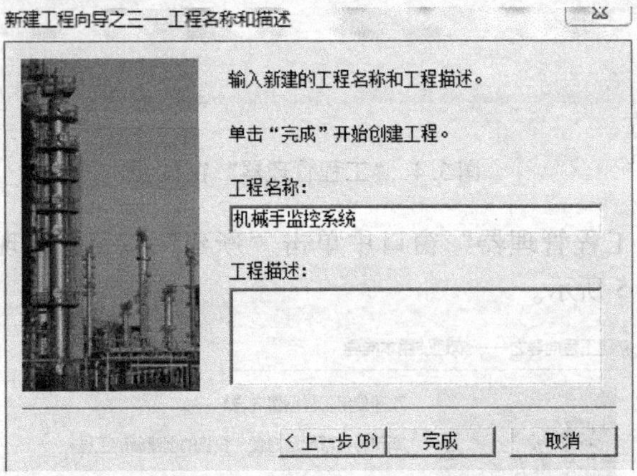

图 3.7　新建工程向导之三

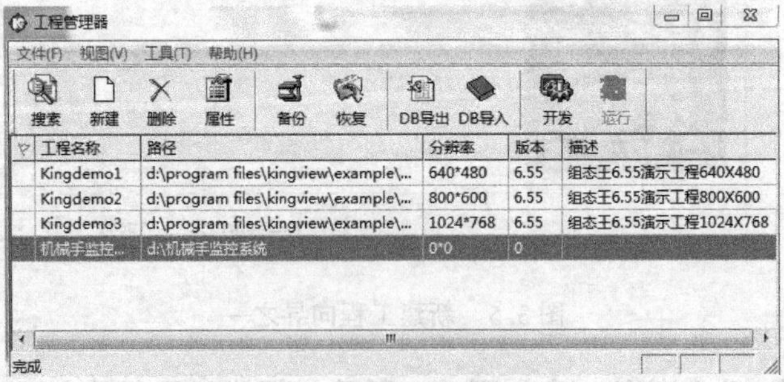

图 3.8　机械手监控系统

3.2.2　设备配置

在组态王中添加 FX2N－48MR 型 PLC 设备。

(1) 双击组态王“工程管理器”中的“机械手监控系统”，进入组态王“工程浏览器”，如图 3.9 所示。

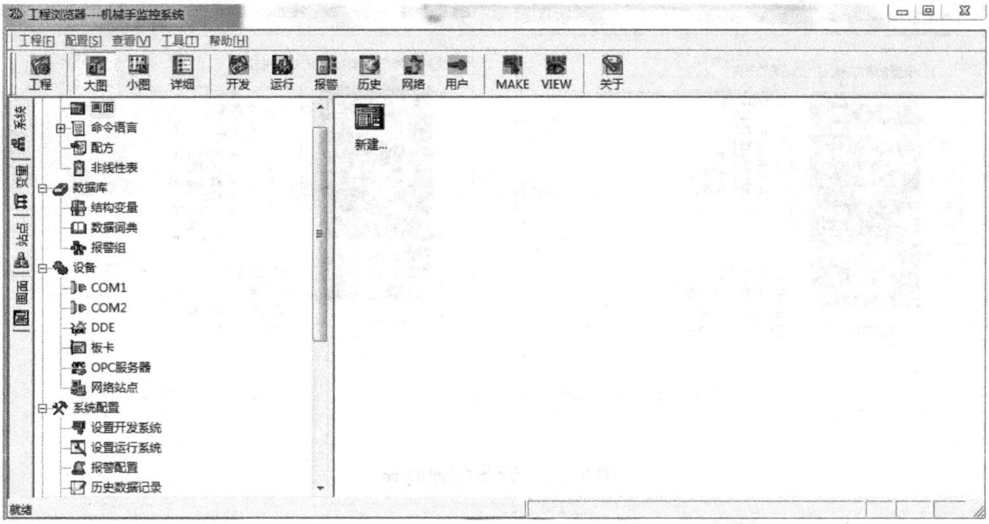

图 3.9 组态王工程管理器

（2）在工程浏览器目录显示区中选择“设备→COM1”，其中 COM1 是 PLC 与上位机的连接接口，如果使用 COM2 连接，则应作相应改变。

（3）双击 COM1，弹出串行口通信参数设置对话框，如图 3.10 所示。

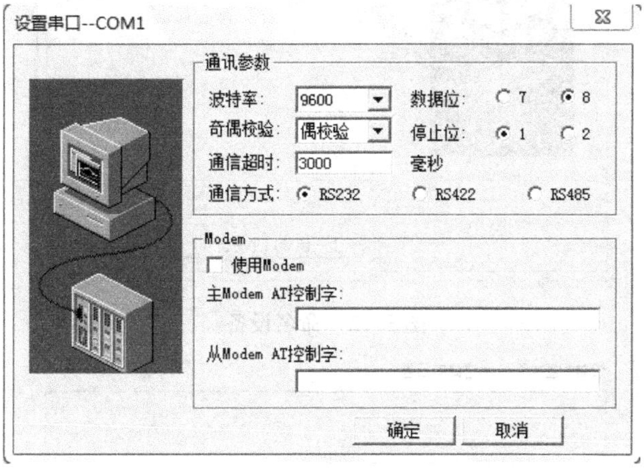

图 3.10 串行口通信参数设置窗口

（4）在窗口中输入 COM1 的通信参数，包括波特率 9600bps，偶校验，7 位数据位，1 位停止位，RS232 通信方式，然后单击“确定”按钮，这样就完成了对 COM1 的通信参数的配置，保证 COM1 与 PLC 的通信能够正常进行。

（5）添加 FX2N－48MR 设备。双击目录内容显示区中的“新建”图标，在出现的“设备配置向导”中单击“PLC”→“三菱”→“FX2N－485”→”COM”，如图 3.11 所示。

（6）单击“下一步”按钮，在下一个窗口中给这个设备取一个名字“FX2PLC”，如图 3.12 所示。

（7）单击“下一步”按钮，在下一个窗口中给这个设备配置串口号，如图 3.13 所示，选择串口为 COM1。

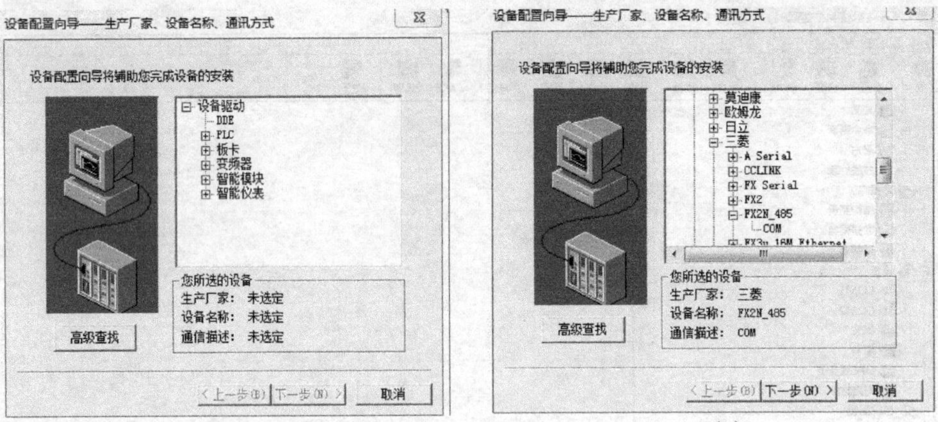

(a)　　　　　　　　　　　　　　　　　　(b)

图 3.11　设备配置向导

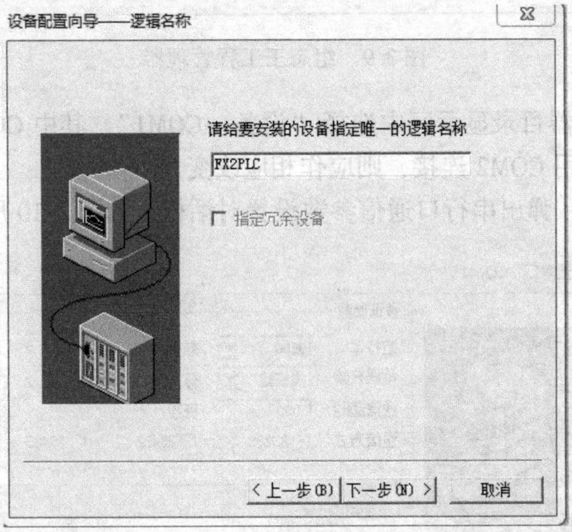

图 3.12　命名设备

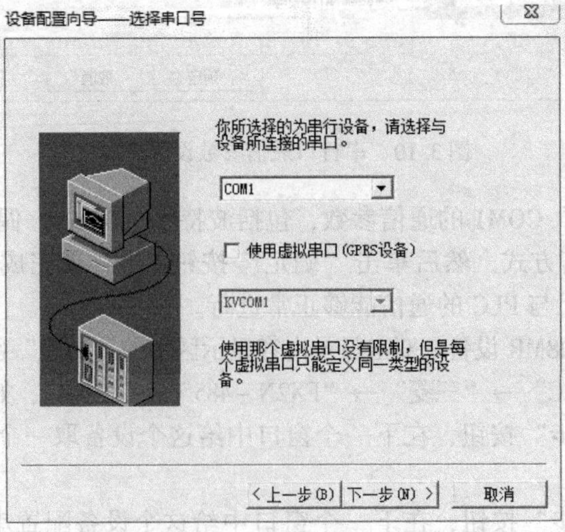

图 3.13　配置串口号

(8) 单击“下一步”按钮，在下一个窗口中为要安装的设备指定地址，设备地址的格式可以通过地址帮助获得，如图 3.14 所示。

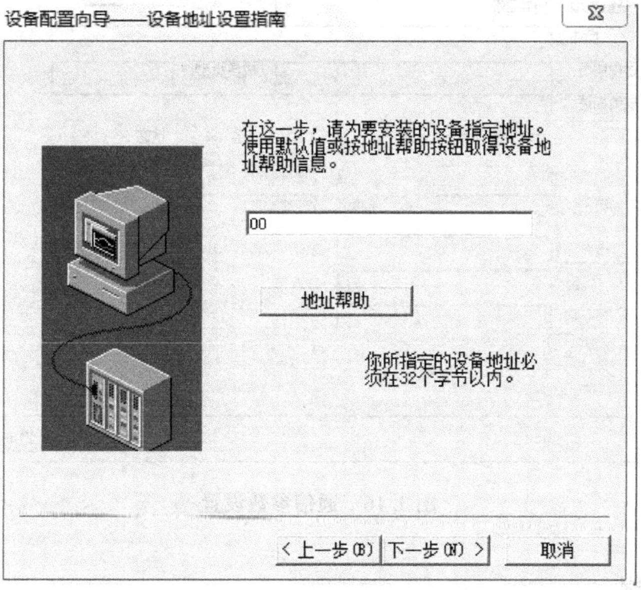

图 3.14　设备地址设置

(9) 单击“下一步”按钮，在下一个窗口中进行通信参数的设置，如图 3.15 和图 3.16所示。

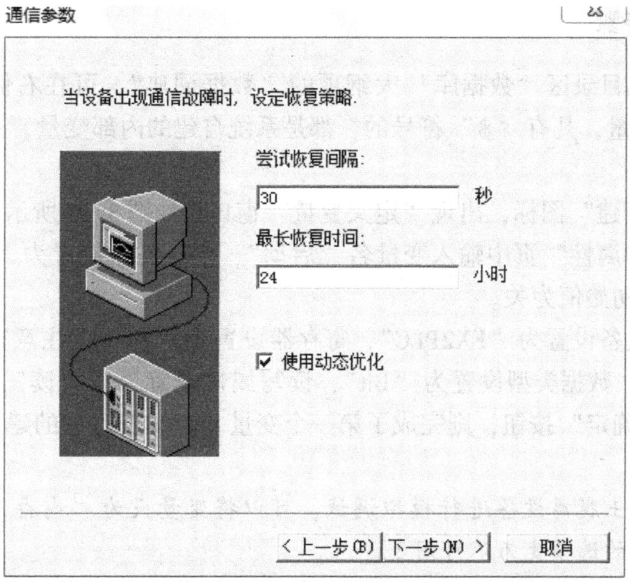

图 3.15　定义变量

(10) 单击“下一步”按钮，再单击“完成”按钮，至此，FX2N－48MR 型 PLC 设备已经添加完成。

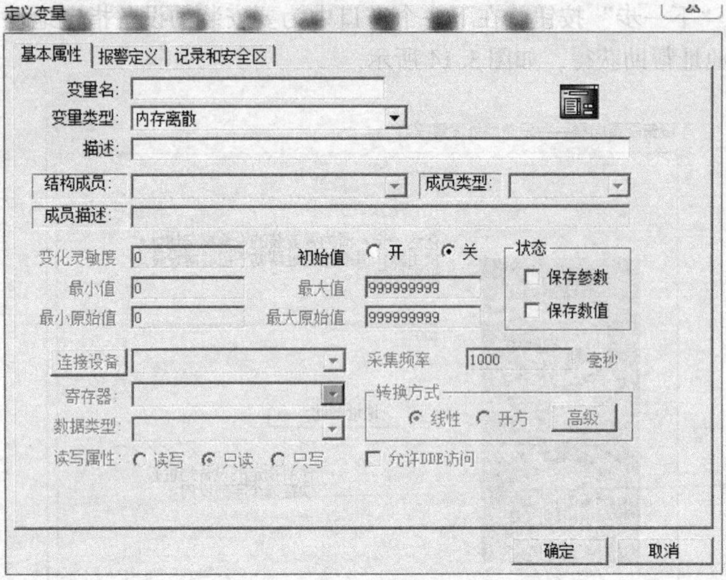

图 3.16　通信参数设置

3.2.3　定义变量

1. 变量分配

根据表 3–2，需要建立 5 个数字输入变量和 6 个数字输出变量，实现与 PLC 的数据交换。

2. 变量定义步骤

（1）单击左侧目录区“数据库”大纲项的“数据词典”，可在右侧目录内容显示区看到“$年”等变量，凡有“$”符号的，都是系统自建的内部变量，只能使用，不能删除或修改。

（2）双击“新建”图标，出现“定义变量”窗口，如图 3.16 所示。

（3）在“基本属性”页中输入变量名“启动”，变量类型设置为“I/O 离散”，描述为“启动按钮”，初始值为关。

（4）将连接设备设置为“FX2PLC”，寄存器设置为“X1”（注意寄存器设置必须与硬件连接图一致），数据类型设置为“Bit”，读写属性设置为“只读”，采集频率设置为 100ms，再单击“确定”按钮，则完成了第一个变量“启动按钮”的建立。

注意：

如果想使组态王脱离设备进行模拟调试，可以将变量设为“内存离散”型变量，此时与连接设备有关的选项变为不可用了。

类似的可以建立“停止”、“放松”、“夹紧”、“下移”、“上移”、“左移”、“右移”、“自动”、“手动”、“半自动”等 10 个变量。

此外，为了在程序中对当前机械手运行状态进行识别，需要建立以下几个变量：“运行标志”、“次数”、“工件 X”、“工件 Y”、“机械手 X”、“机械手 Y”。

“运行标志”为“内存离散”型，初始值为“关”。

“次数”为内存整型，初始值为“0”。

“工件 X”、“工件 Y”、“机械手 X”、“机械手 Y”为内存实型，初始值为“0”，最大值为“100”。

建立完成后的数据词典窗口如图 3.17 所示。

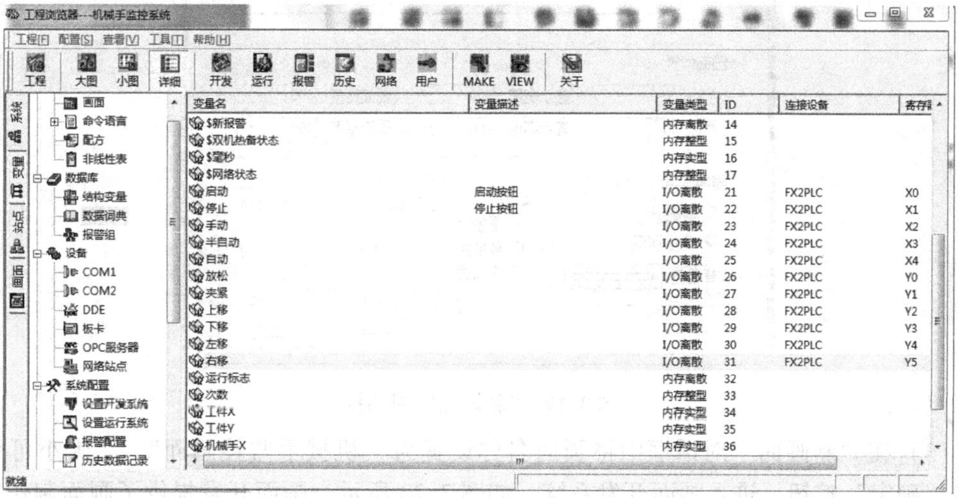

图 3.17　数据词典窗口

3.2.4　画面的设计与编辑

1. 新建画面

(1) 在工程浏览器的目录显示区中，单击“文件”大纲项下面的“画面”，如图 3.18所示。

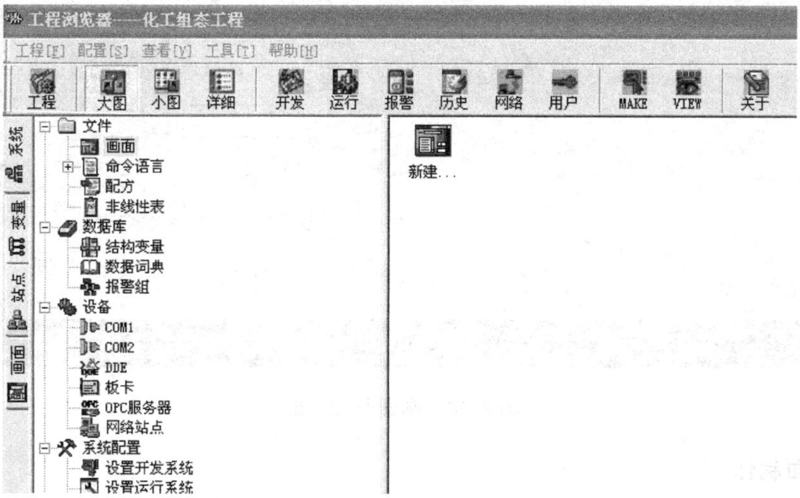

图 3.18　工程浏览器窗口

(2) 在目录内容显示区中双击“新建”图标，则工程浏览器会启动组态王的“画面开发系统”程序，并弹出“新画面”对话框，如图 3.19 所示。

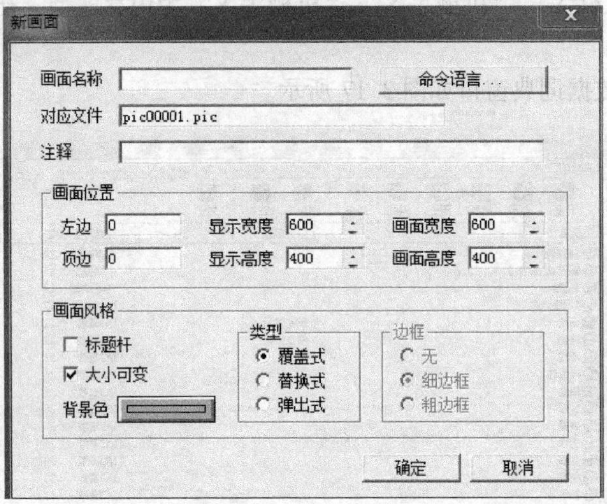

图 3.19 “新画面”对话框

(3) 在“新画面”对话框中将画面名称设置为“机械手监控画面”，“大小可变”，单击“确定”按钮，进入画面开发系统，如图 3.20 所示。画面开发提供了画面制作工具箱，可以方便地制作矩形、圆形等图形。

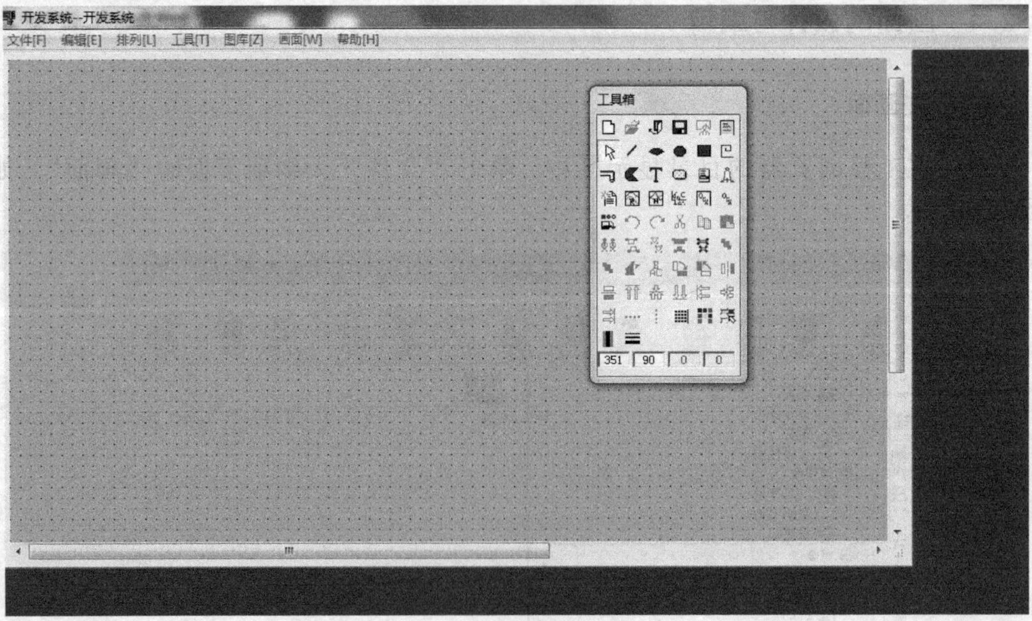

图 3.20 画面开发系统

2. 画面制作

本系统的画面设计，为了便于描述，将机械手的 10 个矩形进行了编号，如图 3.21 所示。

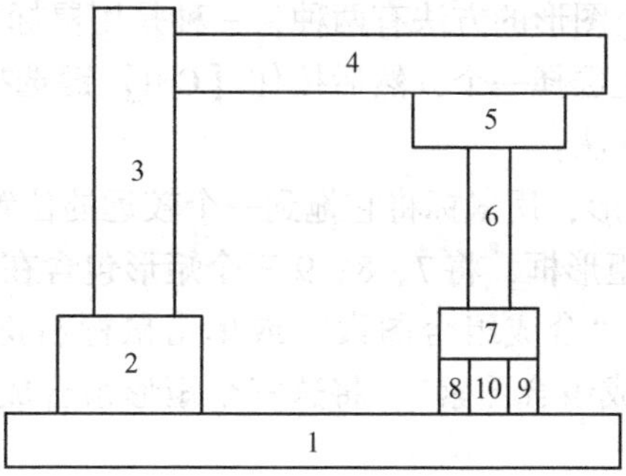

图 3.21　机械手

(1) 首先绘制机械手底座。底座很简单，只是一个矩形（1 号矩形）。绘制圆角矩形的方法是：在工具箱中单击“圆角矩形”按钮，然后在画面上拉出合适大小的矩形即可。为了精确控制矩形的位置和大小，可利用工具箱最下面一行的位置形状控制窗口，如图 3.20 所示，该窗口从左到右依次为：起始点 X 坐标，起始点 Y 坐标，矩形长度、矩形宽度。以上数据以像素为单位，直接输入即可。

矩形画完后，可以观察到矩形周围存在 8 个小方框，如图 3.22 所示，表明此矩形处在编辑状态，可以进行修改。2 号和 3 号矩形的绘制方法同底座的绘制方法。

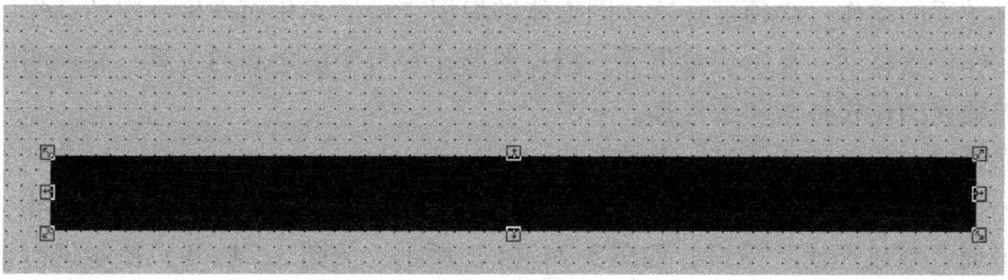

图 3.22　圆角矩形

单击工具箱中的“显示调色板”按钮，弹出调色板窗口，如图 3.23 所示，选择合适的填充颜色即可。

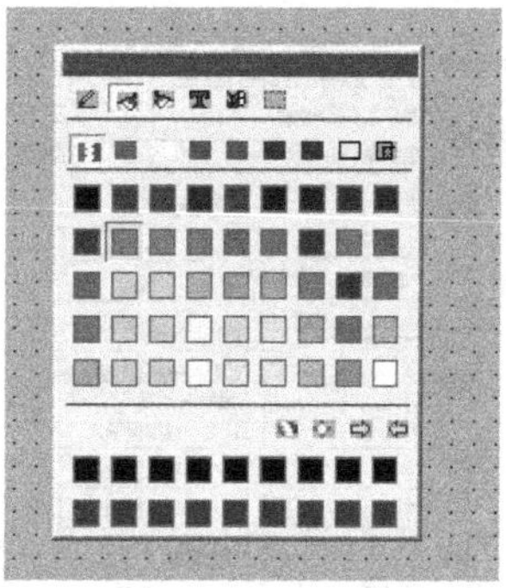

图 3.23　调色板

(2) 4 号矩形的左上角坐标为（210，160），宽为 400，高为 31（单位为像素）。

(3) 5 号矩形的左上角坐标为（500，190），宽为 91，高为 31（单位为像素）。

(4) 6 号矩形的左上角坐标为（530，220），宽为 31，高为 120（单位为像素）。

(5) 7 号矩形的左上角坐标为（510，338），宽为 71，高为 35（单位为像素）。

(6) 8 号矩形的左上角坐标为（510，372），宽为 20，高为 38（单位为像素）。

(7) 9 号矩形的左上角坐标为（560，372），宽为 20，高为 38（单位为像素）。

(8) 10 号矩形的左上角坐标为（529，372），宽为 32，高为 38（单位为像素）。

7、8、9 号矩形代表机械手的手爪，可将它们组合成一个整体，为此需要选中它们，然后做组合操作。选中多个图形的方法有两种，一种是用鼠标拉出一个矩形框将需要的几个图形包围在里面；二是先选择一个，然后按住【Crtl】键选择第二个，依次类推直到全部选中。这里采用第一种方法：

（1）先选择第10号矩形，用鼠标将它拖到一个较远的位置；

（2）用鼠标拉出一个矩形框，将7、8、9三个矩形包含在内；

（3）单击工具箱中的“合成组合图素”或单击鼠标右键，在弹出的对话框中选择“组合拆分”，再选择“合成组合图素”，将这三个矩形组合成一个整体。最后将10号矩形拖回原位置。

输入文字的方法是：在工具箱中单击“文本”按钮，然后在画面上拉出一个矩形区域，再输入文字即可。

修改文字内容的方法：选择文字，之后右击，在弹出的对话框中选择“字符串替换”，之后在“字符串替换”对话框中输入需要的文字即可。

如果需要修改文字的字体和大小，则在选中文本之后，单击“工具箱”中的“字体”按钮，然后在弹出的“字体”对话框中设置相应的字体即可。

3.2.5 动画连接及调试

前面仅仅是将画面上的一些图形对象（图素）绘制出来，但是，要让这些图素能够反映出机械手的动作，必须要让这些图素能够根据变量的变化而产生一定的动作，比如随变量改变作位置移动、显示变量值等。指出图形元素与变量之间的关系，并声明图形随变量作何种变化的过程称为动画连接。

下面开始对图中的图素进行动画连接。

（1）双击4号矩形，出现“动画连接”窗口，如图3.24（a）所示，单击“缩放”按钮，出现“缩放连接”窗口，如图3.24（b）所示，按图3.24（b）所示进行设置，表达式通过单击右侧的“?”选择需要的变量，比如\\本站点\机械手X，其含义是“\\本站点\机械手X”。

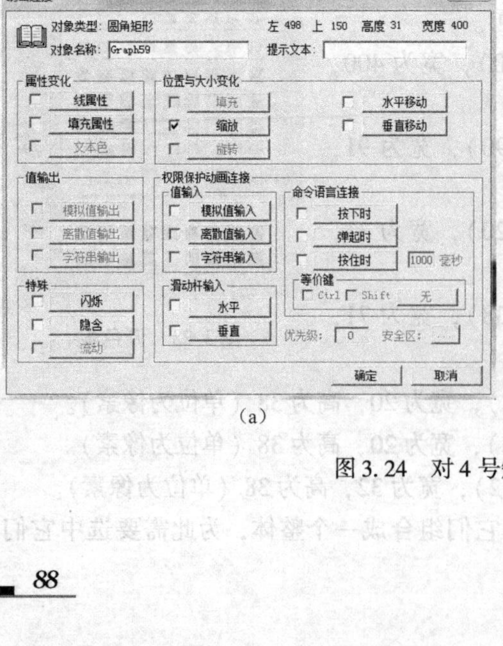

（a）

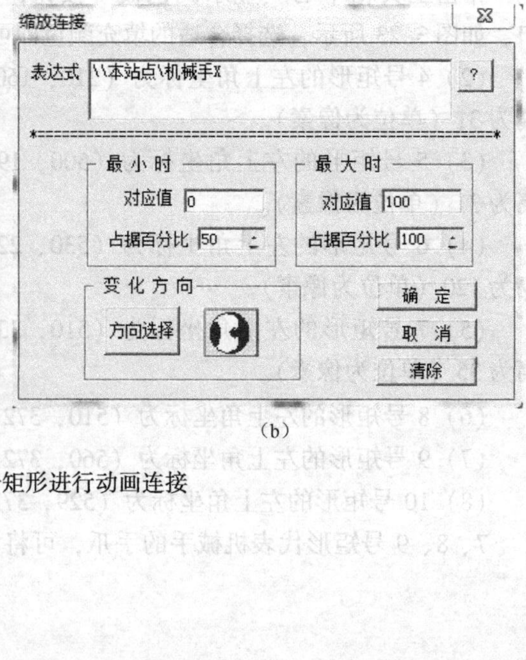

（b）

图3.24 对4号矩形进行动画连接

设置完成后，单击“确定”按钮，回到“动画连接”对话框，再单击“确定”按钮，完成 4 号矩形的动画连接。

(2) 双击 5 号矩形，出现“动画连接”对话框，如图 3.25 (a) 所示，单击“水平移动”按钮，出现“水平移动连接”对话框，如图 3.25 (b) 所示，按图 3.25 (b) 进行设置后，单击“确定”按钮，回到“动画链接”对话框，再单击“确定”按钮，完成 5 号矩形的动画连接。

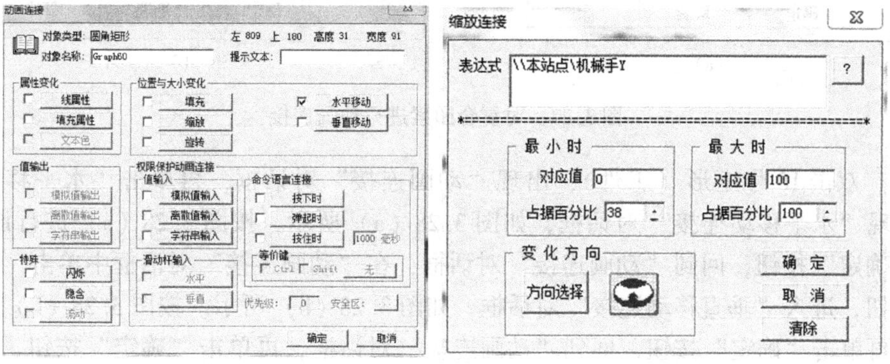

(a)　　　　　　　　　　　　　　(b)

图 3.25　对 5 号矩形进行动画连接

(3) 双击 6 号矩形，出现“动画连接”对话框，再单击“缩放”按钮，出现“缩放连接”对话框，如图 3.26 (a) 所示，按图 3.26 (a) 进行设置后，单击“确定”按钮，回到“动画连接”对话框，再单击“水平移动”按钮，进入“水平移动连接”对话框，如图 3.26 (b) 所示，按图 3.26 (b) 进行设置后，再单击“确定”按钮，完成 6 号矩形的动画连接。

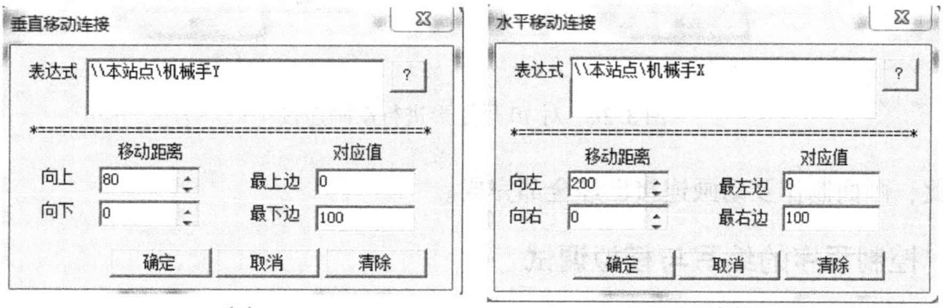

(a)　　　　　　　　　　　　　　(b)

图 3.26　对 6 号矩形进行动画连接

(4) 双击 7、8、9 三个矩形组成的复合图素，出现“动画连接”对话框，再单击“水平移动”按钮，出现“水平移动连接”对话框，如图 3.27 (a) 所示，按图 3.27 (a) 进行设置后，单击“确定”按钮，回到“动画连接”对话框，在“动画连接”对话框中单击“垂直移动”按钮，进入“垂直移动连接”对话框，如图 3.27 (b) 所示。按图 3.27 (b) 进行设置后，再单击“确定”按钮，回到“动画连接”对话框，再单击“确定”按钮，完成对复合图素的动画连接。

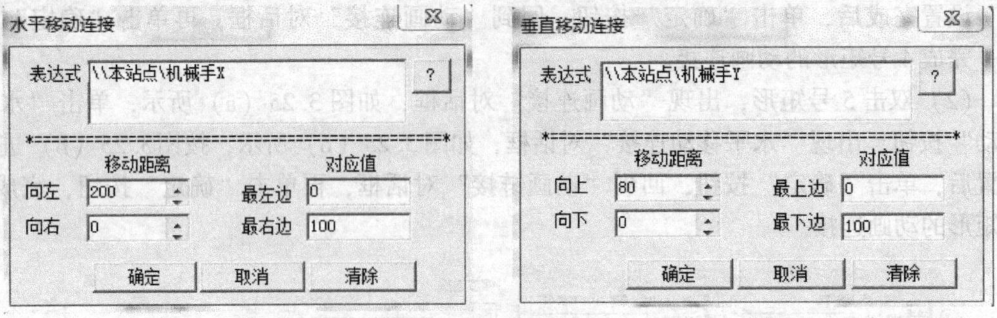

（a）　　　　　　　　　　（b）

图 3.27　对复合图素进行动画连接

（5）双击 10 号矩形（工件），出现“动画连接”对话框，再单击“水平移动”按钮，出现“水平移动连接”对话框，如图 3.28（a）所示，按图 3.28（a）进行设置后，单击“确定”按钮，回到“动画连接”对话框，在“动画连接”对话框中单击“垂直移动”按钮，进入“垂直移动连接”对话框，如图 3.28（b）所示。按图 3.28（b）进行设置后，再单击“确定”按钮，回到“动画连接”对话框，再单击“确定”按钮，完成对 10 号矩形的动画连接。

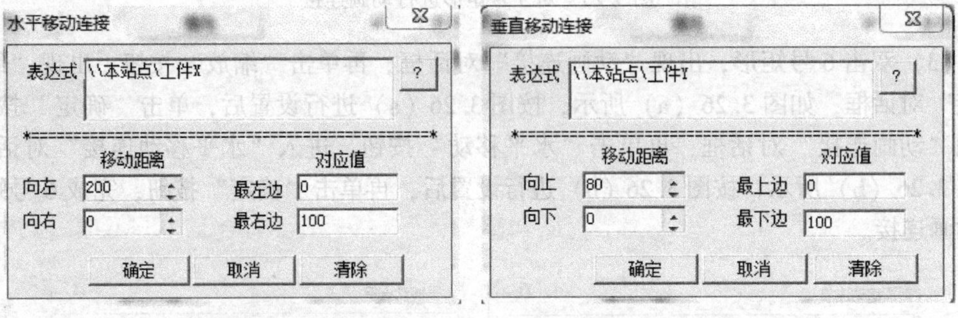

（a）　　　　　　　　　　（b）

图 3.28　对 10 号矩形进行动画连接

至此，画面制作及动画连接已经全部完成。

3.2.6　控制程序的编写与模拟调试

本系统工作方式分为手动、半自动和自动三种，要求在启动的情况下可以任意切换工作方式。

（1）在画面上制作一个启动按钮和一个停止按钮，并在按钮下方做一指示灯，来显示按钮的状态，如图 3.29 所示。具体方法如下：

① 进入机械手监控画面，利用工具箱中的“按钮”工具制作 1 个按钮；

② 选中按钮，单击右键，在弹出的对话框中选择“字符串替换”，将按钮标题修改为“启动按钮”；

③ 单击工具箱中的“打开图库”图标，弹出“图库管理器”窗口，单击左侧指示灯菜单，如图 3.30 所示，选择合适的指示灯并双击，将指示灯放置在画面合适的位置。

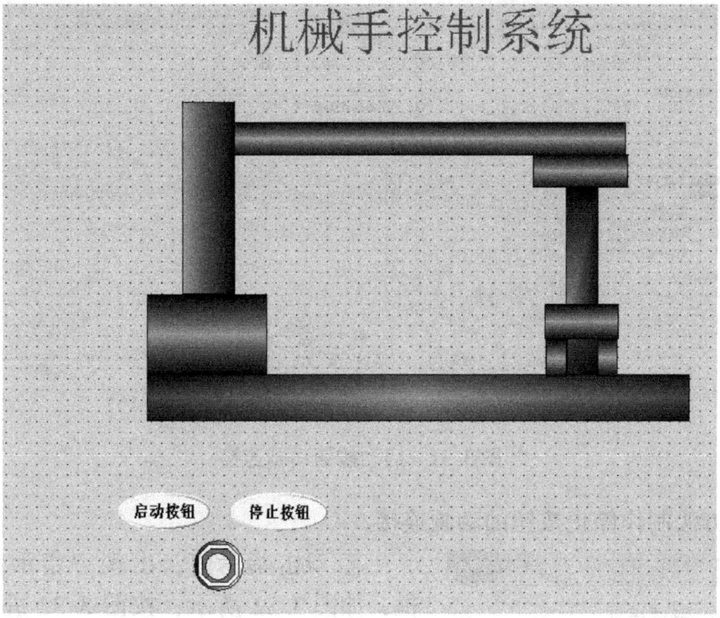

图 3.29　制作启动、停止按钮的机械手监控窗口

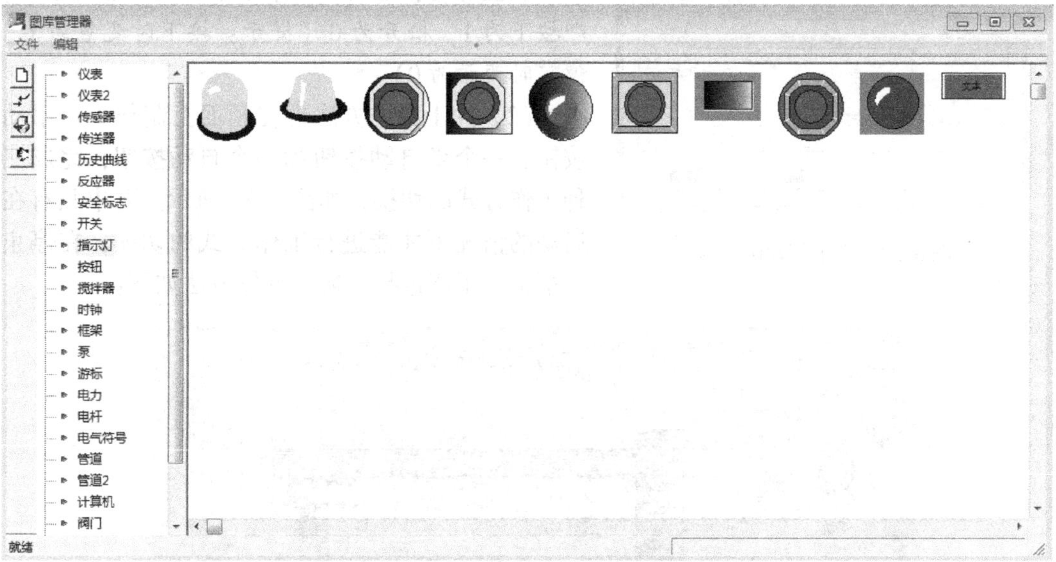

图 3.30　“图库管理器”窗口

④ 双击按钮，弹出动画连接窗口，如图 3.31（a）所示；

⑤ 单击“弹起时”或“按下时”，弹出命令语言动画连接窗口。输入：\\本站点\启动 =1；和\\本站点\停止 =0；如图 3.31（b）所示。

⑥ 单击“确定”按钮，完成启动按钮动画连接设置。

同学们可以自己感受“弹起时”和“按下时”的区别。

通过这样的动画连接，启动按钮具有“弹起时”或“按下时”为 1 的特性，相当于具有自锁功能和互锁功能的实际按钮。

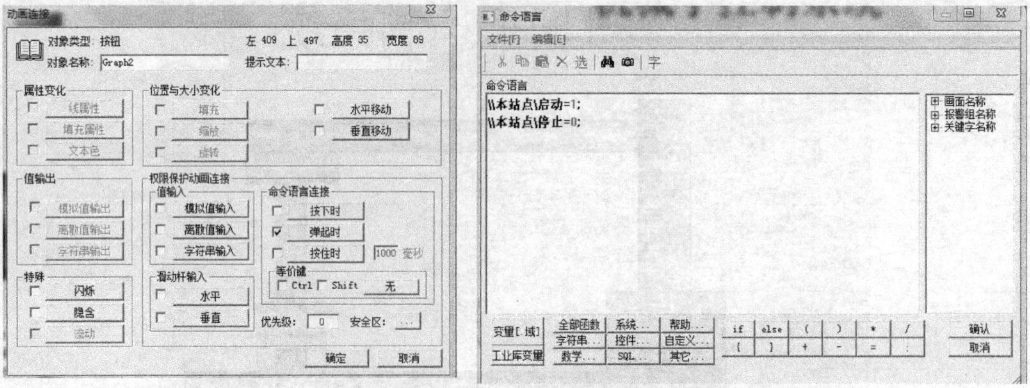

（a）　　　　　　　　　　　　　　（b）

图 3.31　启动按钮动画连接

用同样的方法制作停止按钮的动画连接。

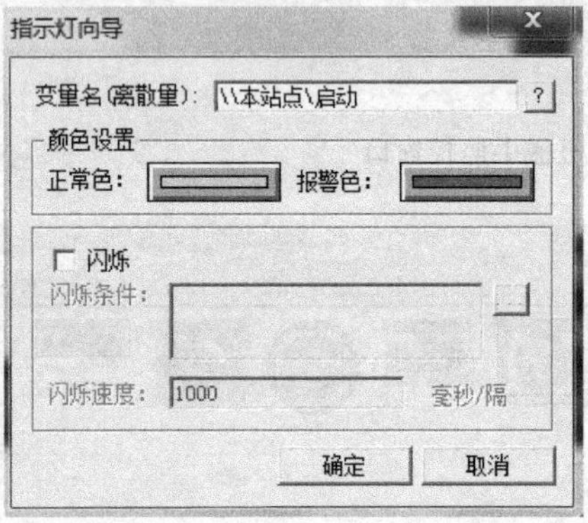

图 3.32　指示灯动画连接

⑦ 双击指示灯，出现“指示灯向导”对话框，如图 3.32 所示，按图 3.32 进行设置后，单击“确定”按钮，完成对指示灯的动画连接。

课堂练习： 请制作一个不带自锁功能的按钮，即按下为 1，松开为 0（提示：按下时变量为 1，弹起时变量为 0）。

（2）用上面的方法再在画面上制作一个手动按钮、一个半自动按钮和一个自动按钮，完成三种工作方式的切换，如图 3.33 所示。要求只有在启动的情况下才能进行工作方式的切换，在停止的情况下不能进行切换。具体方法如下：

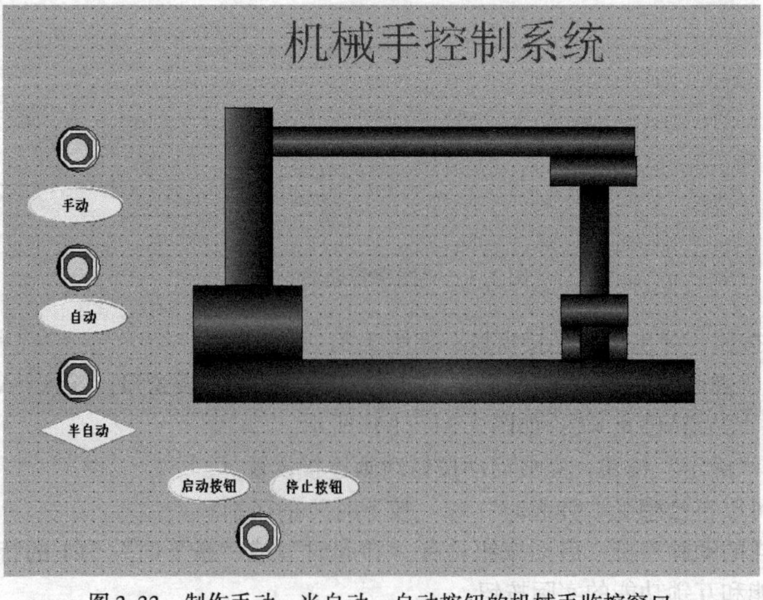

图 3.33　制作手动、半自动、自动按钮的机械手监控窗口

① 双击手动按钮，弹出“动画连接”窗口，如图 3. 34（a）所示；

② 单击“弹起时”或“按下时”，弹出“命令语言”动画连接窗口。输入：

```
if(\\本站点\启动 = =1)
{ \\本站点\手动 =1;
\\本站点\自动 =0;
\\本站点\半自动 =0; }
```

如图 3. 34（b）所示。

（3）单击“确定”按钮，完成手动按钮动画连接设置。

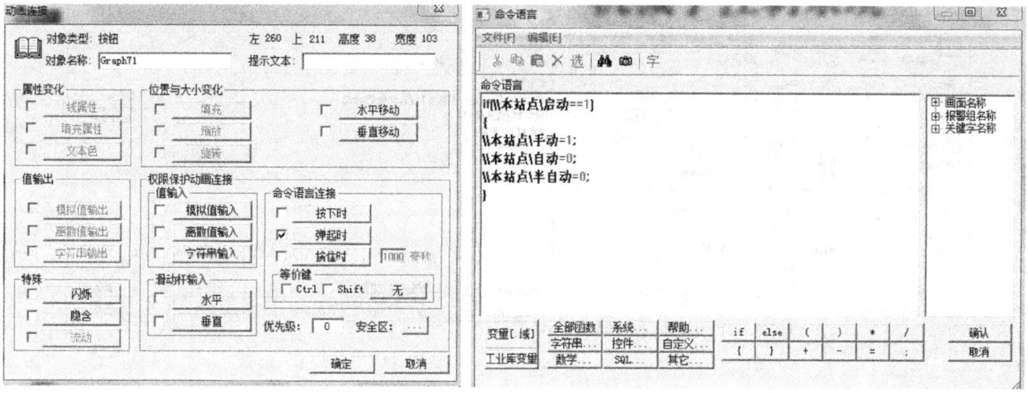

（a）　　　　　　　　　　　　　　　　（b）

图 3. 34　手动按钮动画连接

用同样的方法制作自动按钮和半自动按钮的动画连接。

1. 手动控制方式

在画面上制作上移、下移、左移、右移、放松、夹紧按钮如图 3. 35 所示。要求在启动的情况下，按下“手动”按钮，机械手画面中的上移、下移、左移、右移、放松、夹紧按钮变为可用，即按下任一按钮，机械手完成相应的动作。首先完成”放松”和”夹

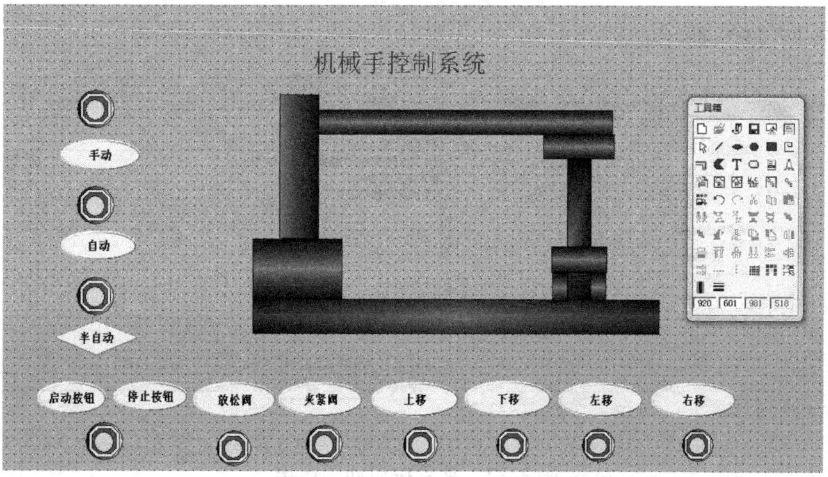

图 3. 35　制作上移、下移、左移、右移、放松、夹紧按钮的机械手监控窗口

紧”按钮的动画连接。具体方法如下：

(1)“放松”按钮的动画连接。

① 双击“放松”按钮，弹出“动画连接”对话框，如图3.36（a）所示；

② 单击“弹起时”或“按下时”按钮，弹出“命令语言”动画连接窗口。输入：

```
if(\\本站点\手动==1||\\本站点\半自动==1)
{\\本站点\放松=1;
\\本站点\夹紧=0;}
```

如图3.36（b）所示；

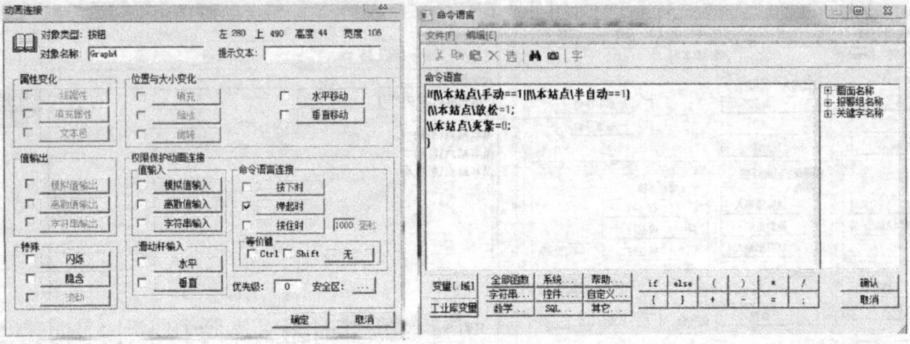

（a）　　　　　　　　　　（b）

图3.36 “放松”按钮动画连接

③ 单击“确定”按钮，完成“放松”按钮动画连接设置。

(2)“夹紧”按钮的动画连接

① 双击“夹紧”按钮，弹出“动画连接”对话框，如图3.37（a）所示；

② 单击“弹起时”或“按下时”，弹出“命令语言”动画连接窗口。输入：

```
if(\\本站点\手动==1||\\本站点\半自动==1)
{\\本站点\夹紧=1;
\\本站点\放松=0;}
```

如图3.37（b）所示；

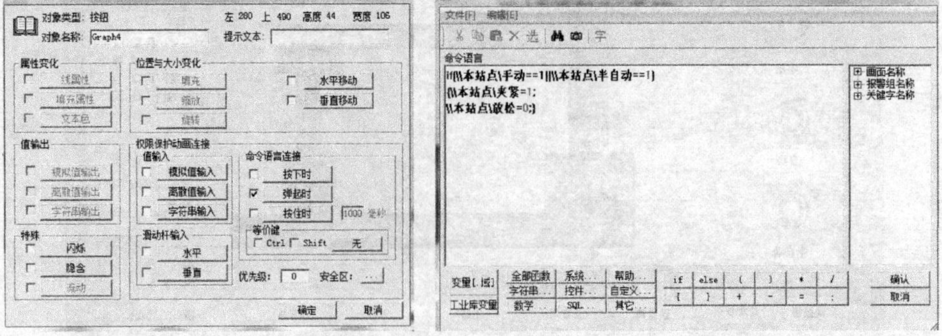

（a）　　　　　　　　　　（b）

图3.37 夹紧按钮动画连接

③ 单击“确定”按钮，完成“放松”按钮动画连接设置。

（3）“下移”按钮的动画连接。

下移有两种情况：一种是机械手不带工件自己下移；另一种是机械手和工件同时下移。我们可以用“夹紧”和“放松”两种状态来区分以上两种情况，夹紧时机械手和工件同时下移；放松时机械手不带工件自己下移。具体方法如下：

① 双击“下移”按钮，弹出“动画连接”对话框，如图 3.38（a）所示；

② 单击“弹起时”或“按下时”，弹出“命令语言”动画连接窗口。输入：

```
if(\\本站点\手动==1)
{\\本站点\机械手Y=\\本站点\机械手Y+2;
if(\\本站点\夹紧==1)
{\\本站点\工件Y=\\本站点\工件Y+2;}
\\本站点\上移=0;
\\本站点\下移=1;
\\本站点\左移=0;
\\本站点\右移=0;
}
```

如图 3.35（b）所示。

③ 单击“确定”按钮，完成“下移”按钮动画连接设置。

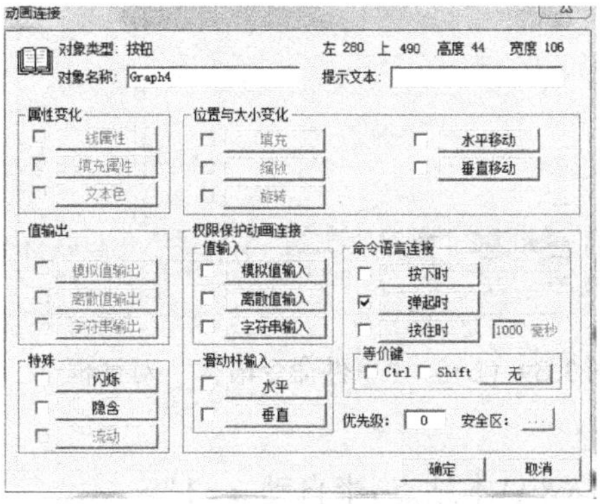

（a）

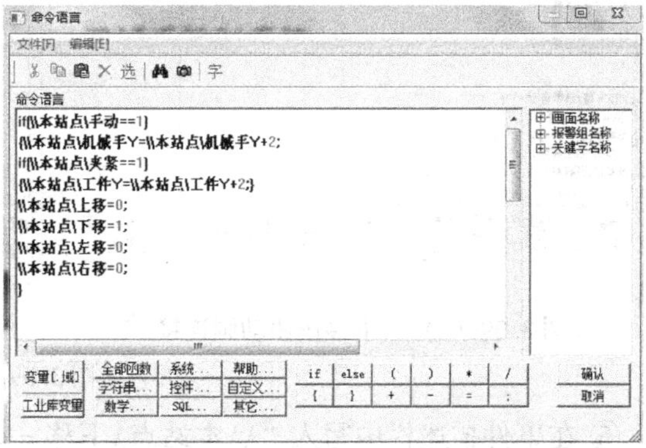

（b）

图 3.38　下移按钮动画连接

用同样的方法制作“上移”、“左移”和“右移”按钮的动画连接。（提示：上移时机械手 Y 和工件 Y 应该减少；左移和右移应该使用变量机械手 X 和工件 X）

在手动工作方式中，按钮按动一次，机械手只完成一次相应的动作。

2. 半自动控制方式

在启动的情况下，按下“半自动”按钮，机械手将自动完成一个相应的动作，比如按下“下移”按钮，机械手将自动下移，直到下移到最低端。

本系统的半自动控制程序将在事件命令语言中编写。事件命令语言分“发生时”、

“存在时”、“消失时”三种，可分别编写。“发生时”和“消失时”程序只执行一次；“存在时”程序则循环执行，需要设定循环时间。

下面将完成“下移”按钮的半自动控制程序的编写与调试：

① 双击“下移”按钮，弹出“动画连接”对话框；

② 单击“弹起时”或“按下时”，弹出“命令语言”动画连接窗口，增加程序：

```
if(\\本站点\半自动==1)
{\\本站点\下移=1;
\\本站点\上移=0;
\\本站点\左移=0;
\\本站点\右移=0;}
```

如图 3.39（a）所示；

③ 双击组态王的工程目录显示区中的“文件”大纲下面的“命令语言”成员项；

④ 单击“事件命令语言”子成员项，双击事件描述区的“新建”，进入“事件命令语言”对话框，如图 3.39（b）；

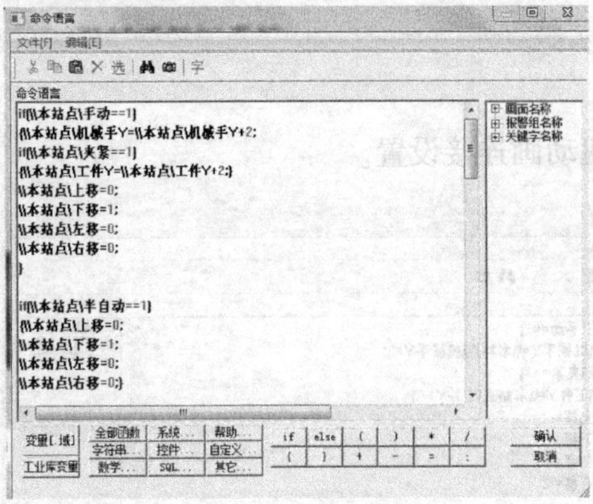

图 3.39（a） 下移按钮动画连接

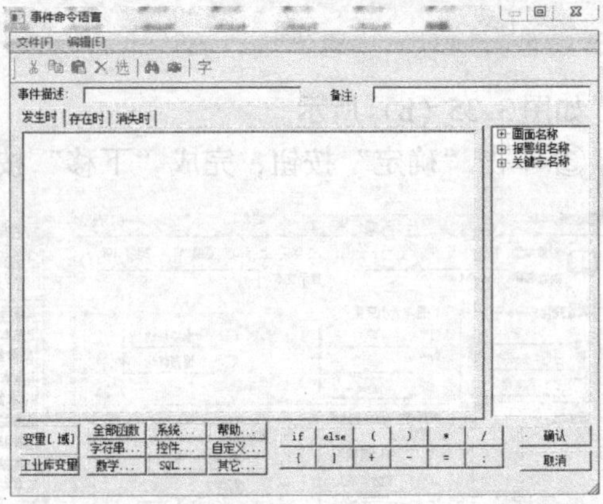

图 3.39（b） “事件命令语言”对话框

图 3.39

⑤ 在事件描述栏中写入“\\本站点\下移==1&&\\本站点\半自动==1”

⑥ 把“存在时”命令语言程序的执行周期设置为 100ms，如图 3.40 所示。

⑦ 在“存在时”页面输入以下程序：

```
\\本站点\机械手Y=\\本站点\机械手Y+2;
if(\\本站点\夹紧==1)
{\\本站点\工件Y=\\本站点\工件Y+2;}
```

请用同样的方法完成“上移”、“左移”、“右移”按钮的半自动工作方式，并与手动工作方式进行比较。

3. 自动控制方式

在启动的情况下，按下“自动”按钮，机械手自动完成一个工作过程，将工件从原

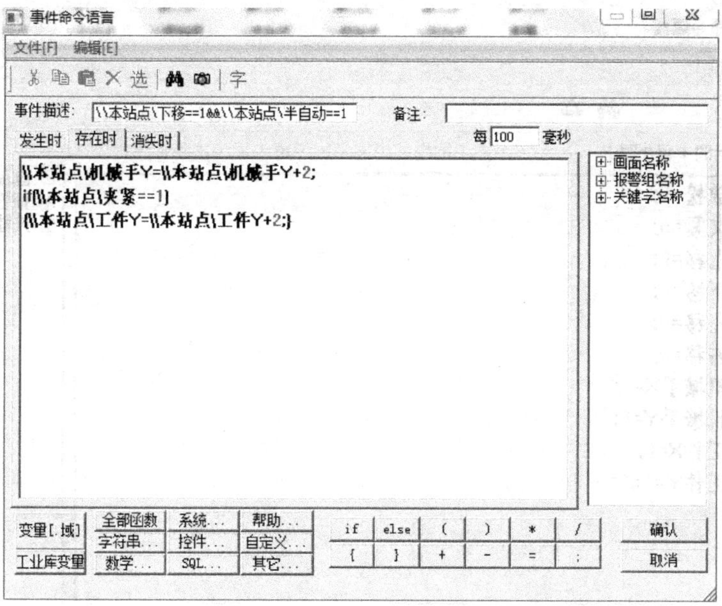

图 3.40　“下移”按钮事件命令语言程序

始位置搬到目的地，然后重复这个过程，直到按下“停止”键。

本系统的自动控制程序将在应用程序命令语言中编写。应用程序命令语言也分“启动时”、“运行时”、“停止时”三种，可分别编写。“启动时”和“停止时”程序只执行一次；“运行时”程序则循环执行，一般相当于主程序，需要设定循环时间。

下面将完成本系统的自动控制程序的编写与调试：

（1）双击组态王的工程目录显示区中的“文件”大纲下面的“命令语言”成员项；

（2）单击“应用程序命令语言”子成员项；

（3）双击目录内容显示区中的“请双击这儿进入《应用程序命令语言》对话框”按钮，进入“应用程序命令语言”对话框；

（4）在“启动时”页面中输入如下初始化程序，如图 3.41 所示。

```
上移 =0;
下移 =0;
左移 =0;
右移 =0;
放松 =0;
加紧 =0;
机械手 X =0;
机械手 X =0;
工件 X =0;
工件 Y =100;
```

（5）把“运行时”命令语言程序的执行周期设置为 100ms，如图 3.42 所示。

（6）在“运行时”页面输入以下程序：

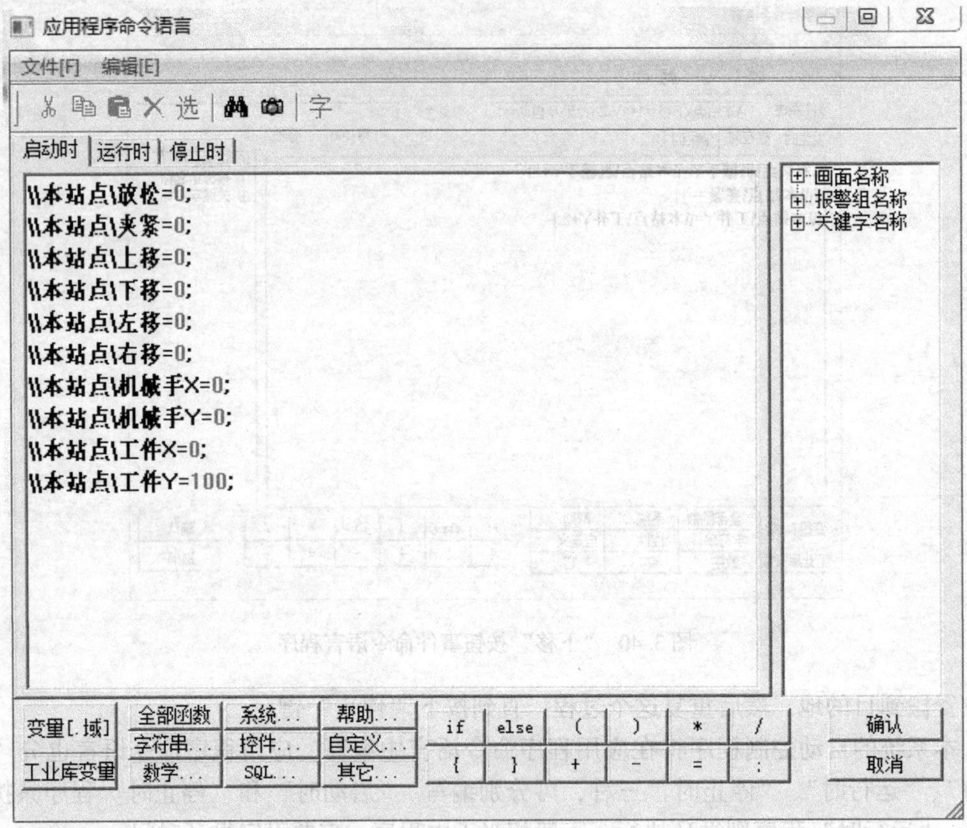

图 3.41 初始化程序

```
if( \\本站点\自动 ==1)
{if( \\本站点\次数 > =0&&\\本站点\次数 <50)
{\\本站点\下移 =1;
\\本站点\机械手 Y = \\本站点\机械手 Y +2;
\\本站点\次数 = \\本站点\次数 +1;
}
if( \\本站点\次数 > =50&&\\本站点\次数 <70)
{\\本站点\下移 =0;
\\本站点\夹紧 =1;
\\本站点\次数 = \\本站点\次数 +1;
}
if( \\本站点\次数 > =70&&\\本站点\次数 <120)
{\\本站点\夹紧 =0;
\\本站点\上移 =1;
\\本站点\机械手 Y = \\本站点\机械手 Y -2;
\\本站点\工件 Y = \\本站点\工件 Y -2;
```

```
\\本站点\次数 = \\本站点\次数 + 1;
}
if( \\本站点\次数 > = 120&&\\本站点\次数 < 220)
{\\本站点\上移 = 0;
\\本站点\右移 = 1;
\\本站点\机械手 X = \\本站点\机械手 X + 1;
\\本站点\工件 X = \\本站点\工件 X + 1;
\\本站点\次数 = \\本站点\次数 + 1;
}
if( \\本站点\次数 > = 220&&\\本站点\次数 < 270)
{\\本站点\右移 = 0;
\\本站点\下移 = 1;
\\本站点\机械手 Y = \\本站点\机械手 Y + 2;
\\本站点\工件 Y = \\本站点\工件 Y + 2;
\\本站点\次数 = \\本站点\次数 + 1;
}
if( \\本站点\次数 > = 270&&\\本站点\次数 < 290)
{\\本站点\下移 = 0;
\\本站点\放松 = 1;
\\本站点\次数 = \\本站点\次数 + 1;
}
if( \\本站点\次数 > = 290&&\\本站点\次数 < 340)
{\\本站点\放松 = 0;
\\本站点\上移 = 1;
\\本站点\机械手 Y = \\本站点\机械手 Y - 2;
\\本站点\次数 = \\本站点\次数 + 1;
}
if( \\本站点\次数 > = 340&&\\本站点\次数 < 440)
{\\本站点\上移 = 0;
\\本站点\左移 = 1;
\\本站点\机械手 X = \\本站点\机械手 X - 1;
\\本站点\次数 = \\本站点\次数 + 1; }
if( \\本站点\次数 == 440)
{\\本站点\左移 = 0;
\\本站点\次数 = 0;
\\本站点\工件 X = 0;
\\本站点\工件 Y = 100; }
}
```

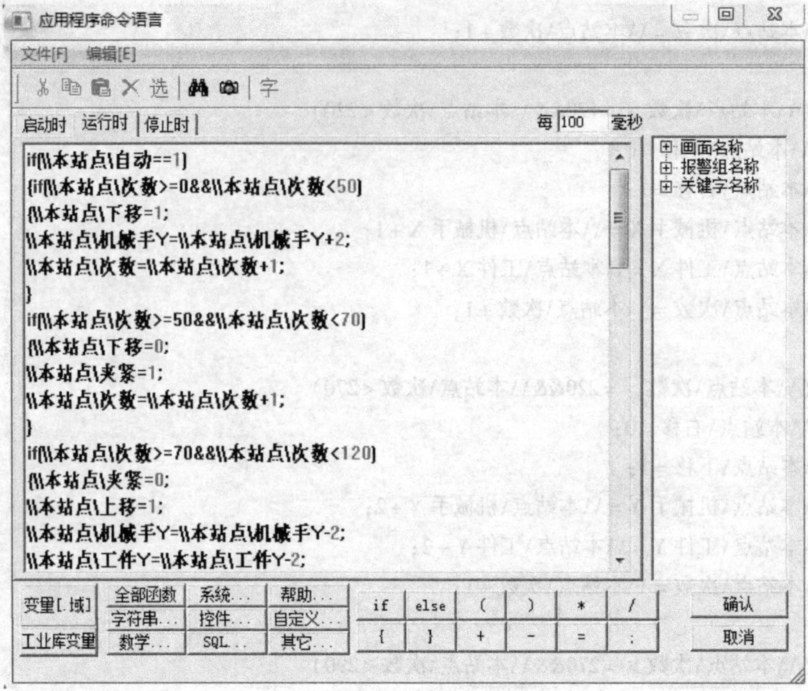

图 3.42 应用程序命令语言程序编制

3.3 运行效果

1. 手动工作方式

进入运行环境，按下“启动”按钮和“手动”按钮，观察机械手放松、夹紧、上移、下移、左移和右移是否正确。

问题一：机械手放松时工件不能自由落下

解决方法：将“放松”按钮的命令语言加上“\\本站点\工件 Y = 100;”如图 3.43 所示，之后按下“放松”按钮，观察机械手的运行情况。

问题二：工件没有处于机械手手爪内就能够夹紧

解决方法：将“夹紧”按钮的命令语言加上限定条件，如图 3.44 所示。再按下“夹紧”按钮，观察机械手的运行情况。

```
if((\\本站点\手动 ==1||\\本站点\半自动 ==1)&&\\本站点\机械手 X == \\本站点\工件
X&&\\本站点\工件 Y - \\本站点\机械手 Y < =40)。
{\\本站点\夹紧 =1;
\\本站点\放松 =0;}
```

问题三：当工件和机械手发生碰撞时，机械手仍能下移、左移和右移

解决方法：

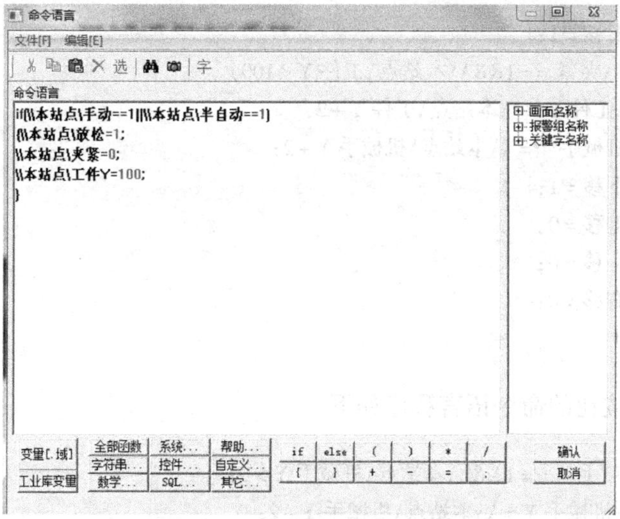

图 3.43　放松按钮命令语言

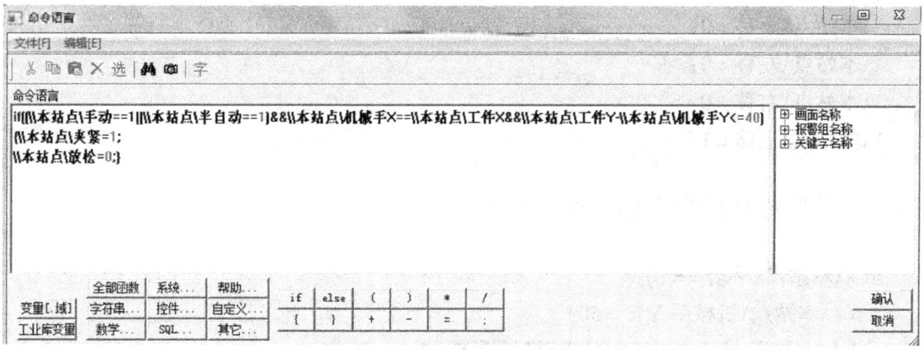

图 3.44　“夹紧”按钮命令语言

将“下移”、“上移”、“左移”、“右移”按钮的命令语言分别改为下列程序，再观察机械手的运行情况。

(1)“下移”按钮的命令语言程序如下：

```
if( \\本站点\手动 ==1)
{if( \\本站点\机械手 Y <50)
{\\本站点\机械手 Y = \\本站点\机械手 Y +2;
if( \\本站点\夹紧 ==1)
{\\本站点\工件 Y = \\本站点\工件 Y +2; }
\\本站点\下移 =1;
}
if( \\本站点\机械手 Y〉=50)
{if( ( \\本站点\工件 X == \\本站点\机械手 X||Abs( \\本站点\工件 X - \\本站点\机械手 X
) > =26)&&\\本站点\夹紧 ==0)
{\\本站点\机械手 Y = \\本站点\机械手 Y +2;
```

```
\\本站点\下移=1;}
if(\\本站点\夹紧==1&&\\本站点\工件Y<100)
{\\本站点\工件Y=\\本站点\工件Y+2;
\\本站点\机械手Y=\\本站点\机械手Y+2;
\\本站点\下移=1;}}
\\本站点\上移=0;
\\本站点\左移=0;
\\本站点\右移=0;
}
```

（2）“上移”按钮的命令语言程序如下：

```
if(\\本站点\手动==1&&\\本站点\机械手Y>0)
{\\本站点\机械手Y=\\本站点\机械手Y-2;
if(\\本站点\夹紧==1)
{\\本站点\工件Y=\\本站点\工件Y-2;}
\\本站点\下移=0;
\\本站点\左移=0;
\\本站点\右移=0;
\\本站点\上移=1;}
```

（3）“左移”按钮的命令语言程序如下：

```
if(\\本站点\手动==1)
{if(\\本站点\机械手Y<=50)
{\\本站点\机械手X=\\本站点\机械手X-2;
if(\\本站点\夹紧==1)
{\\本站点\工件X=\\本站点\工件X-2;}
\\本站点\左移=1;}
if(\\本站点\机械手Y>50)
{if((\\本站点\机械手X-\\本站点\工件X>=26||\\本站点\工件X-\\本站点\机械手X
>=24)&&\\本站点\夹紧==0)
{\\本站点\机械手X=\\本站点\机械手X-2;
\\本站点\左移=1;}
if(\\本站点\夹紧==1)
{\\本站点\工件X=\\本站点\工件X-2;
\\本站点\机械手X=\\本站点\机械手X-2;
\\本站点\左移=1;}
}
\\本站点\上移=0;
\\本站点\右移=0;
\\本站点\下移=0;
}
```

（4）“右移”按钮的命令语言程序如下：

```
if(\\本站点\手动==1)
{if(\\本站点\机械手 Y<=50)
{\\本站点\机械手 X=\\本站点\机械手 X+2;
if(\\本站点\夹紧==1)
{\\本站点\工件 X=\\本站点\工件 X+2;}
\\本站点\右移=1;}
if(\\本站点\机械手 Y>50)
{if((\\本站点\机械手 X-\\本站点\工件 X>=24||\\本站点\工件 X-\\本站点\机械手 X
>=26)&&\\本站点\夹紧==0)
{\\本站点\机械手 X=\\本站点\机械手 X+2;
\\本站点\右移=1;}
if(\\本站点\夹紧==1)
{\\本站点\工件 X=\\本站点\工件 X+2;
\\本站点\机械手 X=\\本站点\机械手 X+2;
\\本站点\右移=1;}}
\\本站点\上移=0;
\\本站点\下移=0;
\\本站点\左移=0;
}
```

2. 半自动工作方式

请参照手动工作方式的程序修改半自动工作方式的事件命令语言程序。

3. 自动工作方式

（1）进入运行环境，按下“启动”按钮和“自动”按钮，观察机械手运行是否正常；

（2）一个周期结束后，观察机械手能否重新开始循环；

（3）运行中按下“停止”按钮，观察机械手能否停止工作；

（4）停止后重新按下“启动”按钮，观察机械手能否继续工作。

本章小结

在本章的教学中，通过对机械手工作状态的分析，根据控制要求确定机械手控制系统的设计方案：

（1）机械手监控系统具有三种工作方式：手动、半自动和自动。

① 手动工作方式要求在启动的情况下，按下“手动”按钮，机械手画面中的上移、下移、左移、右移、放松、夹紧按钮变为可用，即按下任一按钮，机械手完成相应的动作。

② 半自动工作方式要求在启动的情况下，按下“半自动”按钮，机械手将自动完成一个相应的动作，比如按下“下移”按钮，机械手将自动下移，直到下移到最低端。

③ 自动的工作方式要求按下“启动”按钮后，机械手下移至工件处→夹紧工件→携工件上升→右移至下一个工位上方→下移至指定位置→放下工件→机械手上移→机械手左移，回到原始位置，此过程反复循环。

（2）本系统有 5 个开关量控制信号需要输入到计算机，分别是启动按钮 SB1、停止按钮 SB2、手动 SB3、自动 SB4 和半自动 SB5。计算机有 6 个开关量控制信号需要输出到机械手，分别是放松信号 HL1、夹紧信号 HL2、下移信号 HL3、上移信号 HL4、左移信号 HL5 和右移信号 HL6。

（3）本项目 I/O 接口设备选择三菱公司 FX2N－48MR，AC 电源，DC 输入型 PLC。

（4）学生能够根据设计方案在开发环境下进行工程组态，并在运行环境下进行调试，直至成功。

习题与思考题

3-1　半自动工作方式下，如何解决工件没有处于机械手手爪内就能够夹紧的问题？

3-2　半自动工作方式下，如何解决当工件和机械手发生碰撞时，机械手仍能下移、左移和右移的问题？

3-3　分析下列语言的含义：

```
if((\\本站点\手动==1||\\本站点\半自动==1)&&\\本站点\机械手X==\\本站点\工件
X&&\\本站点\工件Y-\\本站点\机械手Y<=40)。
{\\本站点\夹紧=1;
\\本站点\放松=0;}
```

3-4　完成某十字路口交通信号灯控制系统的设计：

（1）东西和南北四个路口各有红、绿、黄三种灯；

（2）交通灯系统启动时，首先南北绿灯亮和东西红灯亮，然后南北红灯亮和东西绿灯亮，周而复始。

（3）东西红灯亮 50 秒，与此同时，南北绿灯亮 40 秒再闪烁 5 秒后熄灭，接着南北黄灯亮 5 秒后熄灭；南北红灯亮 40 秒，与此同时，东西绿灯亮 30 秒再闪烁 5 秒后熄灭，接着东西黄灯亮 5 秒后熄灭；

（4）如果东西和南北的绿灯同时亮，进行报警。

提示：时间可以用次数代替，比如 50 秒可以数 50 个数。

3-5　设计机械手爪的夹紧与放松动作。

第4章

水位控制系统

内容提要：

本章介绍水位控制系统的设计方案、实施过程及调试。进一步学习工程建立、设备定义、变量定义及画面的设计方法；掌握动画连接及命令语言的编写方法；掌握报警窗口、报表、趋势曲线的制作与调试方法。

学习目标：

1. 了解水位控制系统的控制要求；
2. 了解水位控制系统的接口设备及硬件接线；
3. 掌握板卡的配置与连接方法；
4. 掌握变量的定义方法和使用方法；
5. 通过水位控制系统的学习，熟练掌握工程组态的方法；
6. 学会延时程序的编写方法；
7. 通过动画连接，掌握对现场模拟量的采集与控制方法；
8. 能够进行报警、报表和趋势曲线的制作与调试。

4.1 水位控制系统方案设计

4.1.1 水位控制系统的控制要求

（1）对两水罐的水位、温度进行检测，并将下水罐液位控制在给定值。水位给定值可以在画面上人工输入，系统应具有手动和自动两种控制功能；

（2）具有生产流程显示、温度、上下液位指示、手/自动切换功能；

（3）控制策略：

① 下罐水位很低时（10mm 以下），停止一切排水，双进水（下罐进水，上罐排水）；

② 下罐水位较低时（10 ~ 40mm），停止一切排水，单进水（上罐水位高于 50mm 时，上罐排水阀开，下罐进水阀关；上罐水位低于 50mm 时，上罐排水阀关，下罐进水阀开）；

③ 下罐水位正常时（40 ~ 50mm），不排水，不进水；

④ 下罐水位较高时（50 ~ 90mm），单排水（上罐水位高于 80mm 时，下罐排水

阀开，循环泵和循环泵阀关；上罐水位低于 80mm 时，下罐排水阀关，循环泵和循环泵阀开)；

⑤ 下罐水位很高时（90mm 以上）双排水（下罐排水，上罐进水)；

⑥ 停上罐进水的顺序：先关闭循环泵，延时 1 秒再关闭上罐进水阀；

⑦ 上罐进水的顺序：打开上罐进水阀，延时 1 秒再打开循环泵；

⑧ 为确保上罐进水阀和循环泵的顺序动作，防止手动操作错误，应对二者设计做联锁保护。

4.1.2 水位控制系统 I/O 接口设备选型

本系统有温度、液位 3 路模拟信号经变送器转换成 4 ~ 20mA 信号后，经 250 欧姆电阻转换成 1 ~ 5V，再经端子板送入研华板卡 PCL – 818L，经 A/D 转换后，进入计算机，在计算机中处理之后输出控制信号给 PCL – 818L，再经端子板送给 74LS07 驱动中间继电器，使其得电后控制电磁阀和泵的通断。

本系统有 4 个开关量控制信号需要输入到计算机，分别是启动按钮 SB1、停止按钮 SB2、手动 SB3、自动 SB4。计算机有 8 个开关量控制信号需要输出到控制系统，分别是下罐进水阀、下罐排水阀、上罐进水阀、上罐排水阀、循环泵、一组加热器、二组加热器和三组加热器。

本项目 I/O 接口设备选择研华公司板卡 PCL – 818L、端子板选择 PCLD – 9138、2 个扩散硅压力变送器、1 个温度变送器。

PCL – 818L 多功能数据采集板，具有 16 路单端/8 路双端模拟量输入通道，程控增益：1、2、4、8；输入信号范围：双极性时，– 10V ~ + 10V，– 5V ~ + 5V，– 2.5V ~ + 2.5V，– 1.25V ~ + 1.25V 或 – 5V ~ + 5V，– 2.5V ~ + 2.5V，– 1.25V ~ + 1.25V，– 0.625V ~ + 0.625V；

转换率：12 位；1 路 12 位转换率模拟量输出通道，16 路数字量输入通道，16 路数字量输出通道，1 路 16 位定时/计数器。

1. 配置与连接

(1) 地址设置方法：

板卡地址由板上的拨码开关设置，设置方法如下：(SW1)

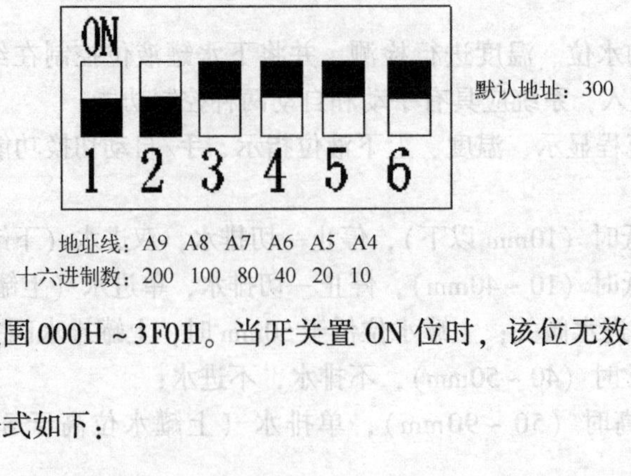

板基地址选择范围 000H ~ 3F0H。当开关置 ON 位时，该位无效；开关置 OFF 位时，该位有效。

板基地址计算公式如下：

板基地址 = 所有有效位之和

例：如上图所示

板基地址 = 200H + 100H = 300H

2. 初始化字

此板卡的计数器 0 可作为外部计数用，必须在组态王中写初始化字 A，0（表示 TC0 接受外部时钟），方可对外部脉冲计数。

不用写别的初始化字，直接定义寄存器，给出工作方式（例如：TC0. M2 读写属性），在命令语言中给 TC0 计数器赋初值即可。

3. 组态王设置

组态王数据词典—变量定义，见表 4. 1。

表 4. 1　变量定义

寄存器名称	*dd* 取值范围	数 据 类 型	变 量 类 型	读 写 属 性	寄存器说明
ADdd [. Gxxx]	0 ~ 15（单端）	SHORT	I/O 实型	只读	模拟量输入
DAdd	0	SHORT	I/O 实型	只写	模拟量输出
DIdd	0 – 15	BIT	I/O 离散	只读	开关量输入按位读取
	0 – 1	BYTE	I/O 整型		按字节读取
	0	USHORT	I/O 整型		按字读取
DOdd	0 ~ 15	BIT	I/O 离散	只写	开关量输出按位操作
	0 ~ 1	BYTE	I/O 整型		按字节操作
	0	USHORT	I/O 整型		按字操作
TC*dd* [. M*x*]	0	USHORT	I/O 整型	读写	计数器

注：

（1）以上只写变量采集频率请设为 0；

（2）MX 为计数器工作方式；

（3）双端时，AD 通道号取值从 0 到 7

（4）Gxxx 板卡实际所取的增益值，G2，G4，G8 分别表示增益 2，4，8。

（5）AD 寄存器格式也可定义为 ADdd[. FxLxx][. Gxxx]，[. FxLxx]一般情况下不作定义。

寄存器举例说明，见表 4. 2。

表 4. 2　寄存器举例

寄存器名称	变 量 类 型	数 据 类 型	读 写 属 性	寄存器说明
AD1. G2	I/O 实数	SHORT	只读	读第 1 路模拟量输入，增益 2
DA0	I/O 实数	SHORT	只写	模拟量输出

续表

寄存器名称	变量类型	数据类型	读写属性	寄存器说明
DI1	I/O 整数	BIT	只读	读第1路数字量输入
DO0	I/O 整数	BYTE	只写	写0~7路数字量输出状态
TC0. M2	I/O 整数	USHORT	读写	

4.1.3　水位控制系统方框图和电路接线图

1. 水位控制系统方框图（见图4.1）

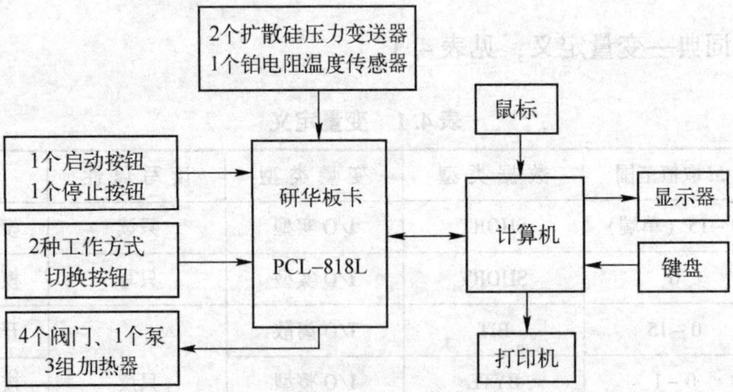

图4.1　水位控制系统方框图

2. 电磁阀、传感器、泵等与板卡及计算机的连接电路图

（1）水位控制系统 I/O 分配表，见表4.3。

表4.3　水位控制系统 I/O 分配表

变量名	类型	连接设备	寄存器	数据类型	初始值	最小值	最大值
水罐温度	I/O 实型	PCL-818L	AD2. F2L5. G1	SHORT	16	0	100
上罐液位	I/O 实型	PCL-818L	AD1. F2L5. G1	SHORT	0	0	100
下罐液位	I/O 实型	PCL-818L	AD0. F2L5. G1	SHORT	0	0	100
下罐进水阀	I/O 离散	PCL-818L	DO0	Bit	关		
下罐排水阀	I/O 离散	PCL-818L	DO1	Bit	关		
上罐进水阀	I/O 离散	PCL-818L	DO2	Bit	关		
上罐排水阀	I/O 离散	PCL-818L	DO3	Bit	关		
循环泵	I/O 离散	PCL-818L	DO4	Bit	关		
一组加热器	I/O 离散	PCL-818L	DO5	Bit	关		
二组加热器	I/O 离散	PCL-818L	DO6	Bit	关		

续表

变量名	类型	连接设备	寄存器	数据类型	初始值	最小值	最大值
三组加热器	I/O 离散	PCL-818L	DO7	Bit	关		
启动按钮	I/O 离散	PCL-818L	DI1	Bit	关		
停止按钮	I/O 离散	PCL-818L	DI2	Bit	关		
自动	I/O 离散	PCL-818L	DI3	Bit	关		
手动	I/O 离散	PCL-818L	DI4	Bit	关		

（2）水位控制系统接线图如图 4.2 所示。

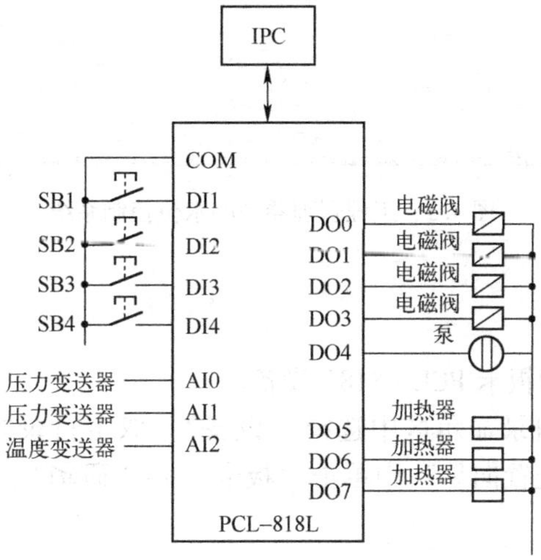

图 4.2　水位控制系统接线图

4.2　水位控制系统实施及调试

4.2.1　工程建立

（1）单击桌面“组态王”图标，或执行“开始”→“程序”→“组态王 6.55”→“组态王”，此时出现组态王“工程管理器”窗口。

（2）在组态王“工程管理器”窗口中单击“新建”按钮，出现“新建工程向导之一”窗口。

（3）单击“下一步”按钮，在“新建工程向导之二”窗口中的文本框中直接输入或用“浏览”方式确定工程路径。

（4）单击“下一步”按钮，在出现的“新建工程向导之三”窗口中，输入工程名称为“水位控制系统”。

（5）单击“完成”按钮，在出现的“是否将新建的工程设置为组态王当前工程”对话框中单击“是”按钮，完成工程的建立。

(6) 此时，组态王在指定路径下出现了一个“水位控制系统”项目名，如图 4.3 所示，以后所进行的组态工作的所有数据都将存储在这个目录中。

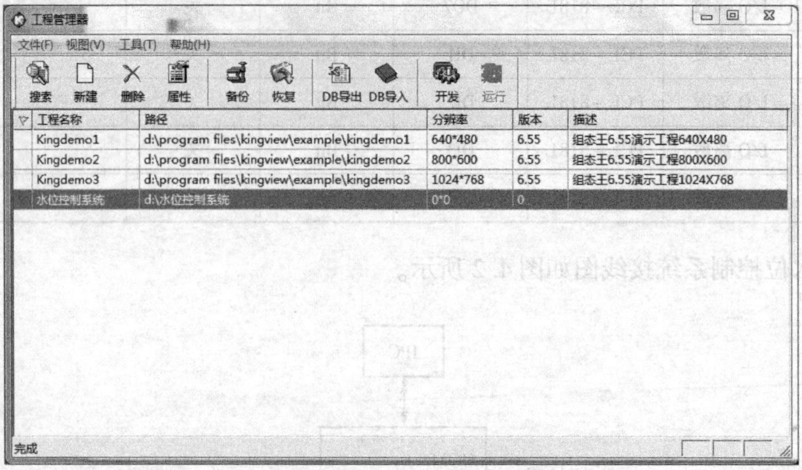

图 4.3　工程管理器中的水位控制系统

4.2.2　设备配置

在组态王中添加研华板卡 PCL－818L 设备。

(1) 在工程浏览器目录显示区中选择“设备”。双击目录内容显示区中的“新建”图标，在出现的“设备配置向导”中单击“板卡”→“研华”→“PCL818L”，如图 4.4 所示。

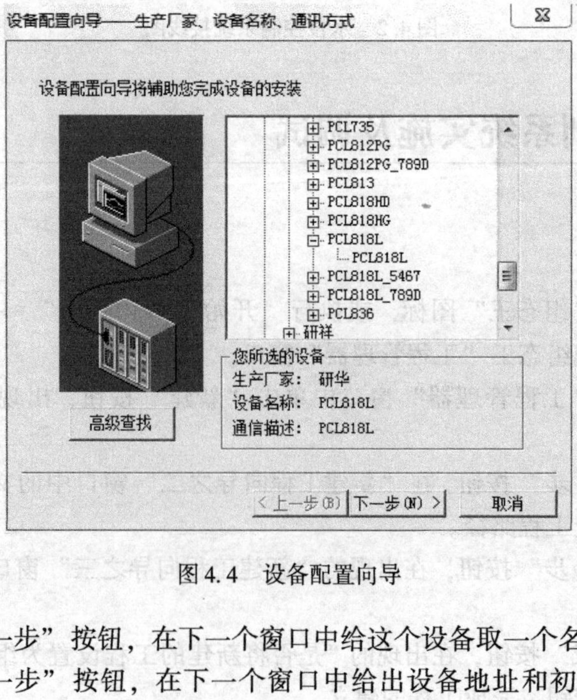

图 4.4　设备配置向导

(2) 单击“下一步”按钮，在下一个窗口中给这个设备取一个名字“PCL818L”。

(3) 单击“下一步”按钮，在下一个窗口中给出设备地址和初始化字（若无设备，可根据默认值设置)。

(4) 单击“完成”按钮，完成板卡的设置。

4.2.3　定义变量

1. 变量分配

根据表 4-1，需要建立 4 个数字输入变量、3 个模拟输入变量和 8 个数字输出变量，实现数据交换。

2. 变量定义步骤

(1) 建立“启动按钮”变量。

① 单击“数据库”大纲项下面的“数据词典”成员名，然后在目录内容显示区中双击“新建”图标，出现“定义变量”对话框，在“基本属性”页中输入变量名“启动按钮”，变量类型设置为“I/O 离散”，初始值为“关”。

② 将连接设备设置为“PCL818L”，寄存器设置为“DI1”（注意寄存器设置必须与硬件连接图一致），数据类型设置为“Bit”，读写属性设置为“只读”，采集频率设置为 100ms，如图 4.5 所示，再单击“确定”按钮，则完成了第一个变量“启动按钮”的建立。

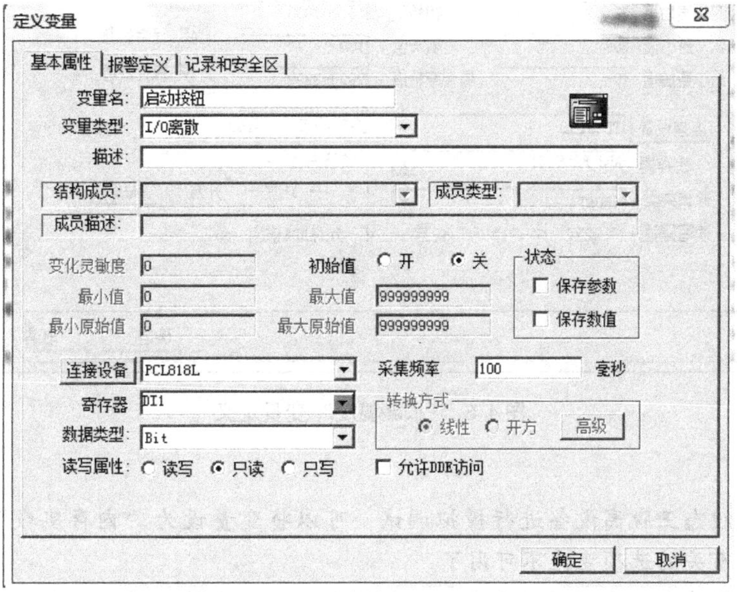

图 4.5　“启动按钮”变量定义

注意：

如果想使组态王脱离设备进行模拟调试，可以将变量设为“内存离散”型变量，此时与连接设备有关的选项变为不可用了。

类似的可以建立“停止按钮”、“手动”、“自动”、“下罐进水阀”、“下罐排水阀”、

“上罐进水阀”、“循环泵”、“上罐排水阀”、“一组加热器”、“二组加热器”、“三组加热器”等11个离散变量。

此外，还需要建立以下3个模拟量：“水罐温度”、“上罐液位”、“下罐液位”。

(2) 建立“水罐温度”变量。

① 单击“数据库”大纲项下面的“数据词典”成员名，然后在目录内容显示区中双击“新建”图标，出现“定义变量”对话框，在“基本属性”页中输入变量名“水罐温度”，变量类型设置为“I/O实数”，最大值为“100”。

② 将连接设备设置为“PCL818L”，寄存器设置为“AD2. F2L5. G1”（注意寄存器设置必须与硬件连接图一致），数据类型设置为“SHORT”，读写属性设置为“只读”，采集频率设置为100ms，如图4.6所示，再单击“确定”按钮，则完成了“水罐温度”的建立。

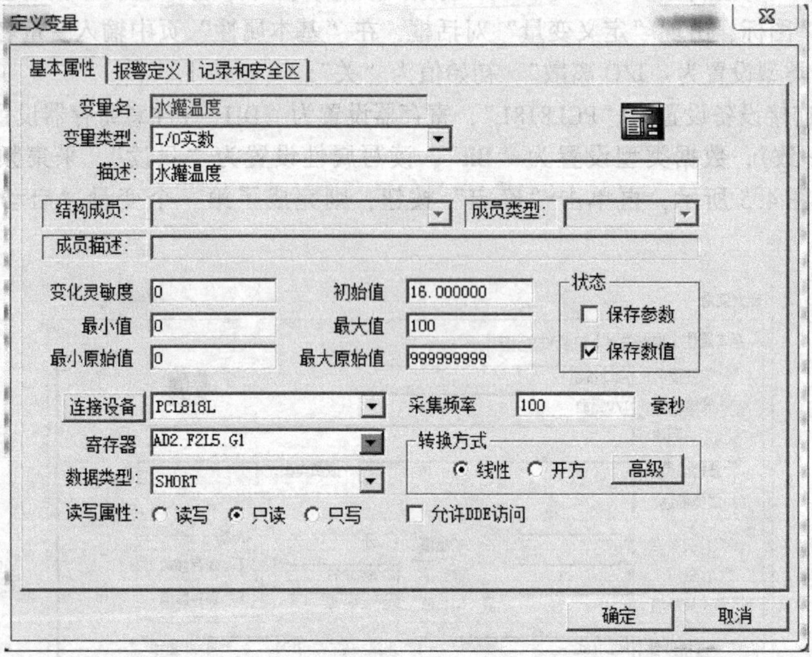

图4.6 “水罐温度”变量定义

注意：

如果想使组态王脱离设备进行模拟调试，可以将变量设为“内存实数”型变量，此时与连接设备有关的选项变为不可用了。

类似的可以建立“上罐液位”和“下罐液位”2个实数变量。其中“上罐液位”寄存器设置为“AD1. F2L5. G1”、“下罐液位”寄存器设置为“AD0. F2L5. G1”。

此外，为了做管道中水的流动效果，需要建立以下四个变量：“管道1”、“管道2”、“管道3”和“管道4”，变量类型为“内存整数”，最大值为“10”，初始值为“0”。

为了完成延时，需要建立变量“次数”，变量类型为“内存整数”，最大值为“10”，初始值为“0”。建立完成的数据词典如图4.7所示。

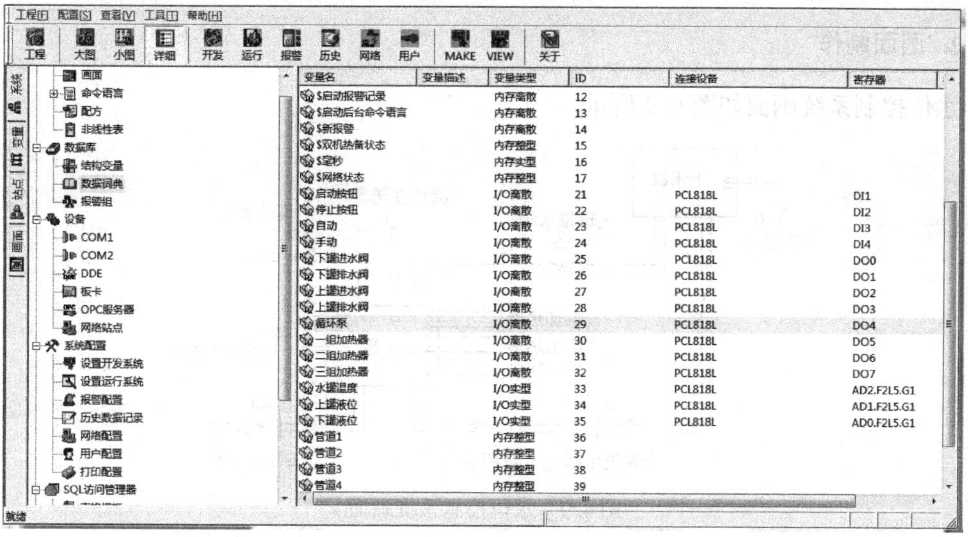

图 4.7　数据词典

4.2.4　画面的设计与编辑

1. 新建画面

(1) 在工程浏览器的目录显示区中，单击“文件”大纲项下面的“画面”成员名，然后在目录内容显示区中双击“新建”图标，出现“新画面”对话框。

(2) 在“新画面”对话框中将画面名称设置为“水位控制系统”，“大小可变”，如图 4.8 所示。单击“确定”按钮，进入画面开发系统，画面开发提供了画面制作工具箱，可以方便地制作矩形、圆形等图形。此时若返回工程浏览器，可看到在目录内容显示区中增加了“水位控制系统”图标。

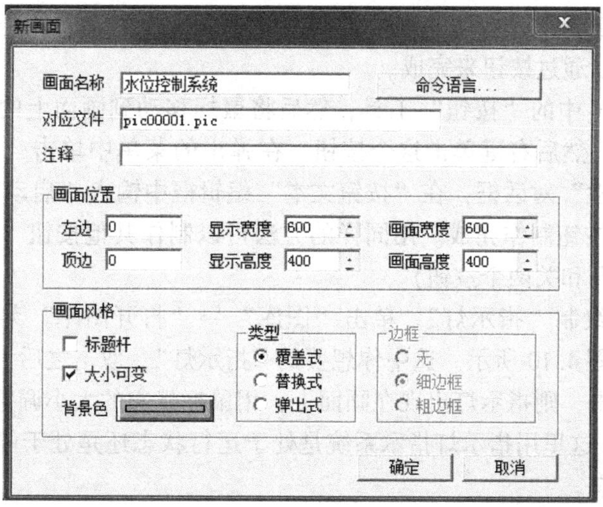

图 4.8 “　新画面”对话框

2. 画面制作

水位控制系统画面如图 4.9 所示。

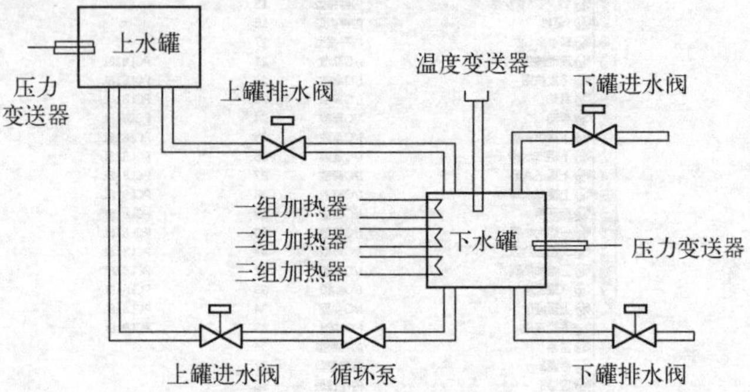

图 4.9　水位控制系统画面

(1) 利用文本工具、字体工具、调色板工具输入文本。

在工具箱中单击“文本”按钮，然后将鼠标移动到画面上适当位置并单击，此时光标在屏幕上闪动，用户便可以打开中文输入法输入文字。输入完毕后，用鼠标在屏幕上单击一次，则文字输入完毕。

修改文字内容的方法：选择文字，之后单击鼠标右键，在弹出的对话框中选择“字符串替换”，之后在“字符串替换”对话框输入需要的文字即可。

如果需要修改文字的字体和大小，则在选中文本之后，单击“工具箱”中的“字体”按钮，然后在弹出的“字体”对话框中设置相应的字体即可。

如果需要修改文字的颜色，则可以在选中该文本后，单击“工具箱”中的“显示调色板”按钮，然后在出现的“调色板”中单击“字符色”按钮，此时便可以在“调色板”下面的多个颜色按钮中选择适当的文本颜色了。

利用上述方法，将画面中的各段文字书写完毕，并用鼠标拖到合适的位置。

(2) 利用按钮工具制作按钮。水位控制系统中要发出启动、停止、手动、自动、开关阀门等命令，可以通过按钮来完成。

单击“工具箱”中的“按钮”工具，然后将鼠标移动到画面上的合适位置，拉出一个适合大小的方框，然后右键单击这个按钮，在弹出的菜单中单击“字符串替换”菜单项，弹出“按钮属性”对话框，在“按钮文本”编辑框中输入“启动”，再单击“确定”按钮，则“启动”按钮制作完成。用同样的方法可以制作其他按钮（每个阀门、泵和每组加热器需要制作开和关两个按钮）。

(3) 利用图库绘制“指示灯”。单击“图库”→“打开图库”菜单项，出现“图库管理器”窗口，如图 4.10 所示。选中你想要的“指示灯”，双击之后，将鼠标移动到画面上适当的位置并单击，则指示灯出现在画面上，用鼠标将它的大小调整合适后，即完成了“指示灯”的绘制。这里用指示灯指示系统是处于运行状态还是处于停止状态；是手动工作状态还是自动状态。

(4)“水泵”、“水箱”、“传感器”、“阀门”的绘制同“指示灯”的绘制方法。

(5) 管道的绘制。管道的绘制方法有两种，如果需要对管道做“流动”的动画，则

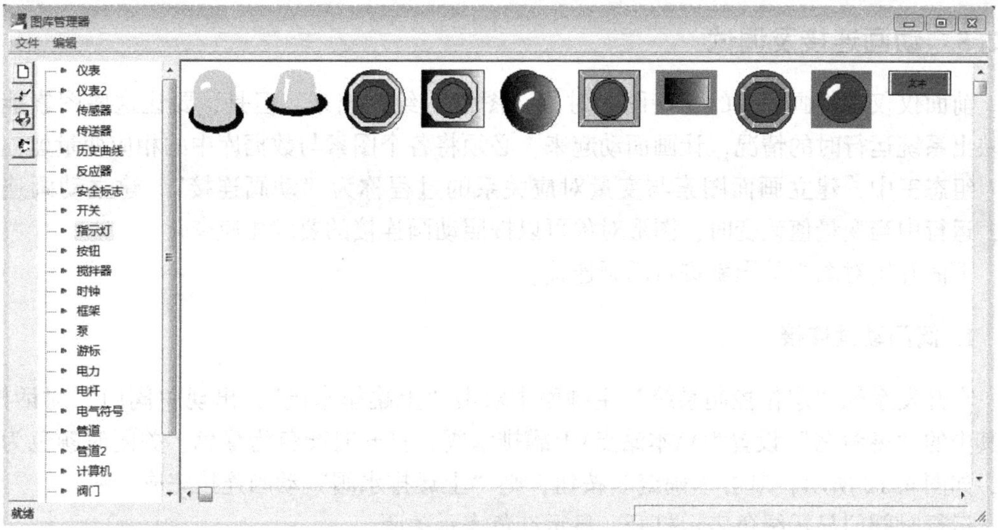

图 4.10 图库管理器

应使用“工具箱”中的立体管道；如果不需要对管道做动画，则可以使用图库中的管道，绘制方法同“指示灯”的绘制方法。

(6) 加热器的绘制。单击“工具箱”中的“多边形”工具，然后将鼠标移动到画面上的合适位置，画出一个合适的多边形，双击鼠标左键，即完成了一组加热器的绘制，用同样的方法再绘制两组加热器。

(7) 液位和温度显示文本绘制。在“压力变送器”和“温度变送器”右边，放置一文本，随便输入一字符串如“##”即可。此字符串在运行时将用于显示液位和温度的数值。

至此水位控制系统主画面的绘制全部结束，如图 4.11 所示。

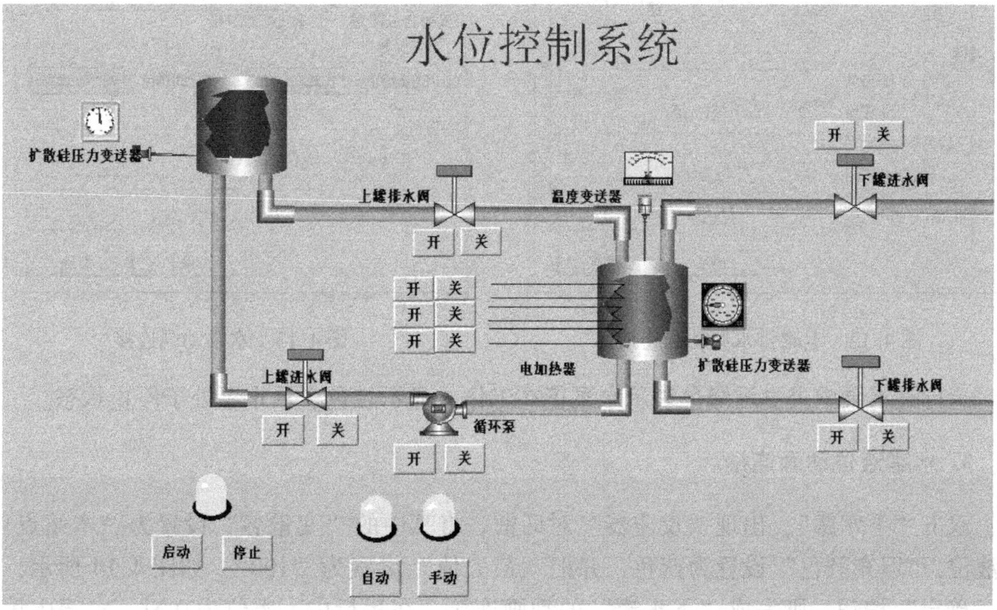

图 4.11 水位控制系统主画面

4.2.5 动画连接及调试

前面仅仅是将画面上的一些图形对象（图素）绘制出来，但是，要让这些图素能够反映出系统运行时的情况，让画面动起来，必须将各个图素与数据库中的相应变量建立联系。组态王中，建立画面图素与变量对应关系的过程称为“动画连接”，建立动画连接后，运行中当变量值改变时，图形对象可以按照动画连接的要求相应变化。

下面开始对图中的图素进行动画连接。

1. 阀门动画连接

在开发系统“水位控制系统”主画面中双击“上罐排水阀”，出现“阀门”对话框，将其中的“变量名”设置为\\本站点\上罐排水阀；打开时颜色为绿色、关闭时颜色为红色，如图 4.12 所示，单击“确定”按钮，则“上罐排水阀”动画连接完成。

运行时阀门显示绿色表示打开，显示红色表示关闭。

用同样的方法完成“下罐进水阀”、“下罐排水阀”、“上罐进水阀”的动画连接。

2. 水泵动画连接

双击“循环泵”，出现“泵”对话框，将其中的“变量名”设置为\\本站点\循环泵；开启时颜色为绿色、关闭时颜色为红色，如图 4.13 所示，单击“确定”按钮，则“循环泵”动画连接完成。

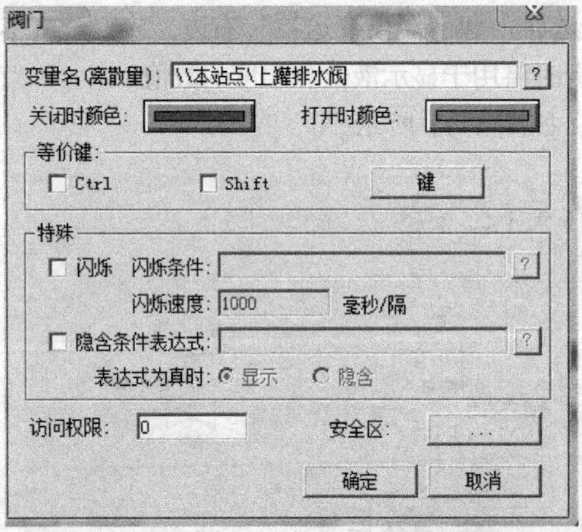

图 4.12　上罐排水阀动画连接

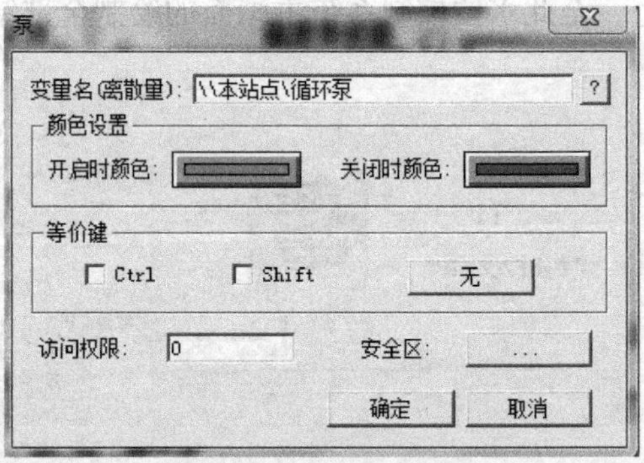

图 4.13　水泵动画连接

运行时水泵中央显示绿色表示水泵正在工作，显示红色表示水泵处于停止状态。

3. 水罐液位动画连接

双击“下水罐”，出现“反应器”对话框。将其中的“变量名”设置为\\本站点\下罐液位，“填充颜色”设置为蓝色，并把“最大值”设置为“100”，如图 4.14 所示，单击“确定”按钮，则完成“下水罐”的动画连接。在运行中，水位为 0 时，水罐中填充的高度为 0%；水位为 100 时，水罐填充高度 100%，即填充高度表示了水罐水位的高低。

双击压力变送器旁的文字“##”，出现“动画连接”对话框，单击“模拟值输出”按钮，则弹出“模拟值输出连接”对话框，将其中的“表达式”设置为“\\本站点\下罐液位”，整数位数为“3”，小数位数为“1”，如图 4.15 所示，单击“确定”按钮返回“动画连接”对话框，再次单击“确定”按钮，完成“液位显示”动画连接。

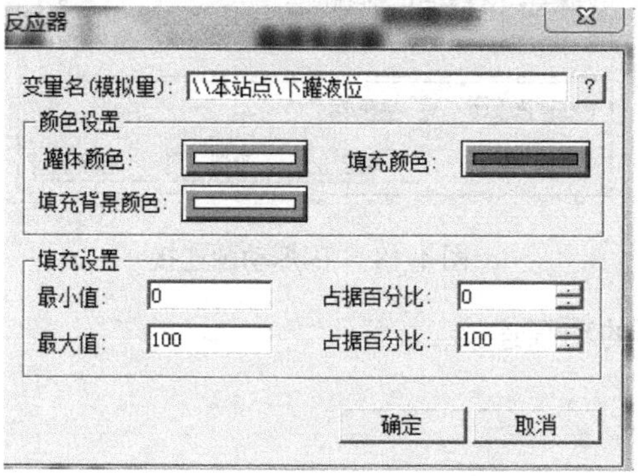

图 4.14　下罐液位动画连接

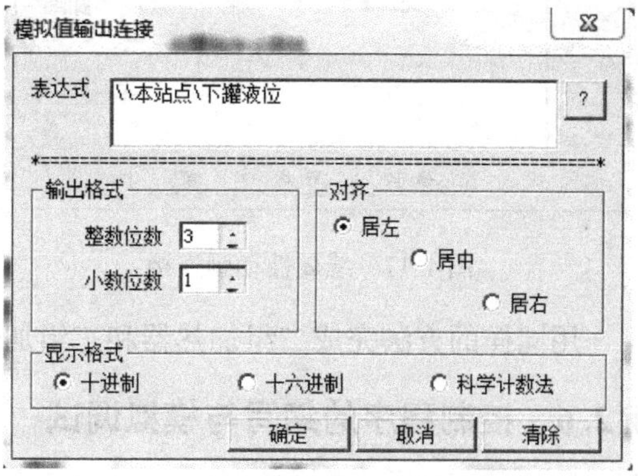

图 4.15　模拟值输出

在压力变送器旁放置文字“下液位”并双击，出现“动画连接”对话框，单击“模拟值输入”按钮，则弹出“模拟值输入连接”对话框，将其中的“变量名”设置为“\\本站点\下罐液位”，“最大值”设置为“100”，“最小值”设置为“0”，如图 4.16 所示，单击“确定”按钮返回“动画连接”对话框，再次单击“确定”按钮，完成“液位显示”动画连接。

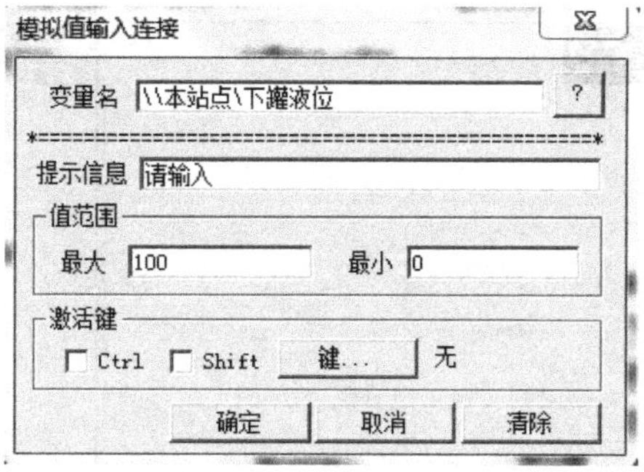

图 4.16　模拟值输入

用同样的方法完成“上水罐”液位的动画连接和水罐温度的动画连接。

4. 加热器的动画连接

双击一组加热器，出现“动画连接”对话框，单击“线属性”按钮，则弹出“线属性连接”对话框，将其中的“表达式”设置为“\\本站点\一组电加热器”，笔属性设置为 0 和 1，并用不同的图案和颜色来表示，如图 4.17 所示，单击“确定”按钮返回“动画连接”对话框，再单击“闪烁”按钮，则弹出“闪烁连接”对话框，将“闪烁”条件设置为“\\本站点\一组电加热器”，如图 4.18 所示，单击“确定”按钮返回“动画连接”对话框，再次单击“确定”按钮，完成“一组加热器”动画连接。

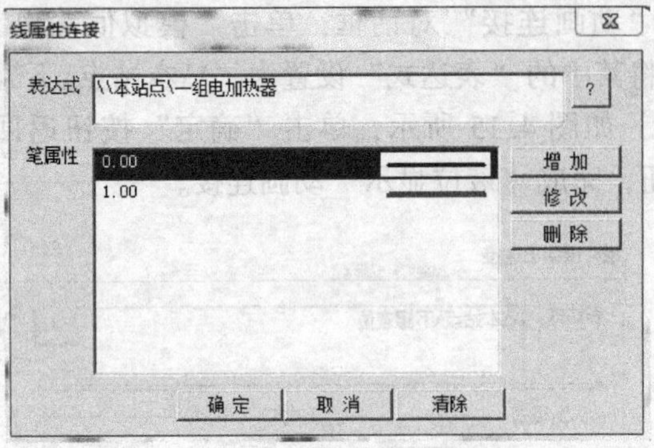

图 4.17　线属性动画连接

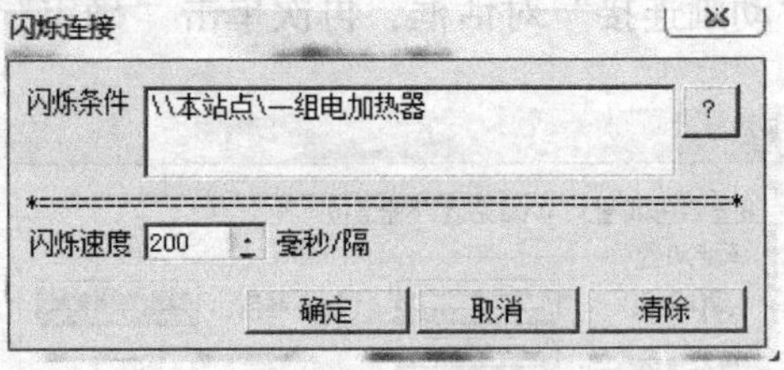

图 4.18　闪烁动画连接

用同样的方法完成二组加热器和三组加热器的动画连接。

4.2.6　控制程序的编写与模拟调试

本系统工作方式分为手动和自动两种，要求在启动的情况下可以任意切换工作方式。

(1) 双击“启动”按钮，弹出“动画连接”对话框，单击“弹起时”或“按下时”，弹出“命令语言”动画连接对话框。输入：\\本站点\启动 =1；和\\本站点\停止 =0，如图 4.19 所示，单击“确定”按钮，完成“启动”按钮动画连接设置。

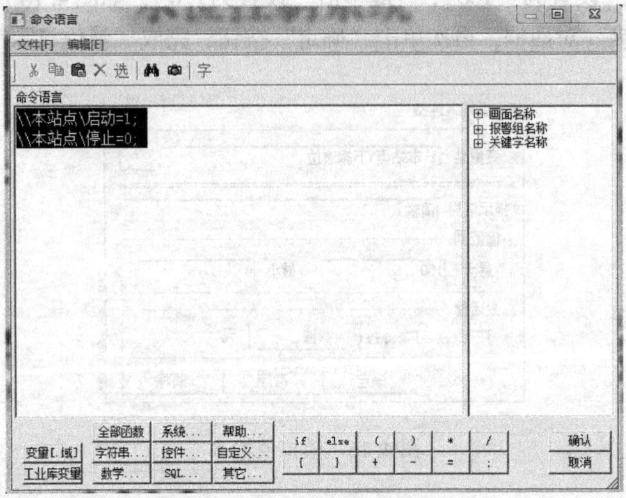

图 4.19　“启动”按钮动画连接

用同样的方法制作“停止”按钮的动画连接。

(2) 双击“手动”按钮，弹出“动画连接”对话框，单击“弹起时”或“按下时”，弹出“命令语言”动画连接对话框。输入：

```
if(\\本站点\启动 ==1)
{ \\本站点\手动 =1;
\\本站点\自动 =0;
```

如图 4.20 所示。

单击“确定”按钮，完成“手动”按钮动画连接设置。

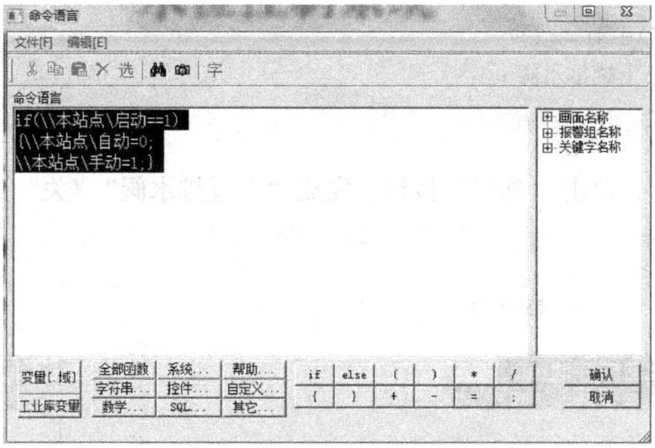

图 4.20　“手动”按钮动画连接

用同样的方法制作“自动”按钮的动画连接。

1. 手动控制方式

在画面上每个阀门和水泵、加热器的下面制作“开”和“关”两个按钮，要求在手动的情况下，画面中的按钮变为可用，即按下“开”，则相应的设备打开，按下“关”，则相应的设备关闭。具体方法如下：

双击“上罐排水阀”的“开”按钮，弹出“动画连接”对话框，单击“弹起时”或“按下时”，弹出“命令语言”动画连接对话框。输入：

```
if(\\本站点\手动==1)
{ \\本站点\上罐排水阀=1;
}
```

如图 4.21 所示，单击“确定”按钮，完成“上罐排水阀”“开”的动画连接设置。

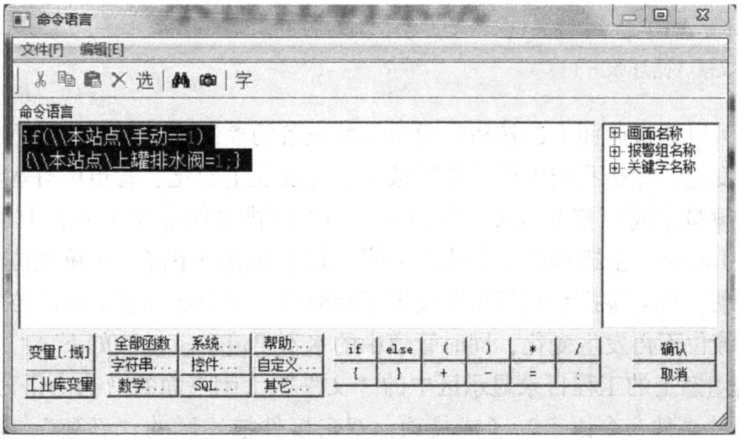

图 4.21　按钮“开”的动画连接

双击“上罐排水阀”的“关”按钮，弹出“动画连接”对话框，单击“弹起时”或“按下时”，弹出“命令语言”动画连接对话框。输入：

```
if(\\本站点\手动==1)
{ \\本站点\上罐排水阀=0;
}
```

如图4.22所示，单击“确定”按钮，完成“上罐排水阀”“关”的动画连接设置。

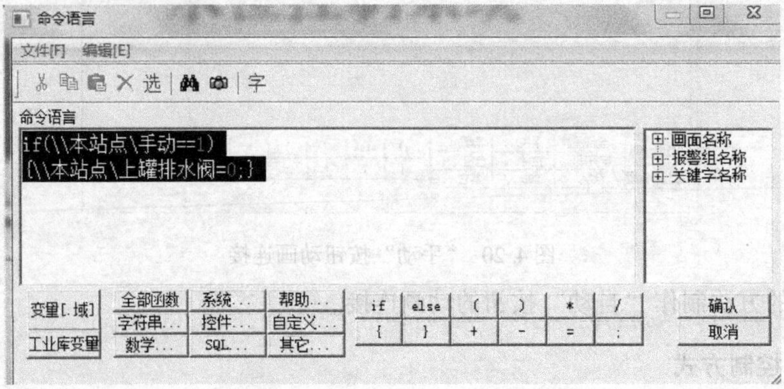

图4.22 按钮“关”的动画连接

用同样的方法完成“下罐进水阀”、“下罐排水阀”、“上罐排水阀”、“循环泵”和三组“电加热器”开关的动画链接。

这里需要指出，“上罐进水阀”和“循环泵”的开关应遵循先开阀、后开泵；先关泵、后关阀的顺序，确保设备能够正常运行。

“上罐进水阀”关的程序如下：

```
if(\\本站点\手动==1&&\\本站点\循环泵==0)
{\\本站点\循环泵阀=0;}
```

“循环泵”开的程序如下：

```
if(\\本站点\手动==1&&\\本站点\循环泵阀==1)
{\\本站点\循环泵=1;}
```

现在我们可以通过画面上的按钮完成对现场设备的控制了，但是当阀门打开时，水罐的液位并没有变化，那么我们怎样才能使液位、温度发生变化、管道中有水流动呢？我们首先完成“上罐排水阀”打开或关闭的情况，当上罐排水阀等于1并且上罐液位大于0，下罐液位小于100时，上罐里的水会流入下罐，则上罐液位下降，上罐液位升高，同时管道中有水的流动；当上罐排水阀等于0或者下罐液位等于100或者上罐液位等于0时，上罐液位和下罐液位不再发生变化，同时管道中的水不再流动，做法如下：

（1）双击组态王的工程目录显示区中的“文件”大纲下面的“命令语言”成员项；

（2）单击“事件命令语言”子成员项，双击事件描述区的“新建”，进入“事件命令语言”对话框，如图4.23所示。

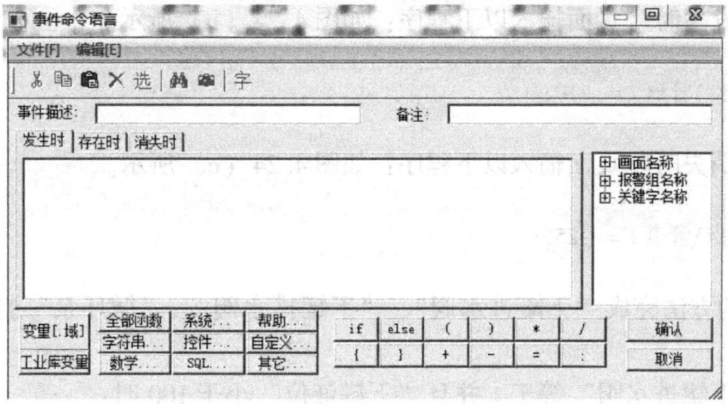

图 4.23　“事件命令语言”对话框

（3）在事件描述栏中写入

“\\本站点\上罐排水阀 ==1&&\\本站点\上罐液位 >0&&\\本站点\下罐液位 <100”;

（4）把“存在时”命令语言程序的执行周期设置为 100ms；

（5）在“存在时”页面输入以下程序：如图 4.24（a）所示。

```
\\本站点\上罐液位 = \\本站点\上罐液位 -2;
\\本站点\下罐液位 = \\本站点\下罐液位 +2;
```

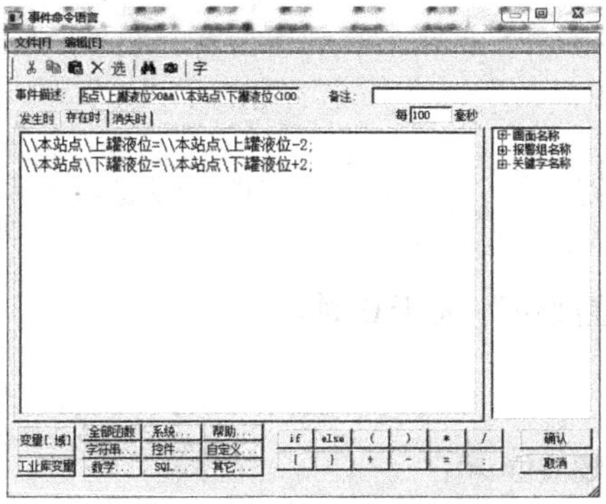

（a）

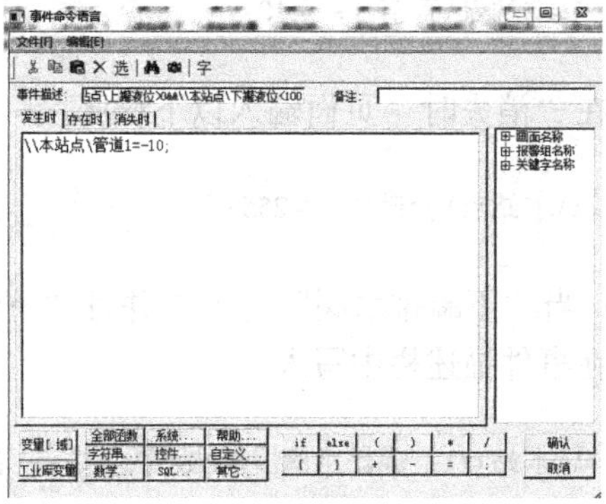

（b）

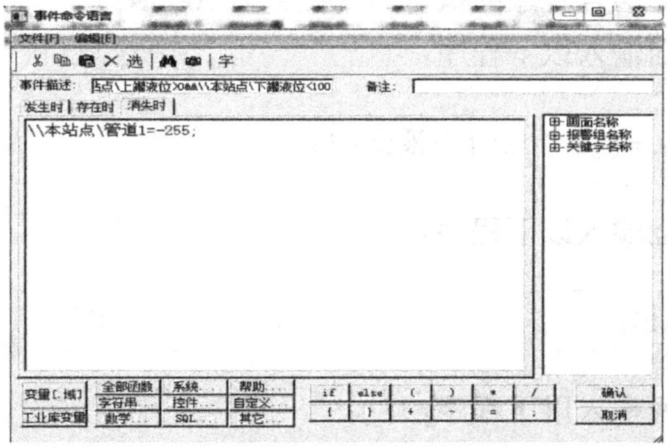

（c）

图 4.24　“上罐排水阀”按钮事件命令语言程序

(6) 在“发生时”页面输入以下程序：如图4.24（b）所示。

```
\\本站点\管道1 = -10;
```

(7) 在“消失时”页面输入以下程序：如图4.24（c）所示。

```
\\本站点\管道1 = -255;
```

请用同样的方法完成“下罐进水阀”、“下罐排水阀”、“循环泵”打开、关闭时的程序。

(1) 当“下罐进水阀”等于1并且“下罐液位”小于100时：

① 在事件描述栏中写入

```
\\本站点\下罐进水阀 == 1&&\\本站点\下罐液位 < 100;
```

② 把“存在时”命令语言程序的执行周期设置为100ms；

③ 在“存在时”页面输入以下程序：

```
\\本站点\下罐液位 = \\本站点\下罐液位 + 1;
```

④ 在“发生时”页面输入以下程序：

```
\\本站点\管道2 = -10;
```

⑤ 在“消失时”页面输入以下程序：

```
\\本站点\管道2 = -255;
```

(2) 当“下罐排水阀”等于1并且“下罐液位”大于0时：

① 在事件描述栏中写入

```
\\本站点\下罐排水阀 == 1&&\\本站点\下罐液位 > 0;
```

② 把“存在时”命令语言程序的执行周期设置为100ms；

③ 在“存在时”页面输入以下程序：

```
\\本站点\下罐液位 = \\本站点\下罐液位 - 1;
```

④ 在“发生时”页面输入以下程序：

```
\\本站点\管道3 = 10;
```

⑤ 在“消失时”页面输入以下程序：

```
\\本站点\管道3 = 0;
```

(3) 当“循环泵”等于 1 并且“下罐液位”大于 0、上罐液位小于 100 时：

① 在事件描述栏中写入

```
\\本站点\循环泵 ==1&&\\本站点\下罐液位 >0&&\\本站点\上罐液位 <100;
```

② 把“存在时”命令语言程序的执行周期设置为 100ms；

③ 在“存在时”页面输入以下程序：

```
\\本站点\上罐液位 = \\本站点\上罐液位 +1;
\\本站点\下罐液位 = \\本站点\下罐液位 -1;
```

④ 在“发生时”页面输入以下程序：

```
\\本站点\管道 4 =10;
```

⑤ 在“消失时”页面输入以下程序：

```
\\本站点\管道 4 = -255;
```

注意：

如果管道中的水流方向不正确，可以改变管道的取值使水流方向正确

例如：

如果管道 4 中的水从上罐流向下罐，可以将管道 4 =10 改为管道 4 = -10 即可。

(4) 当有一组加热器开时，水罐温度每次上升 1 度，两组加热器开时，水罐温度每次上升 2 度，三组加热器开时，水罐温度每次上升 3 度，当三组加热器都开以后，关掉一组，相当于打开两组，当三组加热器都关闭时，水罐温度会下降，一直下降到室温。

① 在事件描述栏中写入

```
\\本站点\一组电加热器 ==1&&\\本站点\水罐温度 <=100;
```

② 把“存在时”命令语言程序的执行周期设置为 100ms；

③ 在“存在时”页面输入以下程序：

```
\\本站点\水罐温度 = \\本站点\水罐温度 +1;
```

用同样的方法完成二组加热器和三组加热器的事件命令语言程序。

三组加热器全关时的程序：(室温 16 度)

① 在事件描述栏中写入

```
\\本站点\一组电加热器 ==0&&\\本站点\二组电加热器 ==0&&\\本站点\三组电加热器 =
=0&&\\本站点\水罐温度 >=17;
```

② 把“存在时”命令语言程序的执行周期设置为 100ms；

③ 在“存在时”页面输入以下程序：

```
\\本站点\水罐温度 = \\本站点\水罐温度 - 1;
```

2. 自动控制方式

在启动的情况下，按下“自动”按钮，画面中的阀门、水泵和加热器会根据控制策略的要求自动打开和关闭。

本系统的自动控制程序将在应用程序命令语言中编写。应用程序命令语言也分“启动时”、“运行时”、“停止时”三种，可分别编写。“启动时”和“停止时”程序只执行一次；“运行时”程序则循环执行，一般相当于主程序，需要设定循环时间。

下面将完成本系统的自动控制程序的编写与调试：

（1）双击组态王的工程目录显示区中的“文件”大纲下面的“命令语言”成员项；

（2）单击“应用程序命令语言”子成员项；

（3）双击目录内容显示区中的“请双击这儿进入《应用程序命令语言》对话框”按钮，进入“应用程序命令语言”对话框；

（4）把“运行时”命令语言程序的执行周期设置为100ms；

（5）在“运行时”页面输入以下程序：如图4.25所示。

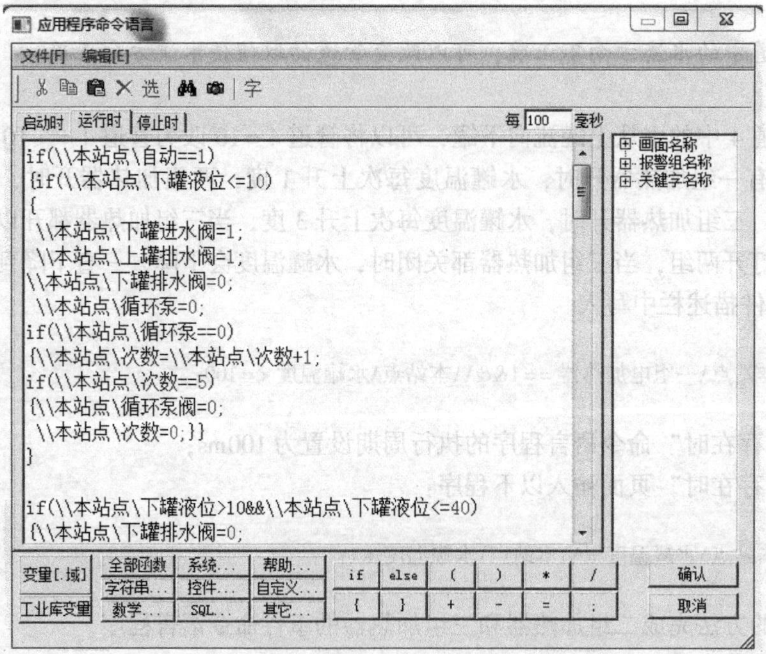

图4.25 应用程序命令语言对话框

```
if( \\本站点\自动 ==1)
{if( \\本站点\下罐液位 < =10)
{\\本站点\下罐进水阀 =1;
 \\本站点\上罐排水阀 =1;
```

```
  \\本站点\下罐排水阀=0;
  \\本站点\循环泵=0;
 if(\\本站点\循环泵==0)                          //延时程序
 {\\本站点\次数=\\本站点\次数+1;
 if(\\本站点\次数==5)
 {\\本站点\循环泵阀=0;
  \\本站点\次数=0;}}
 }
 if(\\本站点\下罐液位>10&&\\本站点\下罐液位<=40)
 {\\本站点\下罐排水阀=0;
  \\本站点\循环泵=0;
 if(\\本站点\循环泵==0)
 {\\本站点\次数=\\本站点\次数+1;
 if(\\本站点\次数==5)
 {\\本站点\循环泵阀=0;
  \\本站点\次数=0;}}
 if(\\本站点\上罐液位>=50)
 {\\本站点\上罐排水阀=1;
  \\本站点\下罐进水阀=0;
 }
 else
 {\\本站点\上罐排水阀=0;
  \\本站点\下罐进水阀=1;}
 }
 if(\\本站点\下罐液位>40&&\\本站点\下罐液位<=50)
 {\\本站点\下罐排水阀=0;
  \\本站点\循环泵=0;
  \\本站点\下罐进水阀=0;
  \\本站点\上罐排水阀=0;
 if(\\本站点\循环泵==0)
 {\\本站点\次数=\\本站点\次数+1;
 if(\\本站点\次数==5)
 {\\本站点\循环泵阀=0;
  \\本站点\次数=0;}}
 }
 if(\\本站点\下罐液位>50&&\\本站点\下罐液位<=90)
 {\\本站点\下罐进水阀=0;
  \\本站点\上罐排水阀=0;
 if(\\本站点\上罐液位>=80)
 {\\本站点\下罐排水阀=1;
  \\本站点\循环泵=0;
 if(\\本站点\循环泵==0)
```

```
{\\本站点\次数=\\本站点\次数+1;
if(\\本站点\次数==5)
{\\本站点\循环泵阀=0;
 \\本站点\次数=0;}}}
else
{\\本站点\下罐排水阀=0;
 \\本站点\循环泵阀=1;
if(\\本站点\循环泵阀==1)
{\\本站点\次数=\\本站点\次数+1;
if(\\本站点\次数==5)
{\\本站点\循环泵=1;
 \\本站点\次数=0;}}
 }
}
if(\\本站点\下罐液位>90)
{\\本站点\下罐进水阀=0;
 \\本站点\上罐排水阀=0;
 \\本站点\下罐排水阀=1;
 \\本站点\循环泵阀=1;
if(\\本站点\循环泵阀==1)
{\\本站点\次数=\\本站点\次数+1;
if(\\本站点\次数==5)
{\\本站点\循环泵=1;
 \\本站点\次数=0;}}
}
if(\\本站点\水罐温度>=90)
{\\本站点\一组电加热器=0;
 \\本站点\二组电加热器=0;
 \\本站点\三组电加热器=0;}
if(\\本站点\水罐温度<90&&\\本站点\水罐温度>70)
{\\本站点\一组电加热器=1;
 \\本站点\二组电加热器=0;
 \\本站点\三组电加热器=0;}
if(\\本站点\水罐温度<=70&&\\本站点\水罐温度>50)
{\\本站点\一组电加热器=1;
 \\本站点\二组电加热器=1;
 \\本站点\三组电加热器=0;}
if(\\本站点\水罐温度<=50)
{\\本站点\一组电加热器=1;
 \\本站点\二组电加热器=1;
 \\本站点\三组电加热器=1;}}
```

4.2.7 报警窗口的制作与调试

1. 报警窗口的制作

如果事先在“变量定义”时允许变量进行上下限报警，则运行中变量值超限后，组态王会自动将变量超限情况存储在报警缓冲区中，报警窗口可将报警缓冲区中的报警事件集中显示出来。下面为“水位控制系统”建立一个报警窗口。

(1) 在组态王开发系统中，单击“文件”→“新画面”菜单命令，则出现“新画面”对话框。

(2) 在“画面名称”中输入“水位控制系统报警画面”，“大小可变”，如图 4.26 所示，单击“确定”按钮，则新建立了一个报警画面。

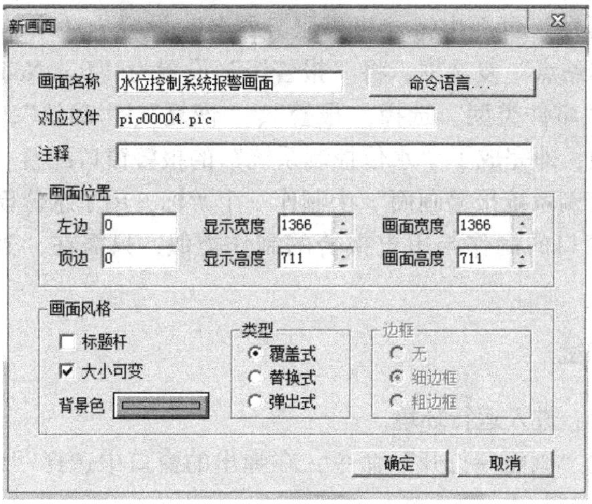

图 4.26 水位控制系统报警画面属性设置

(3) 单击“工具箱”中的“报警窗口”按钮，然后用鼠标在画面上拉出一个矩形，如图 4.27 所示。

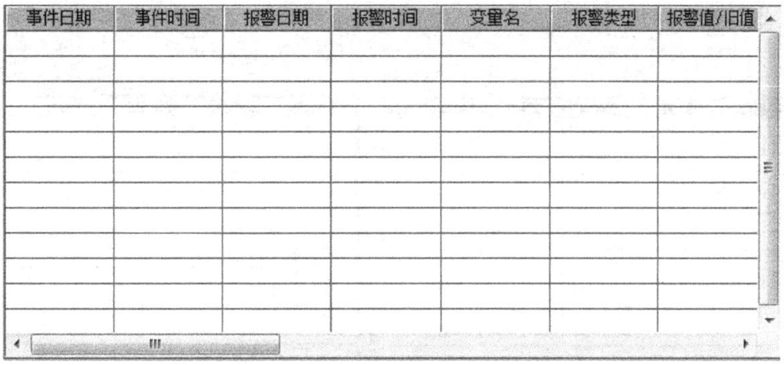

事件日期
事件时间
报警日期
报警时间
变量名
报警类型
报警值/旧值

图 4.27 报警窗口

(4) 双击新建的报警窗口，出现“报警窗口配置属性页”对话框。

(5) 在“通用属性”页面中将“报警窗口名”设置为“历史报警”；在“报警窗口名”下面的选项中选择“历史报警窗”如图 4.28 (a) 所示。

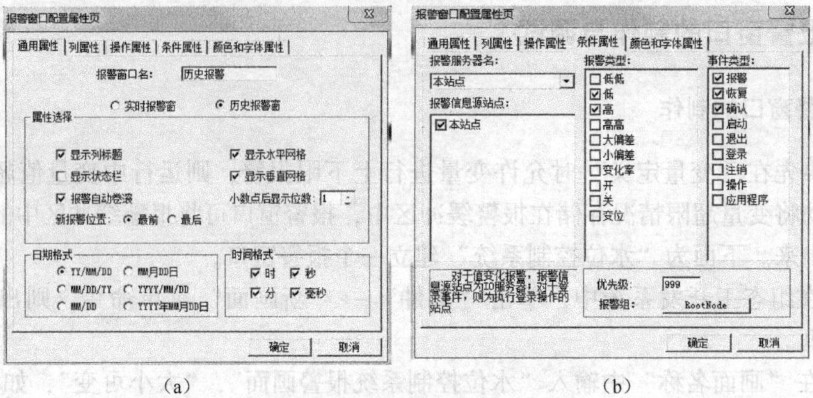

图 4.28　报警窗口配置属性设置

（6）在“条件属性”页面中将“报警服务器名”设置为“本站点”；选中“报警信息源站点”中的“本站点”复选框，将“报警组”设置为“RootNode”；“报警类型”选择“低”和“高”；“事件类型”选择“报警”、“恢复”、“确认”，如图（b）所示，最后单击“确定”按钮，即完成了“水位控制系统”的报警窗口配置。

（7）在“水位控制系统报警画面”中制作一个游标，用于水位模拟输入。

（8）实时报警窗口的制作与历史报警的制作类似，只需在“通用属性”页中选择“实时报警窗”即可。

2. 报警窗口的调试

（1）全部存盘后，进入运行环境。

（2）单击菜单栏“画面→打开”命令，在弹出的窗口中选择“水位控制系统报警画面”，单击“确定”按钮。

（3）在“水位监控系统报警画面”中操作游标，改变下罐液位大小，观察报警窗口中的显示是否能随之正确改变，报警效果如图 4.29 所示。（也可以切换到主画面改变下罐液位）

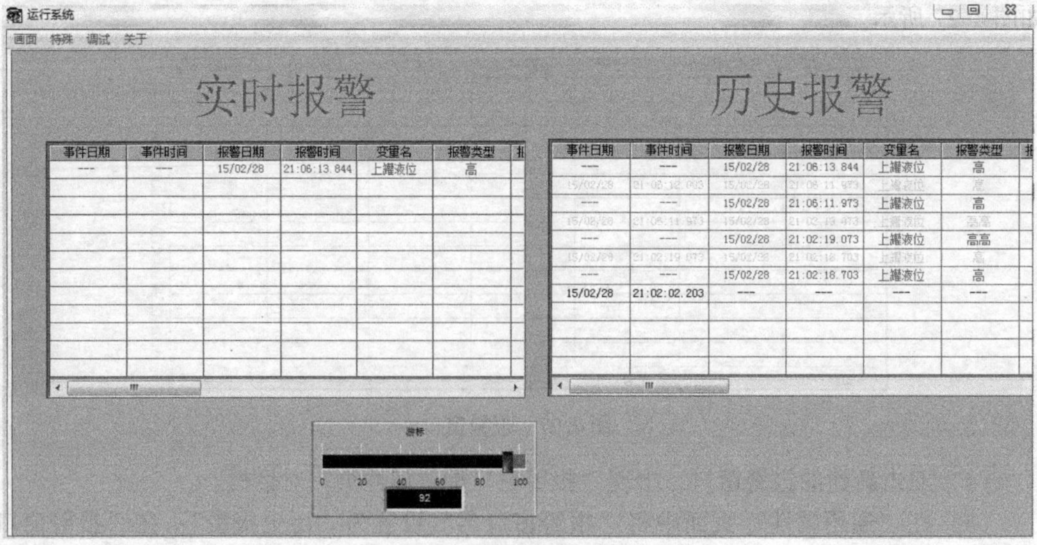

图 4.29　在运行环境下的报警效果

4.2.8　趋势曲线的制作与调试

组态王的实时数据和历史数据除了在画面中以值输出的方式和以报表形式显示外，还可以用曲线的形式显示。

趋势分析是控制软件必不可少的功能，“组态王”对该功能提供了强有力的支持和简单的控制方法。趋势曲线有实时趋势曲线和历史趋势曲线两种。曲线外形类似于坐标纸，X 轴代表时间，Y 轴代表变量值。对于实时趋势曲线最多可显示四条曲线；而历史趋势曲线最多可显示十六条曲线，而一个画面中可定义数量不限的趋势曲线（实时趋势曲线或历史趋势曲线）。在趋势曲线中工程人员可以规定时间间距，数据的数值范围，网格分辨率，时间坐标数目，数值坐标数目，以及绘制曲线的“笔”的颜色属性。画面程序运行时，实时趋势曲线可以自动卷动，以快速反应变量随时间的变化；历史趋势曲线不能自动卷动，它一般与功能按钮一起工作，共同完成历史数据的查看工作。这些按钮可以完成翻页、设定时间参数、启动/停止记录、打印曲线图等复杂功能。

1. 实时趋势曲线

（1）创建实时趋势曲线。

在组态王开发系统中制作画面时，选择“工具\实时趋势曲线”菜单命令或单击工具箱中的“实时趋势曲线”按钮，此时鼠标在画面中变为“十”字形，在画面中用鼠标画出一个矩形，实时趋势曲线就在这个矩形中绘出，如图 4. 30 所示。

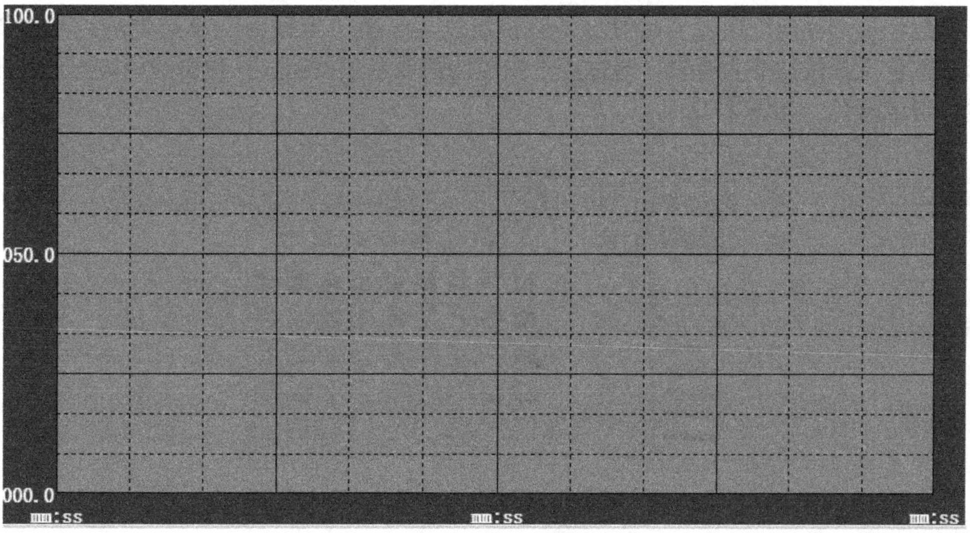

图 4. 30　实时趋势曲线

实时趋势曲线对象的中间有一个带有网格的绘图区域，表示曲线将在这个区域中绘出，网格左方和下方分别是 X 轴（时间轴）和 Y 轴（数值轴）的坐标标注。可以通过选中实时趋势曲线对象（周围出现 8 个小矩形）来移动位置或改变大小。在画面运行时实时趋势曲线对象由系统自动更新。

(2) 实时趋势曲线的属性。

用鼠标双击创建的实时趋势曲线，弹出“实时趋势曲线”属性对话框，如图 4.31 所示。

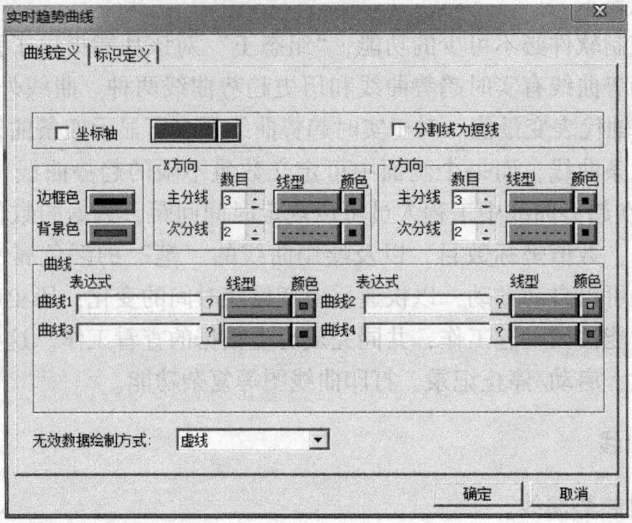

图 4.31　定义实时趋势曲线

属性对话框中各项含义如下：

① 曲线定义选项卡中各项的含义如下。

坐标轴：选择曲线图表坐标轴的线形和颜色。选择“坐标轴”复选框后，坐标轴的线形和颜色选择按钮变为有效，通过点击线形按钮或颜色按钮，在弹出的列表中选择坐标轴的线形或颜色，如图 4.32 所示。

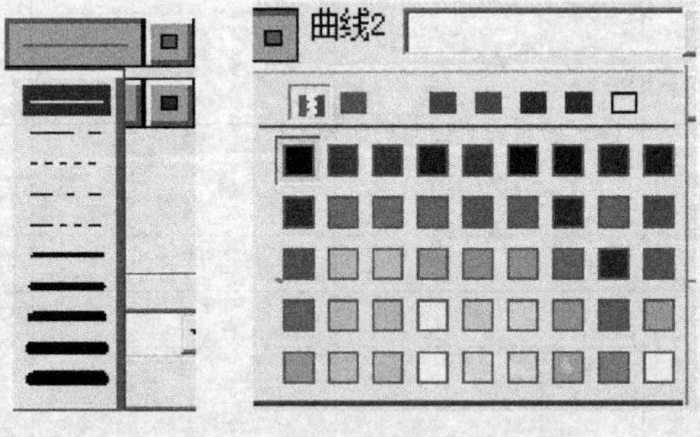

图 4.32　选择曲线图表坐标轴的线形和颜色图

用户可以根据图表绘制需要，选择是否显示坐标轴，如图 4.33 所示，为不显示坐标轴和显示坐标轴的结果。

分割线为短线：选择分割线的类型。选中此项后在坐标轴上只有很短的主分割线，整个图纸区域接近空白状态，没有网格，同时下面的“次分割线”选择项变灰，图表上不显示次分割线。如图 4.34 所示为分割线正常显示和分割线为短线的显示结果。

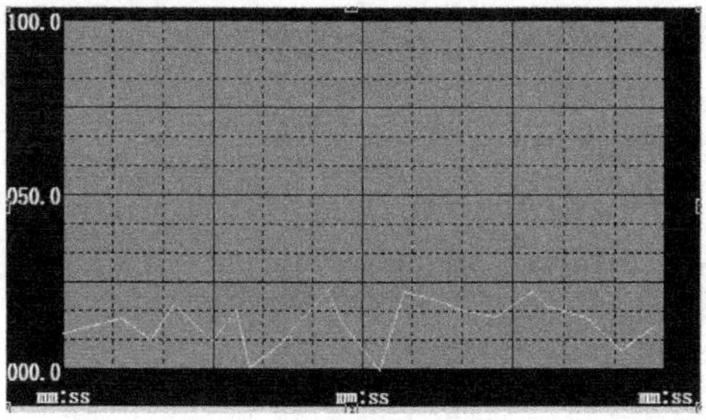

无坐标轴

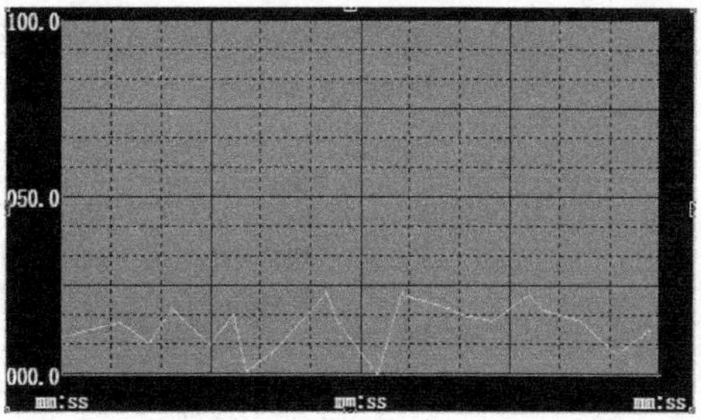

有坐标轴

图 4.33　不显示坐标轴和显示坐标轴的图表

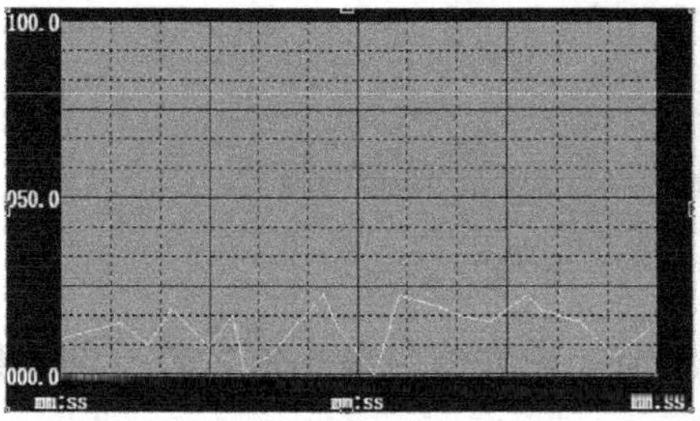

分割线正常

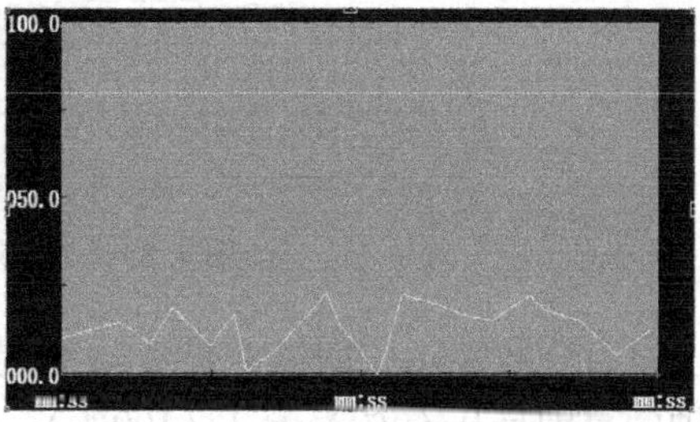

分割线为短线

图 4.34　分割线正常显示和分割线为短线显示

边框色、背景色：分别规定绘图区域的边框和背景（底色）的颜色。按动这两个按钮的方法与坐标轴按钮类似，弹出的浮动对话框也与之大致相同。

X 方向、Y 方向：X 方向和 Y 方向的主分割线将绘图区划分成矩形网格，次分割线将再次划分主分割线划分出来的小矩形。这两种线都可改变线型和颜色。分割线的数目可以通过小方框右边"加减"按钮增加或减小，也可通过编辑区直接输入。工程人员可以根据实时趋势曲线的大小决定分割线的数目，分割线最好与标识定义（标注）相对应。

曲线：定义所绘的 1 ~4 条曲线 Y 坐标对应的表达式，实时趋势曲线可以实时计算表达式的值，所以它可以使用表达式。实时趋势曲线名的编辑框中可输入有效的变量名或表达式，表达式中所用变量必须是数据库中已定义的变量。右边的"?"按钮可列出数据库中已定义的变量或变量域供选择。每条曲线可通过右边的线型和颜色按钮来改变线型和颜色。在定义曲线属性时，至少应定义一条曲线变量。

无效数据绘制方式：在系统运行时对于采样到的无效数据（如变量质量戳≠192）的绘制方式选择。可以选择三种形式：虚线、不画线和实线。

② 标识定义选项卡，如图 4.35 所示。

标识 X 轴—时间轴、标识 Y 轴—数值轴：选择是否为 X 或 Y 轴加标识，即在绘图区域的外面用文字标注坐标的数值。如果此项选中，左边的检查框中有小叉标记，同时下面定义相应标识的选择项也由无效变为有效。

数值轴（Y 轴）定义区：因为一个实时趋势曲线可以同时显示 4 个变量的变化，而各变量的数值范围可能相差很大，为使每个变量都能表现清楚，"组态王"中规定，变量

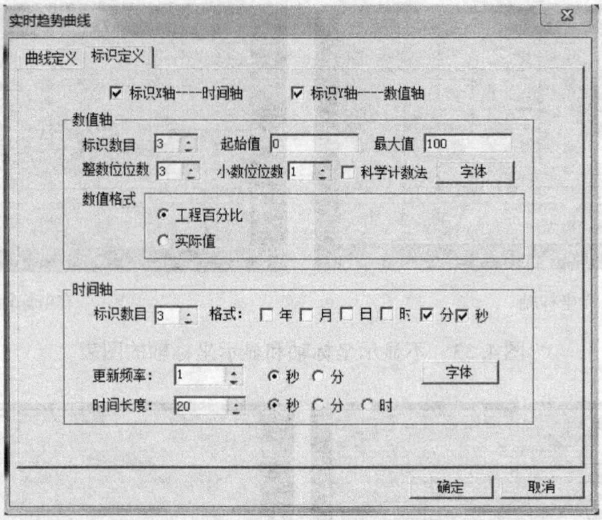

图 4.35 “标识定义”选项卡

在 Y 轴上以百分数表示，即以变量值与变量范围（最大值与最小值之差）的比值表示。所以 Y 轴的范围是 0（0%）至 1（100%）。

标识数目：数值轴标识的数目，这些标识在数值轴上等间隔分布。

起始值：曲线图表上纵轴显示的最小值。如果选择“数值格式”为“工程百分比”，规定数值轴起点对应的百分比值，最小为 0。如果选择“数值格式”为“实际值”，则可输入变量的最小值。

最大值：曲线图表上纵轴显示的最大值。如果选择“数值格式”为“工程百分比”，规定数值轴终点对应的百分比值，最大为 100。如果选择“数值格式”为“实际值”，则可输入变量的最大值。

整数位位数：数值轴最少显示整数的位数。

小数位位数：数值轴最多显示小数点后面的位数。

科学计数法：数值轴坐标值超过指定的整数和小数位数时用科学计数法显示。

字体：规定数值轴标识所用的字体。可以弹出 Windows 标准的字体选择对话框。

数值格式：

工程百分比：数值轴显示的数据是百分比形式。

实际值：数值轴显示的数据是该曲线的实际值。

时间轴定义区：

标识数目：时间轴标识的数目，这些标识在数值轴上等间隔分布。在组态王开发系统中时间是以 yy：mm：dd：hh：mm：ss 的形式表示，在 TouchVew 运行系统中，显示实际的时间。

格式：时间轴标识的格式，选择显示哪些时间量。

更新频率：图表采样和绘制曲线的频率。最小 1 秒。运行时不可修改。

时间长度：时间轴所表示的时间跨度。可以根据需要选择时间单位——秒、分、时，最小跨度为 1 秒，每种类型单位最大值为 8000。

字体：规定时间轴标识所用的字体。与数值轴的字体选择方法相同。

2. 历史趋势曲线

组态王提供三种形式的历史趋势曲线：

第一种是从图库中调用已经定义好各功能按钮的历史趋势曲线，对于这种历史趋势曲线，用户只需要定义几个相关变量，适当调整曲线外观即可完成历史趋势曲线的复杂功能，这种形式使用简单方便；该曲线控件最多可以绘制 8 条曲线，但该曲线无法实现曲线打印功能。

第二种是调用历史趋势曲线控件，对于这种历史趋势曲线，功能很强大，使用比较简单。通过该控件，不但可以实现组态王历史数据的曲线绘制，还可以实现工业库中历史数据的曲线绘制、ODBC 数据库中记录数据的曲线绘制。在运行状态下，可以实现在线动态增加/删除曲线、曲线图表的无级缩放、曲线的动态比较、曲线的打印等等。

第三种是从工具箱中调用历史趋势曲线，对于这种历史趋势曲线，用户需要对曲线的各个操作按钮进行定义，即建立命令语言连接才能操作历史曲线，对于这种形式，用户使用时自主性较强，能做出个性化的历史趋势曲线；该曲线控件最多可以绘制 8 条曲线，该曲线无法实现曲线打印功能。

无论使用哪一种历史趋势曲线，都要进行相关配置，主要包括变量属性配置和历史数据文件存放位置配置。

（1）与历史趋势曲线有关的其他必配置项

① 定义变量范围。

由于历史趋势曲线数值轴显示的数据是以百分比来显示的，因此对于要以曲线形式来显示的变量需要特别注意变量的范围。如果变量定义的范围很大，例如 -999999 ~ +999999，而实际变化范围很小，例如 -0.0001 ~ +0.0001，这样，曲线数据的百分比数值就会很小，在曲线图表上就会出现看不到该变量曲线的情况。关于变量范围的定义如图 4.36 所示。

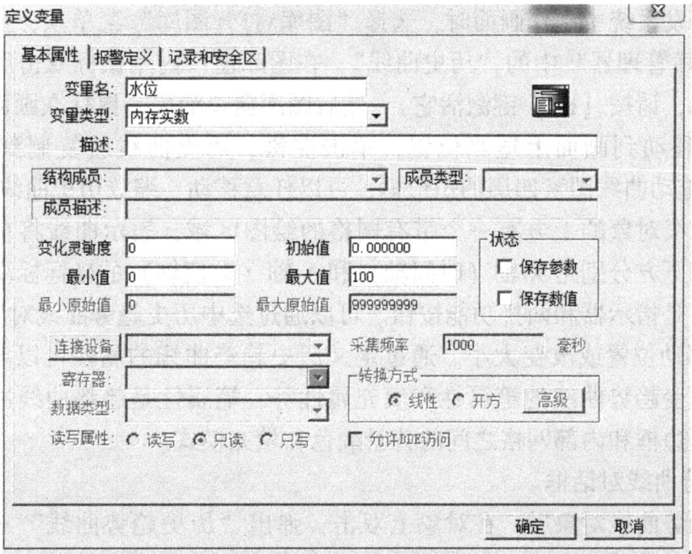

图 4.36　定义变量范围

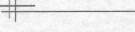

② 对某变量作历史记录。

对于要以历史趋势曲线形式显示的变量，都需要对变量作记录。在组态王工程浏览器中单击“数据库”项，再选择“数据词典”项，选中要作历史记录的变量，双击该变量，则弹出“定义变量”对话框，如图 4. 37 所示。

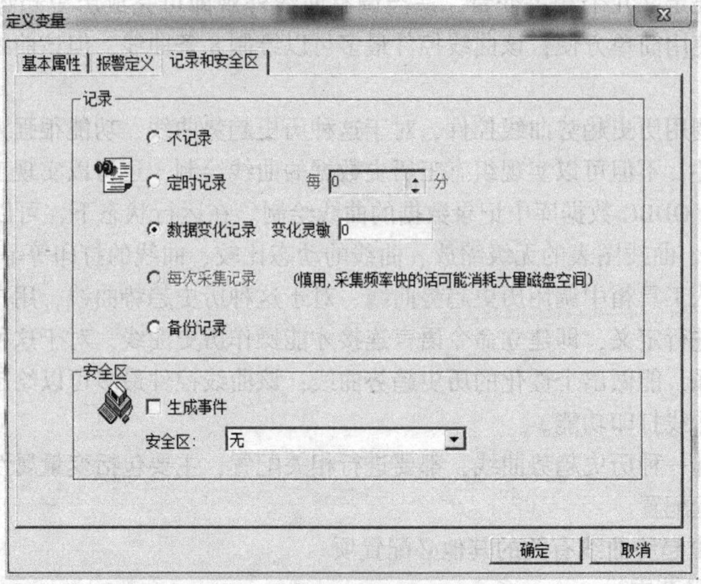

图 4. 37 “定义变量”对话框

选中“记录和安全区”选项卡，选择变量记录的方式。变量记录的两种方式的具体含义和使用注意事项请参见第 5 章“变量定义和管理”。

(2) 通用历史趋势曲线。

① 历史趋势曲线的定义。

在组态王开发系统中制作画面时，选择“图库\打开图库”菜单项，弹出“图库管理器”，单击“图库管理器”中的“历史曲线”，在图库窗口内用鼠标双击历史曲线（如果图库窗口不可见，请按【F2】键激活它），然后图库窗口消失，鼠标在画面中变为直角符号“┌”，鼠标移动到画面上适当位置，单击左键，历史曲线就复制到画面上了，如图 4. 38 所示。拖动曲线图素四周的矩形柄，可以任意移动、缩放历史曲线。

历史趋势曲线对象的上方有一个带有网格的绘图区域，表示曲线将在这个区域中绘出，网格左方和下方分别是 X 轴（时间轴）和 Y 轴（数值轴）的坐标标注。

曲线的下方是指示器和两排功能按钮。可以通过选中历史趋势曲线对象（周围出现 8 个小矩形）来移动位置或改变大小。通过定义历史趋势曲线的属性可以定义曲线、功能按钮的参数、改变趋势曲线的笔属性和填充属性等，笔属性是趋势曲线边框的颜色和线型，填充属性是边框和内部网格之间的背景颜色和填充模式。

② 历史趋势曲线对话框。

生成历史趋势曲线对象后，在对象上双击，弹出“历史趋势曲线”对话框。历史趋势曲线对话框由“曲线定义”、“坐标系”和“操作面板和安全属性”三个属性组成，如图 4. 39 所示。

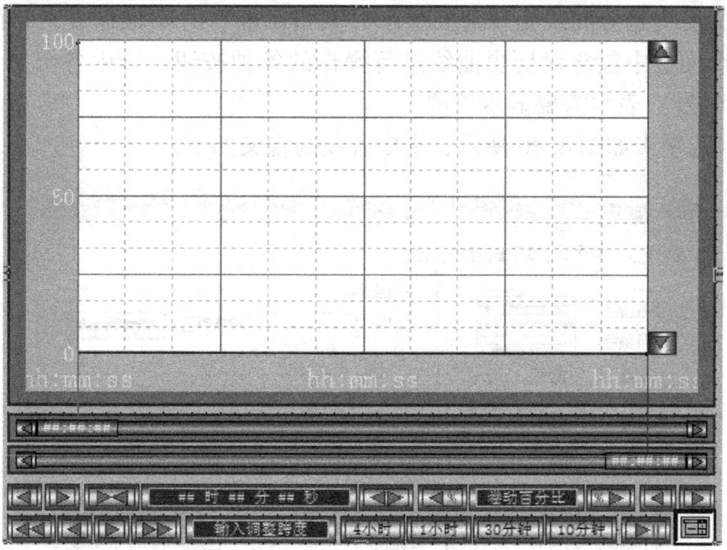

图 4.38　历史趋势曲线

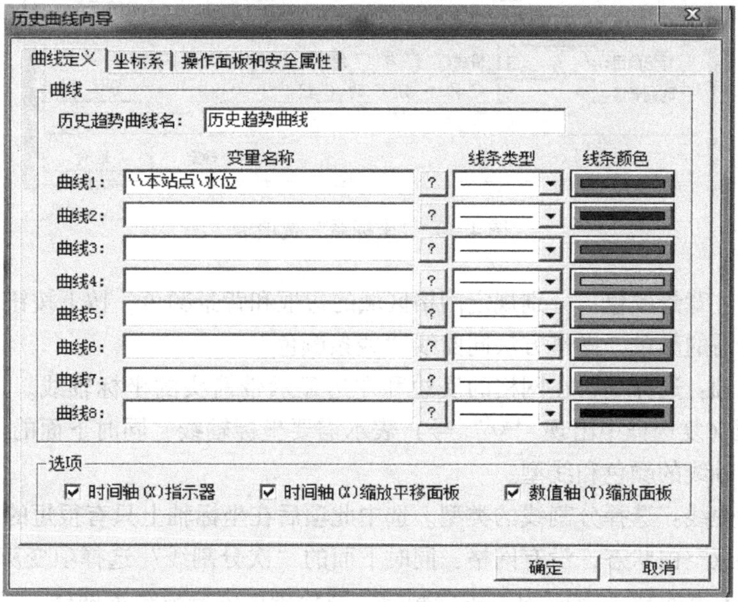

图 4.39 “历史曲线向导”对话框

“曲线定义”选项卡中各项的含义如下。

历史趋势曲线名：定义历史趋势曲线在数据库中的变量名（区分大小写），引用历史趋势曲线的各个域和使用一些函数时需要此名称。

曲线 1 ~ 曲线 8：定义历史趋势曲线绘制的 8 条曲线对应的数据变量名。数据变量名必须是在数据库中已定义的变量，不能使用表达式和域，并且定义变量时在“变量属性”对话框中选中了“是否记录”复选框，因为“组态王”只对这些变量作历史记录。单击右边的“?”按钮可列出数据库中已定义的变量供选择。每条曲线可由右边的“线条类型”和“线条颜色”选择按钮分别选择线型和线条颜色。

选项：定义历史趋势曲线是否需要显示时间指示器、时间轴缩放平移面板和Y轴缩放面板。这三个面板中包含对历史曲线进行操作的各种按钮。选中各个复选框时（复选框中出现“√”号）表示需要显示该项。

“坐标系”选项卡如图4.40所示，卡中各项的含义如下。

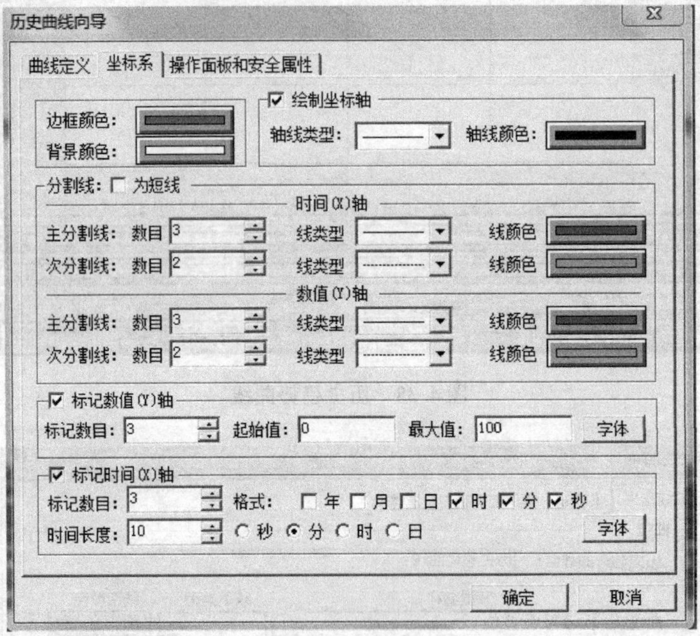

图4.40 “坐标系”选项卡

边框颜色、背景颜色：分别规定网格区域的边框和背景颜色。按下按钮，弹出浮动调色板，选择所需的颜色，操作方法同曲线“线条颜色”。

绘制坐标轴：选择是否在网格的底边和左边显示带箭头的坐标轴线。选中“绘制坐标轴”复选框（复选框中出现“√”号）表示需要坐标轴线，同时下面的“轴线”按钮加亮，可选择轴线的颜色和线型。

分割线为短线：选择分割线的类型。选中此项后在坐标轴上只有很短的主分割线，整个图纸区域接近空白状态，没有网格，同时下面的“次分割线”选择项变灰。

分割线：X方向和Y方向的“主分割线”将绘图区划分成矩形网格，“次分割线”将再次划分主分割线划分成的小矩形。这两种线都可通过“属性”按钮选择各自分割线的颜色和线型。分割线的数目可以通过小方框右边的“加减”按钮增加或减小，也可通过编辑区直接输入。工程人员可以根据历史趋势曲线的大小决定分割线的数目，分割线最好与标识定义（标注）相对应。

标识X轴—时间轴、标识Y轴—数值轴：选择是否为X或Y轴加标识，即在绘图区域的外面用文字标注坐标的数值。如果此项选中，左边的复选框中出现“√”号，同时下面定义相应标识的选择项也由灰变加亮。

数值轴（Y轴）定义区：因为一个历史趋势曲线可以同时显示8个变量的变化，而各变量的数值范围可能相差很大，为使每个变量都能表现清楚，“组态王”中规定，变量在 Y 轴上以百分数表示，即以变量值与变量范围（最大值与最小值之差）的比值表示。所以 Y 轴的范围是 0（0%）至 1（100%）。

标识数目：数值轴标识的数目，这些标识在数值轴上等间隔设置。

起始值：规定数值轴起点对应的百分比值，最小为 0。

最大值：规定数值轴终点对应的百分比值，最大为 100。

字体：规定数值轴标识所用的字体。可以弹出 Windows 标准的字体选择对话框，相应的操作工程人员可参阅 Windows 的操作手册。

时间轴（X 轴）定义区：

标识数目：时间轴标识的数目，这些标识在数值轴上等间隔。在组态王开发系统制作系统中时间是以 yy：mm：dd：hh：mm：ss 的形式表示，在 TouchVew 运行系统中，显示实际的时间。

格式：时间轴标识的格式，选择显示哪些时间量。

时间长度：时间轴所表示的时间范围。运行时通过定义命令语言连接来改变此值。

字体：规定时间轴标识所用的字体。与数值轴的字体选择方法相同。

“操作面板和安全属性”选项卡如图 4.41 所示，各选项的含义如下。

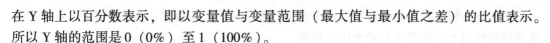

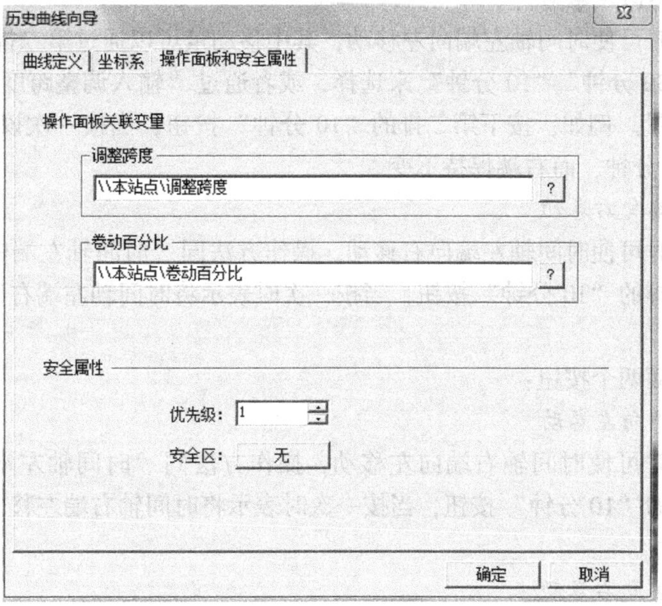

图 4.41 “操作面板和安全属性”选项卡

操作面板关联变量：定义 X 轴（时间轴）缩放平移的参数，即操作按钮对应的参数。包括调整跨度和卷动百分比。

调整跨度：历史趋势曲线可以向左或向右平移一个时间段，利用该变量来改变平移时间段的大小。该变量是一个整型变量，需要预先在数据词典中定义。

卷动百分比：历史趋势曲线的时间轴可以左移或右移一个时间百分比，百分比是指移动量与趋势曲线当前时间轴长度的比值，利用该变量来改变该百分比的值大小。该变量是一个整型变量，需要预先在数据词典中定义。

对于调整跨度和卷动百分比这两个变量，用户只需要在数据词典中定义好，在历史曲线的操作按钮上已经建立好命令语言连接。

（3）历史趋势曲线操作按钮。

因为画面运行时不自动更新历史趋势曲线图表，所以需要为历史趋势曲线建立操作按钮，时间轴缩放平移面板就是提供一系列建立好命令语言连接的操作按钮，完成查看功能，如图 4. 42 所示。

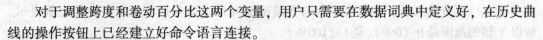

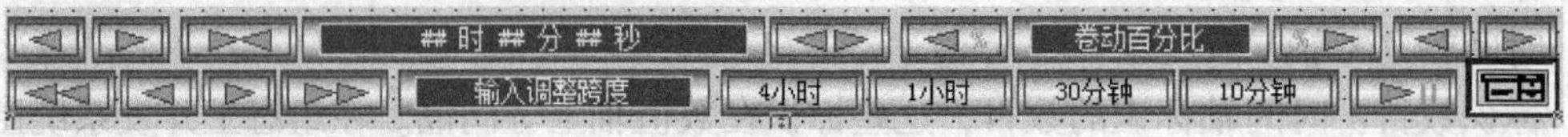

图 4. 42　操作按钮

操作按钮的详细功能说明如下：

① 时间轴单边卷动按钮。

其作用是单独改变使趋势曲线左端或右端的时间值。

第一排最前面两个按钮：

● *时间轴左端向左卷动*

按下该按钮时可使时间轴左端向左移动，其中移动量可以通过第二排操作按钮“4 小时”“1 小时”“30 分钟”“10 分钟”来选择，或者通过“输入调整跨度”按钮（单位为秒）输入该移动量。例如，按下第二排的“10 分钟”按钮，当按一次该按钮时表示将时间轴左端左移 10 分钟，而右端保持不变。

● *时间轴左端向右卷动*

按下该按钮时可使时间轴左端向右移动，操作方法同“时间轴左端向左卷动”类似，例如，按下第二排的“10 分钟”按钮，当按一次时表示将时间轴左端右移 10 分钟，而右端保持不变。

第一排最后面两个按钮：

● *时间轴右端向左卷动*

按下该按钮时可使时间轴右端向左移动，操作方法同“时间轴左端向左卷动”，例如，按下第二排的“10 分钟”按钮，当按一次时表示将时间轴右端左移 10 分钟，而左端保持不变。

● *时间轴右端向右卷动*

按下该按钮时可使时间轴右端向右移动，操作方法同“时间轴左端向左卷动”，例如，按下第二排的“10 分钟”按钮，当按一次时表示将时间轴右端右移 10 分钟，而左端保持不变。

② 时间轴平动按钮：其作用是使趋势曲线的左端和右端同时左移或右移。

第二排前面四个按钮：

● *时间轴向左平移*

按下该按钮时可使时间轴左右两端同时向左移动，其中移动量可以通过第二排操作按钮“4 小时”“1 小时”“30 分钟”“10 分钟”来选择，或者通过“输入调整跨度”按钮（单位为秒）输入该移动量。例如，按下第二排的“10 分钟”按钮，当按一次时表示将时间轴左右两端同时左移 10 分钟。

● 时间轴向右平移

按下该按钮时可使时间轴左右端同时向右移动，操作方法同“时间轴向左平移”，例如，按下第二排的“10 分钟”按钮，当按一次时表示将时间轴左右端同时右移 10 分钟。

● 时间轴向左平移两倍

按下该按钮时可使时间轴左右两端同时向左移动，其中移动量是选择或输入的移动量的两倍，例如，按下第二排的“10 分钟”按钮，当按一次时表示将时间轴左右端同时左移 20 分钟。

● 时间轴向右平移两倍

按下该按钮时可使时间轴左右两端同时向右移动，其中移动量是选择或输入的移动量的两倍，例如，按下第二排的“10 分钟”按钮，当按一次时表示将时间轴左右端同时右移 20 分钟。

③ 时间轴百分比平移按钮：其作用是使趋势曲线的时间轴左移或右移一个百分比，百分比是指移动量与趋势曲线当前时间轴长度的比值。比如移动前时间轴的范围是 12：00～14：00，时间长度 120 分钟，左移 10% 即 12 分钟后，时间轴变为 11：48～13：48。

第一排第六——八个按钮

● 百分比卷动量输入

按下该按钮弹出百分比卷动量输入对话框，百分比卷动量最小值 0，最大值 100。

● 时间轴百分比左移

按下该按钮可将时间轴两端同时左移一个百分比，百分比量通过“卷动百分比”按钮输入，例如，输入 10，表示卷动 10%，当按一次时表示将时间轴两端同时左移 10%。

● 时间轴百分比右移

按下该按钮可将时间轴两端同时右移一个百分比，百分比量通过“卷动百分比”按钮输入，例如，输入 10，表示卷动 10%，当按一次时表示将时间轴两端同时右移 10%。

④ 跨度调整和输入按钮：选择或输入调整跨度量。

第二排第五——九个按钮：

● 输入“调整跨度”按钮

按下该按钮弹出历史调整跨度输入对话框，输入调整跨度时间（以秒为单位），例如，输入 7200，表示时间调整跨度是 2 小时。

按下该按钮时调整跨度即设置为 4 小时，按钮按下时呈白色。

按下该按钮时调整跨度即设置为 1 小时，按钮按下时呈白色。

按下该按钮时调整跨度即设置为 30 分钟，按钮按下时呈白色。

按下该按钮时调整跨度即设置为 10 分钟，按钮按下时呈白色。

⑤ 时间轴缩放按钮：建立时间轴上的缩放按钮是为了快速、细致地查看数据的变化。缩放按钮用于放大或缩小时间轴上的可见范围。

第一排第三——五个按钮

时间轴量程显示：显示时间轴的量程。

● 缩小按钮

将时间轴的量程缩小到左右指示器之间的长度。若左右指示器已在窗口两端，则量程缩小一半。

● 放大按钮

将时间轴的量程增加一倍。

⑥ 时间轴操作面板其他按钮：

● 时间更新按钮

将历史曲线时间轴的右端设置为当前时间，以查看最新数据。

● 参数设置按钮

在软件运行时设置记录参数，包括记录起始时间、记录长度等。

下面建立“水位控制系统”的实时曲线和历史曲线。

1. 实时趋势曲线的制作

（1）在组态王开发系统中，单击“文件”→“新画面”菜单命令，出现“新画面”对话框。

（2）在“画面名称”中输入“水位控制系统实时曲线”，“大小可变”，单击“确定”按钮，则新建立了一个实时趋势曲线画面。

（3）在“工具箱”中单击“实时趋势曲线”按钮，将鼠标移动到画面上，拖拉出一个适当大小的矩形框，如图 4. 43 所示。

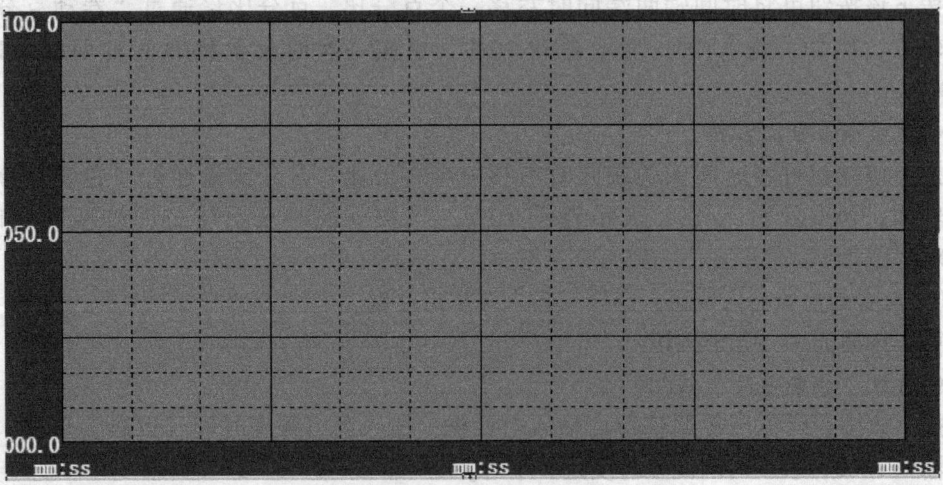

图 4. 43 实时趋势曲线

（4）双击该矩形框，出现“实时趋势曲线”对话框，在“曲线定义”页，将“曲线1”的表达式设置为“\\本站点\水罐温度”，颜色为红色；将“曲线 2”的表达式设置为“\\本站点\上罐液位”，颜色为绿色；将“曲线 3”的表达式设置为“\\本站点\下罐液位”，颜色为蓝色；将“曲线 4”的表达式设置为“\\本站点\循环泵”，颜色为粉色，如图 4. 44（a）所示。

在“标识定义”选项卡中，设置标识 X 轴，标识 Y 轴，时间长度 20s，如图 4. 44（b）

所示。

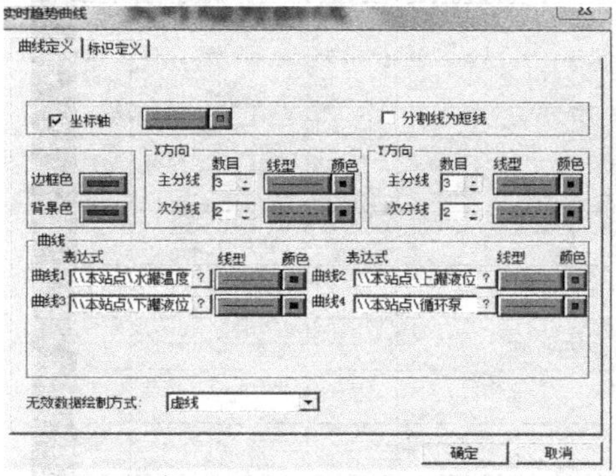

（a）

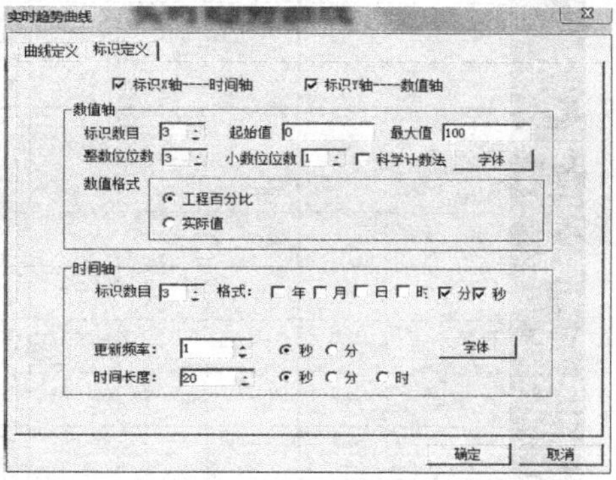

（b）

图 4.44 “实时曲线”的配置

（5）在“水位控制系统实时曲线”画面中制作一个游标，用于水位模拟输入，制作完成后的画面如图 4.45 所示。

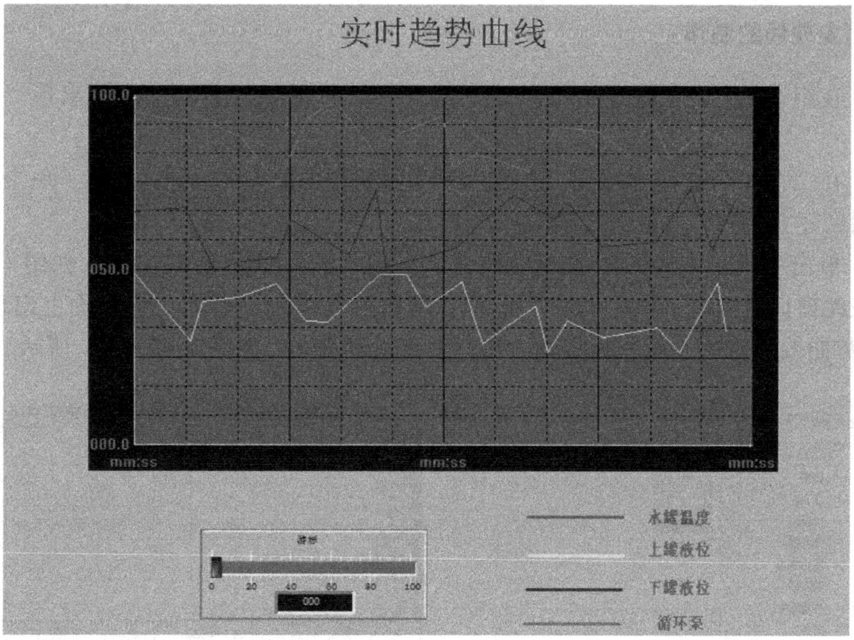

图 4.45 制作完成后的“水位控制系统实时曲线”画面

2. 实时曲线的调试

（1）全部存盘后，进入运行环境。

（2）单击菜单栏中的“画面→打开”命令，在弹出的窗口中选择“水位控制系统实时曲线”，单击“确定”按钮。

（3）在“水位控制系统实时曲线”画面中操作游标，改变水位大小，观察实时曲线的显示是否能随之正确改变，显示效果如图 4.46 所示。

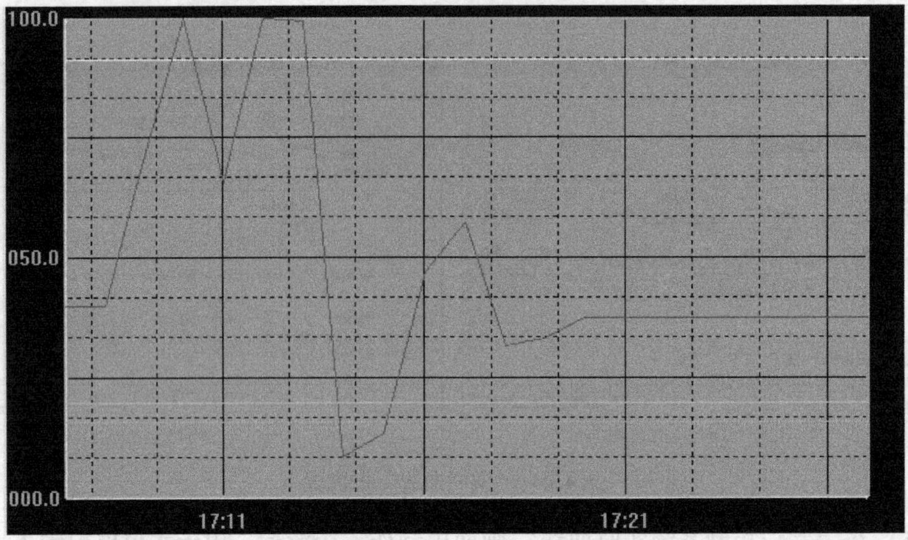

图 4.46　运行环境下的实时曲线显示

3. 历史曲线的制作

（1）在组态王开发系统中，单击“文件”→“新画面”菜单命令，出现“新画面”对话框。

（2）在“画面名称”中输入“水位控制系统历史曲线”，“大小可变”，单击“确定”按钮，则新建立了一个历史曲线画面。

（3）单击工具箱中的图库管理器按钮，出现“图库管理器”窗口，如图 4.47（a）所示，在此窗口中选中“历史曲线”图标，双击后在画面上单击，则画面上出现了一个“历史趋势曲线”对象，用鼠标将其大小调整到适当大小，如图 4.47（b）所示。

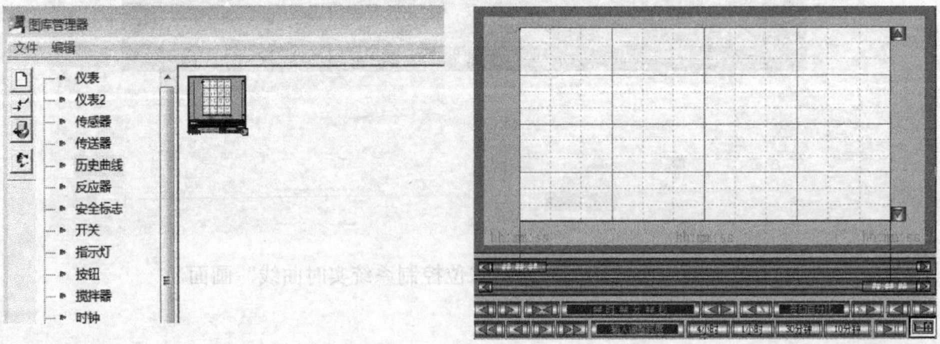

（a）　　（b）

图 4.47　利用“图库”制作的历史曲线

此历史趋势曲线需要有两个变量来协助完成操作面板的操作。

（4）进入工程浏览器，新建两个内存实数变量：“调整跨度”和“卷动百分比”，其中“调整跨度”的最大值为“99999”，初始值为“60”；“卷动百分比”的最大值为

"100"，初始值为"50"；两个变量均选中"保存数值"选项。

（5）回到组态王开发系统中，双击刚才建立的"历史趋势曲线"对象，出现"历史曲线向导"，在"曲线定义"选项卡中，"历史趋势曲线名"设置为"水位控制系统历史趋势"，"曲线1"的变量名称设置为"\\本站点\水罐温度"，颜色为红色；将"曲线2"的变量名称设置为"\\本站点\上罐液位"，颜色为绿色；将"曲线3"的变量名称设置为"\\本站点\下罐液位"，颜色为蓝色；将"曲线4"的变量名称设置为"\\本站点\循环泵"，颜色为粉色，如图4.48（a）所示。

（6）单击"坐标系"选项卡，设置"时间长度"为10分钟，字体颜色为红色，如图4.48（b）所示。

（7）单击"操作面板和安全属性"选项卡，将"操作面板关联变量"中的"调整跨度"设置为"\\本站点\调整跨度"，"卷动百分比"设置为\\本站点\卷动百分比，如图4.48（c）所示。

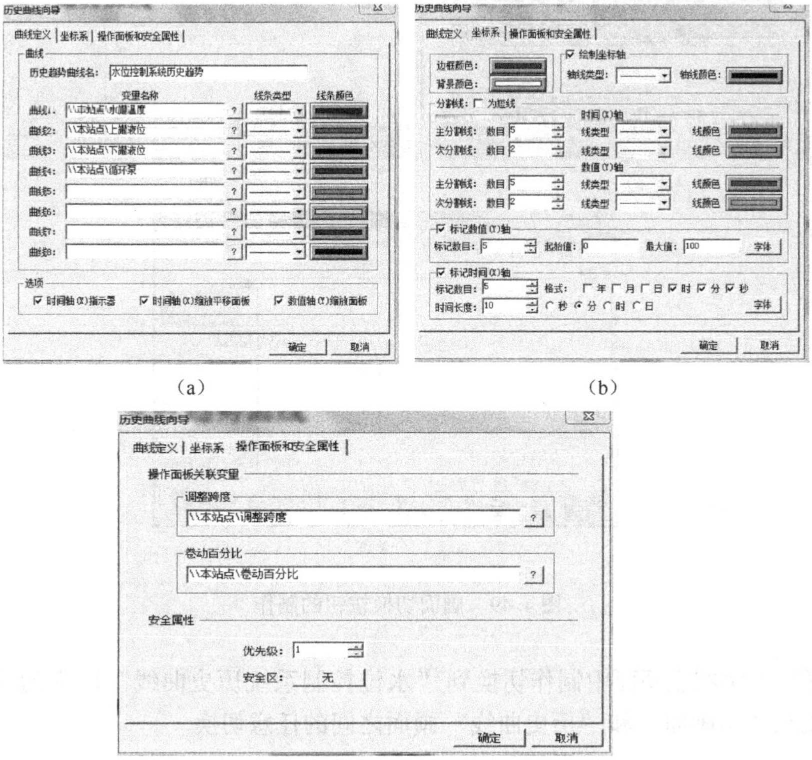

图4.48 历史曲线的配置

（8）为了能够与其他画面之间进行切换，在"水位控制系统历史曲线"画面中制作一个按钮，右键单击按钮，再单击"字符串替换"进入"按钮属性"对话框，将按钮文本中的"文本"改为画面名称，例如"主画面"，单击"确定"按钮，此时，该按钮上显示"主画面"三个字，如图4.49（a）所示；双击"主画面"按钮，进入"动画连接"对话框，单击"弹起时"进入"命令语言"对话框，单击"全部函数"进入"选择函数”对话框，如图 4.49（b）所示；选择函数“ShowPicture”。

单击“确定”按钮，回到“命令语言”对话框，如图 4.49（b）所示，将命令语言中的“PictureName”改为要切换的画面名称；画面名称可以在图 4.40（b）中右侧画面名称中获得，单击“画面名称”，再单击画面名称下面的“水位控制系统主画面”，将“PictureName”改为“水位控制系统主画面”，如图 4.49（c）所示。单击“确定”按钮，回到“动画连接”对话框，再单击“确定”按钮，完成切换“主画面”按钮的制作。

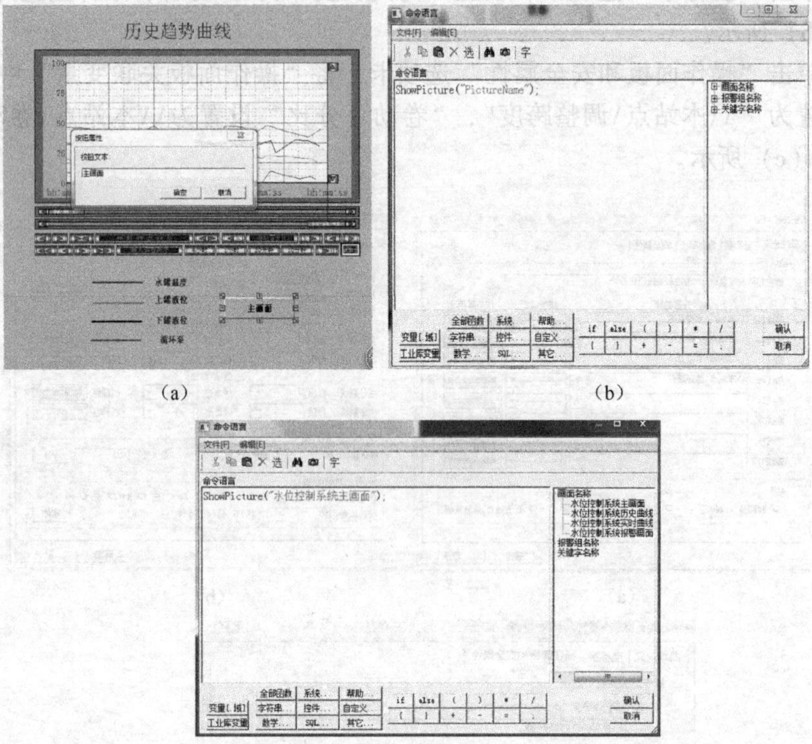

图 4.49　画面切换按钮的制作

用同样的方法在主画面中制作切换到“水位控制系统历史曲线”画面的按钮，这样就可以完成在“主画面”和“历史曲线”画面之间的任意切换。

4. 历史曲线的调试

（1）全部存盘后，进入运行环境。

（2）单击菜单栏中的“画面→打开”命令，在弹出的窗口中选择“水位控制系统历史曲线”，单击“确定”按钮。

（3）在“水位控制系统历史曲线”画面中操作其上自带的各种操作按钮，可改变曲线的起始时间、终点时间，观察不同阶段的参数变化情况。

（4）单击“主画面”按钮，观察画面切换情况。显示效果如图 4.50 所示。

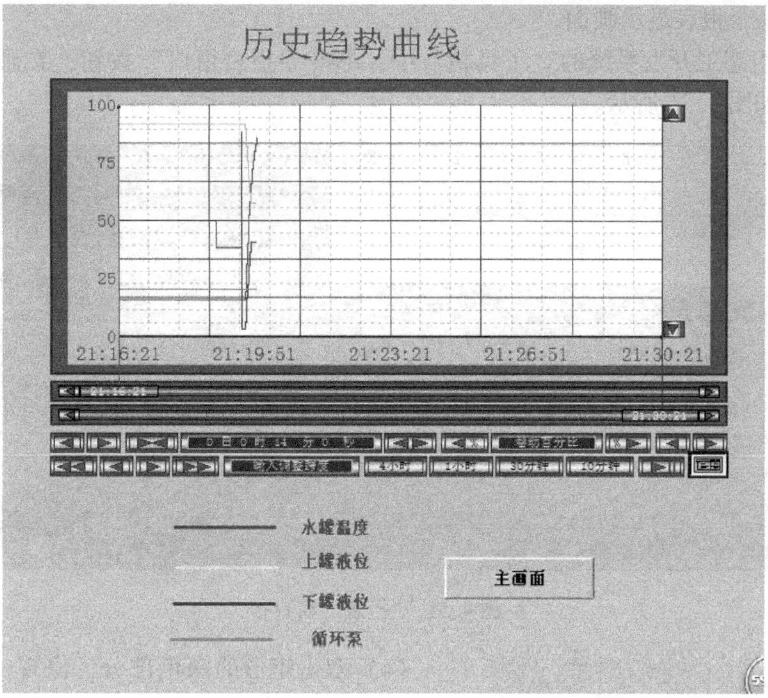

图 4.50 运行环境下的历史趋势曲线

4.2.9 报表的制作与调试

1. 数据报表介绍

数据报表是生产过程中不可缺少的一个部分，它能够反映出生产过程的实时情况，也能够反映出长期的生产过程状况，使得管理人员可以通过对报表的分析，更好地对生产进行优化。

现在我们制作一个“下罐液位”的日报表，此报表每天 23 时 00 分 00 秒打印一次，打印过去 24 小时内每隔 2 个小时的液位数据（也就是从当天凌晨 00:00:00 到当天晚上 22:00:00 的 12 个数据）。

2. 报表制作过程

为了能够在程序中生成报表，对每 2 个小时的液位情况进行报表打印输出，需要建立 12 个内存实数变量（水位 1、水位 2、……、水位 12），存储 24 个小时的水位数值（每 2 个小时一个数值），12 个水位的变量类型为“内存实数”，最大值为 100，选中“保存数值”复选框。

为了确定报表是否已经被打印输出，需要增加一个内存离散变量“已经打印”。

（1）在组态王开发系统中，单击“文件”→“新画面”菜单命令，出现“新画面”对话框。

（2）在“画面名称”中输入“下罐液位报表”，“大小可变”，单击“确定”按钮，则新建立了一个报表显示画面。

（3）在组态王开发系统的“工具箱”中，单击“报表窗口”按钮，在画面上拖拉出一个矩形，如图 4. 51 所示。

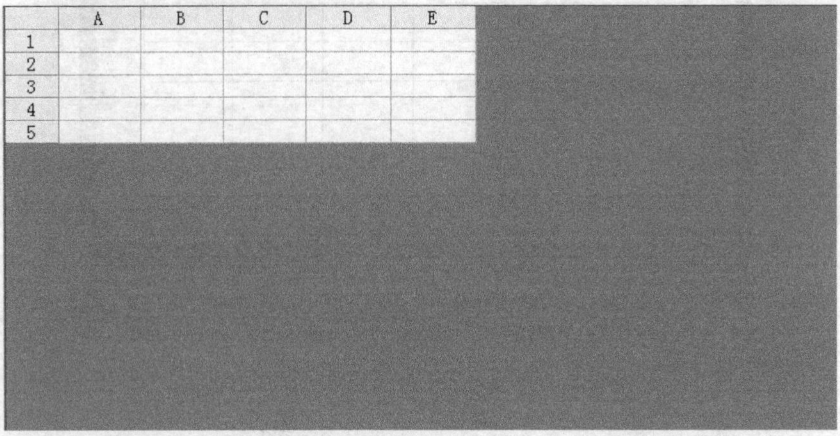

图 4. 51 “报表“窗口

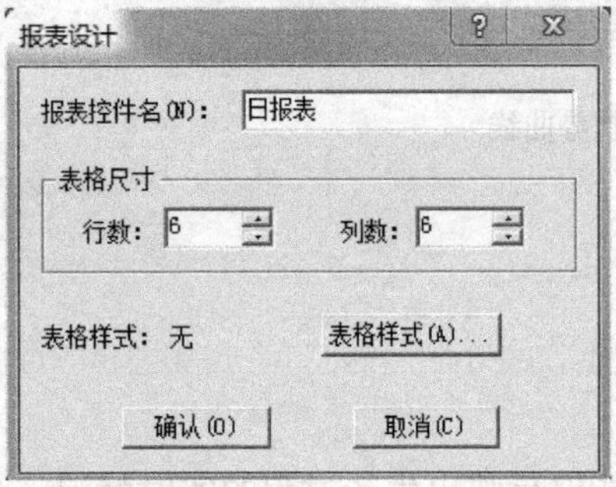

图 4. 52 “报表设计”窗口

（4）双击矩形的深色部分，出现“报表设计”对话框，为报表控件取名为“日报表”报表尺寸设定为 6 行 6 列（共计 12 个数据，第一行作标题，第二行显示日期和时间）单击“确认”按钮，如图 4. 52 所示。

（5）用鼠标选中 A1 ~ F1 这 6 个单元格，单击“报表工具箱”中的“合并单元格”按钮，则把这 6 个单元格合并为 1 个单元格，在这个单元格中输入文字“下罐液位日报表”，鼠标右键单击此单元格，在弹出的菜单中单击“设置单元格格式”菜单项，设置格式为：居中对齐，字体为宋体常规 20 号。

（6）将 A2 ~ C2 单元格合并，输入文字“ = date(\\本站点\ $年, \\本站点\ $月, \\本站点\ $日)”（双引号不用输入），设置单元格格式为日期类型：YY/MM/DD。

（7）将 D2 ~ F2 单元格合并，输入文字“ = time(\\本站点\ $时, \\本站点\ $分, \\本站点\ $秒)”，设置单元格格式为“时间类型：13 时 30 分 00 秒”。

（8）在 A3、C3、E3 单元格中分别输入“液位 1”、“液位 2”、“液位 3”。

在 B3、D3、F3 单元格中分别输入“ = \\本站点\水位 1”、“ = \\本站点\水位 2”、“ = \\本站点\水位 3”。

在 A4、C4、E4 单元格中分别输入“液位 4”、“液位 5”、“液位 6”。

在 B4、D4、F4 单元格中分别输入“ = \\本站点\水位 4”、“ = \\本站点\水位 5”、“ = \\本站点\水位 6”。

在 A5、C5、E5 单元格中分别输入“液位 7”、“液位 8”、“液位 9”。

在 B5、D5、F5 单元格中分别输入“ = \\本站点\水位 7”、“ = \\本站点\水位 8”、

“ = \\本站点\水位 9”。

在 A6、C6、E6 单元格中分别输入“液位 10”、“液位 11”、“液位 12”。

在 B6、D6、F6 单元格中分别输入“ = \\本站点\水位 10”、“ = \\本站点\水位 11”、“ = \\本站点\水位 12”。

这 24 个单元格中依次显示过去 24 小时内每 2 个小时（整点）的下罐液位，如图 4. 53 所示。

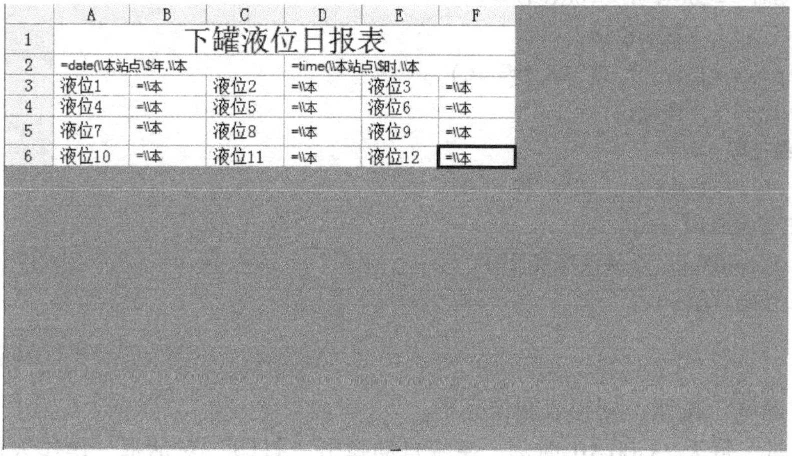

图 4. 53　报表制作

3. 有关报表命令语言编写

（1）在组态王的工程目录显示区中单击“文件→命令语言→应用程序命令语言”。

（2）在目录内容显示区中双击“请双击这进入《应用程序命令语言》对话框”图标。

（3）在出现的“应用程序命令语言”对话框中的“运行时”页面中增加输入以下命令语言程序：

```
If( $时 ==0&& 分 ==0&& 秒 ==0)
{水位 1 = 下罐液位;}
If( $时 ==2&& 分 ==0&& 秒 ==0)
{水位 2 = 下罐液位;}
If( $时 ==4&& 分 ==0&& 秒 ==0)
{水位 3 = 下罐液位;}
If( $时 ==6&& 分 ==0&& 秒 ==0)
{水位 4 = 下罐液位;}
If( $时 ==8&& 分 ==0&& 秒 ==0)
{水位 5 = 下罐液位;}
If( $时 ==10&& 分 ==0&& 秒 ==0)
{水位 6 = 下罐液位;}
If( $时 ==12&& 分 ==0&& 秒 ==0)
{水位 7 = 下罐液位;}
```

```
If( $时 ==14&& 分 ==0&& 秒 ==0)
{水位 8 = 下罐液位;}
If( $时 ==16&& 分 ==0&& 秒 ==0)
{水位 9 = 下罐液位;}
If( $时 ==18&& 分 ==0&& 秒 ==0)
{水位 10 = 下罐液位;}
If( $时 ==20&& 分 ==0&& 秒 ==0)
{水位 11 = 下罐液位;}
If( $时 ==22&& 分 ==0&& 秒 ==0)
{水位 12 = 下罐液位;
已经打印 =0;}
If( $时 ==23&& 分 ==0&& 秒 ==0)
{If(已经打印 ==0)
{   ReportPrint("下罐液位报表")
    已经打印 =1;}
}
```

单击“确认”按钮，则报表制作完毕。

在运行时，每天23:00:01时刻，系统自动弹出“打印”对话框，操作人员单击“确认”按钮即可完成报表打印。

4. 报表调试

（1）全部存盘后，进入运行环境。

（2）单击菜单栏中的“画面→打开”命令，在弹出的窗口中选择“下罐液位报表”，单击“确定”按钮。

（3）观察“下罐液位报表”画面中报表数据显示情况是否正确，如图4.54所示。

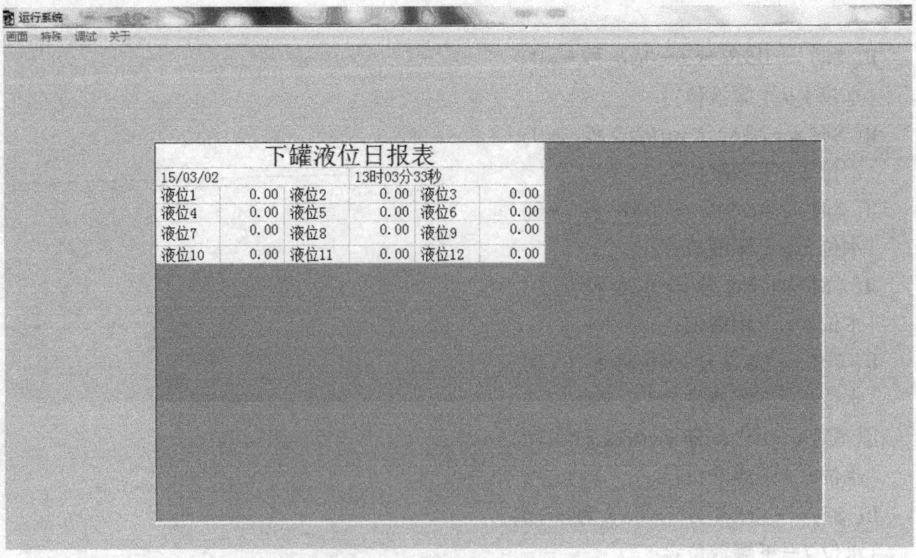

图4.54 报表的运行系统

4.3 运行效果

1. 手动工作方式

（1）存盘后进入运行环境，按下“启动”按钮和“手动”按钮，分别按下上罐排水阀的“开”、“关”按钮，观察上、下水罐水位的变化情况和管道中水的流动情况。

（2）按下循环泵阀和循环泵的“开”、“关”按钮，观察循环泵阀和循环泵的启动和关闭顺序（先开阀后开泵、先关泵后关阀），再观察上、下水罐水位的变化情况和管道中水的流动情况。

（3）按下加热器的“开”、“关”按钮，观察加热器的状态变化和水罐温度变化。

（4）在画面中人工输入上、下水罐的水位给定值和水罐温度给定值。

2. 自动工作方式

（1）按下“自动”按钮，观察水泵、阀门的开、关情况；

（2）利用游标改变下罐液位，当下罐液位小于10时，观察水泵、阀门的开、关情况；

（3）当下罐液位大于10小于40时，观察水泵、阀门的开、关情况，改变上罐液位，观察上罐液位大于50和小于50两种情况时水泵、阀门的开、关情况；

（4）当下罐液位大于40小于50时，观察水泵、阀门的开、关情况；

（5）当下罐液位大于50小于90时，观察水泵、阀门的开、关情况，改变上罐液位，观察上罐液位大于80和小于80两种情况时水泵、阀门的开、关情况；

（6）当下罐液位大于90时，观察水泵、阀门的开、关情况。

注意观察循环泵阀和循环泵的开关顺序，理解延时程序的使用方法。

本章小结

在本章的教学中，通过对水位控制系统工作状态的分析，根据控制要求确定水位控制系统的设计方案。

1. 本系统对两水罐的水位、温度进行检测，并将下水罐液位控制在给定值。水位给定值可以在画面上人工输入，系统应具有手动和自动两种控制功能。

2. 本系统有4个开关量控制信号需要输入到计算机，分别是启动按钮SB1、停止按钮SB2、手动SB3、自动SB4。计算机有8个开关量控制信号需要输出到控制系统，分别是下罐进水阀、下罐排水阀、上罐进水阀、上罐排水阀、循环泵、一组加热器、二组加热器和三组加热器。

3. 本项目I/O接口设备选择研华公司板卡PCL－818L、端子板选择PCLD－9138、2个扩散硅压力变送器、1个温度变送器。

4. 应用程序命令语言也分“启动时”、“运行时”、“停止时”三种，可分别编写。“启动时”和“停止时”程序只执行一次；“运行时”程序则循环执行，一般相当于主程序，需要设定循环时间。

5. 趋势曲线有实时趋势曲线和历史趋势曲线两种。曲线外形类似于坐标纸，X 轴代表时间，Y 轴代表变量值。

6. 学生能够根据设计方案在开发环境下进行工程组态，并在运行环境下进行调试，直至成功。

习题与思考题

4-1 请制作延时 10 秒的程序。

4-2 请完成循环泵和循环泵阀的互锁控制（先开阀后开泵、先关泵后关阀）。

4-3 完成水罐温度的历史趋势曲线，趋势曲线画面可以和主画面任意切换。

4-4 完成下罐进水阀和下罐排水阀开关变化报警。

4-5 完成下列锅炉控制系统的设计：

（1）当温度小于 65℃，开供气阀门，当温度大于 80℃时，关供气阀门；

（2）当温度小于 60℃大于 80℃时，运行状态为报警；

（3）当压力大于 0.11MPa，开放气阀，当压力小于 0.8MPa，延时 5 秒后关闭放气阀；

（4）当压力大于 0.12MPa 时，运行状态为报警；

（5）当液位小于 0.5m 时开给水阀，当液位大于 1.0m 时，关闭给水阀；

（6）当液位小于 0.3m 或大于 1.2m 时，运行状态为报警。

（7）参考图：

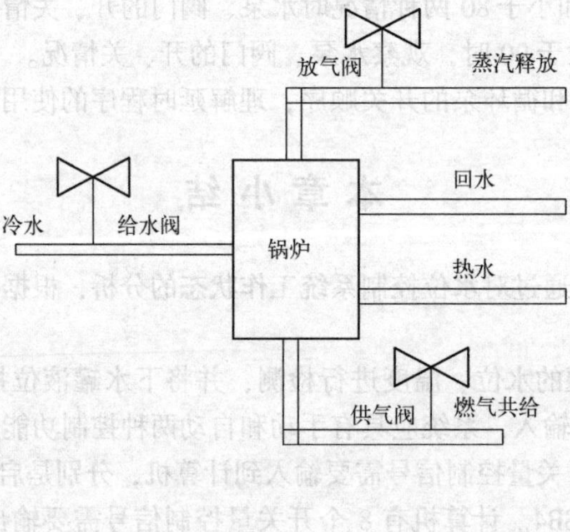

第5章

车库自动门控制系统

内容提要：

本章介绍车库自动门控制系统的设计方案、实施过程及调试。重点学习事件命令语言的使用方法；掌握动画连接及命令语言的编写方法。

学习目标：

1. 了解车库自动门控制系统的控制要求；
2. 了解车库自动门控制系统的接口设备及硬件接线；
3. 掌握 PLC 的配置与连接方法；
4. 掌握变量的定义方法和使用方法；
5. 通过车库自动门控制系统的学习，学会完成顺序控制的组态方法；
6. 通过车库自动门控制系统的调试，掌握事件命令语言的编写方法。

5.1 车库自动门控制系统方案设计

5.1.1 车库自动门控制系统的控制要求

(1) 车库内和车库外设有手动控制开关，可以手动控制门的开门、关门和停止；

(2) 车到门前，车灯闪烁，车位传感器收到车灯亮、灭信号后，车库门自动上卷，动作指示灯亮；

(3) 门上行碰到上限位开关，门全部打开，此时停止上行；

(4) 车进入车库，车位传感器检测到车停在车位，延时5秒，门自动下行，动作指示灯亮；

(5) 门下行碰到下限位开关，门全部关闭，此时停止下行；

(6) 在计算机中显示车库工作状态。

5.1.2 车库自动门控制系统接口设备选型

(1) 本系统采用电动机、接触器、中间继电器作为执行机构；

(2) 车感传感器可采用光电开关实现，开关门检测传感器可采用限位开关；

本系统除了车库、卷帘门、汽车外还有10个按钮、2个传感器、2个限位开关，2个接触器和一个动作指示灯。即有14个开关量控制信号需要输入到计算机，分别是启动按钮、停止按钮、手动、自动、外部开门、外部停止、外部关门、内部开门、内部停止、内部关门、车感信号、车位信号、上限位开关、下限位开关；有3个开关量控制信号需要输出到控制系统，分别是车库门上卷接触器、车库门下卷接触器和动作指示。

本项目I/O接口设备选择三菱PLC—FX2N－485。（连接方式与设置见机械手控制系统）

5.1.3 车库自动门控制系统方框图和电路接线图

（1）车库自动门控制系统方框图如图5.1所示。

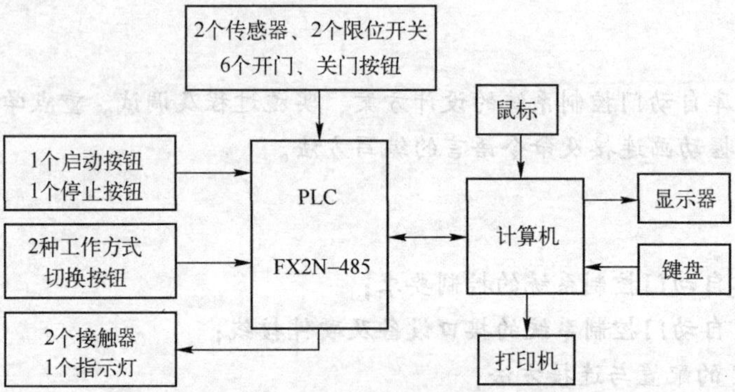

图5.1 车库自动门控制系统方框图

（2）按钮、传感器、限位开关、指示灯、接触器等与PLC及计算机的连接电路图。

① 车库门自动控制系统I/O分配表，见表5.1。

表5.1 车库门自动控制系统I/O分配表

变量名	类型	连接设备	寄存器	变量类型	初始值	数据类型	备注
外部开门	I/O离散	PLC－FX2N－485	X0	I/O离散	关	Bit	
外部关门	I/O离散	PLC－FX2N－485	X2	I/O离散	关	Bit	
外部停止	I/O离散	PLC－FX2N－485	X1	I/O离散	关	Bit	
内部开门	I/O离散	PLC－FX2N－485	X3	I/O离散	关	Bit	
内部关门	I/O离散	PLC－FX2N－485	X5	I/O离散	关	Bit	
内部停止	I/O离散	PLC－FX2N－485	X4	I/O离散	关	Bit	
上限位开关	I/O离散	PLC－FX2N－485	X6	I/O离散	关	Bit	
下限位开关	I/O离散	PLC－FX2N－485	X7	I/O离散	关	Bit	
车感传感器	I/O离散	PLC－FX2N－485	X10	I/O离散	关	Bit	
车位传感器	I/O离散	PLC－FX2N－485	X11	I/O离散	关	Bit	
启动	I/O离散	PLC－FX2N－485	X12	I/O离散	关	Bit	
停止	I/O离散	PLC－FX2N－485	X13	I/O离散	关	Bit	
自动	I/O离散	PLC－FX2N－485	X14	I/O离散	关	Bit	

续表

变量名	类型	连接设备	寄存器	变量类型	初始值	数据类型	备注
手动	I/O 离散	PLC－FX2N－485	X15	I/O 离散	关	Bit	
动作指示	I/O 离散	PLC－FX2N－485	Y0	I/O 离散	关	Bit	
上卷接触器	I/O 离散	PLC－FX2N－485	Y1	I/O 离散		Bit	
下卷接触器	I/O 离散	PLC－FX2	Y2	I/O 离散		Bit	

② 车库门自动控制系统接线图如图 5.2 所示。

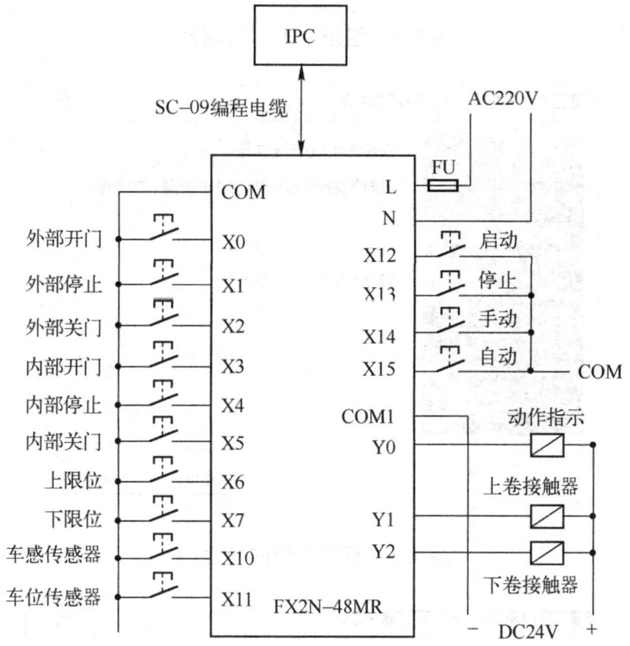

图 5.2　车库自动门控制系统接线图

5.2　车库自动门控制系统实施及调试

5.2.1　工程建立

（1）单击桌面“组态王”图标，出现组态王“工程管理器”对话框，如图 5.3 所示。组态王“工程管理器”对话框中显示了计算机中所有已建立的工程项目的名称和存储路径。

（2）在组态王“工程管理器”对话框中单击“新建”按钮，出现“新建工程向导之一”对话框，如图 5.4 所示。

（3）单击“下一步”按钮，在图 5.5 所示“新建工程向导之二”窗口中的文本框中直接输入或用“浏览”方式确定工程路径。

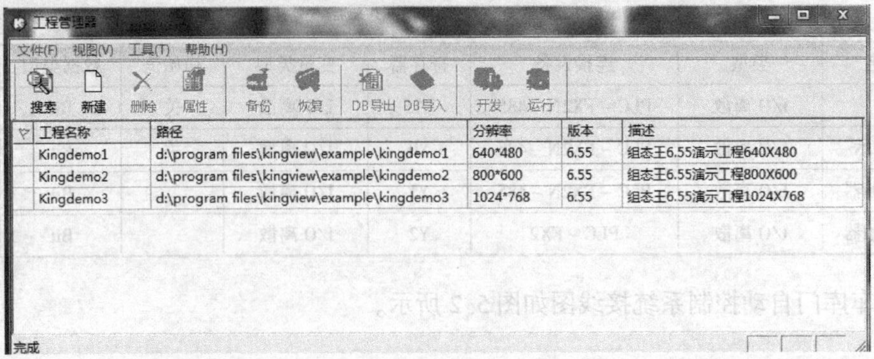

图 5.3　组态王工程管理器

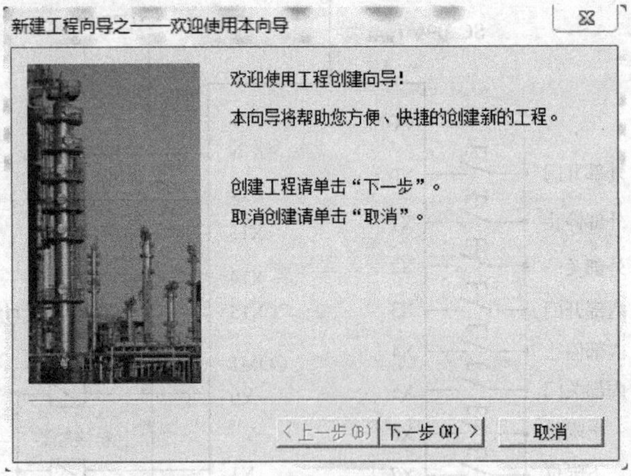

图 5.4　新建工程向导之一

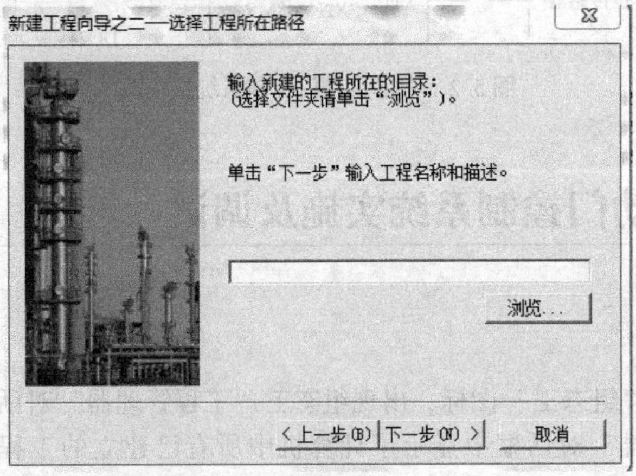

图 5.5　新建工程向导之二

(4) 单击“下一步”按钮，在出现如图 5.6 所示的“新建工程向导之三”窗口中输入工程名称为“车库门自动控制系统”。

(5) 单击“完成”按钮，在出现如图 5.7 所示的“是否将新建的工程设置为当前工程”对话框中单击“是”按钮，完成工程的建立。

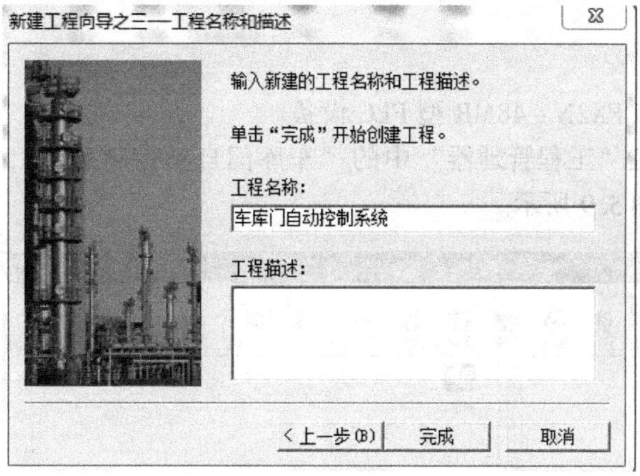

图 5.6　新建工程向导之三

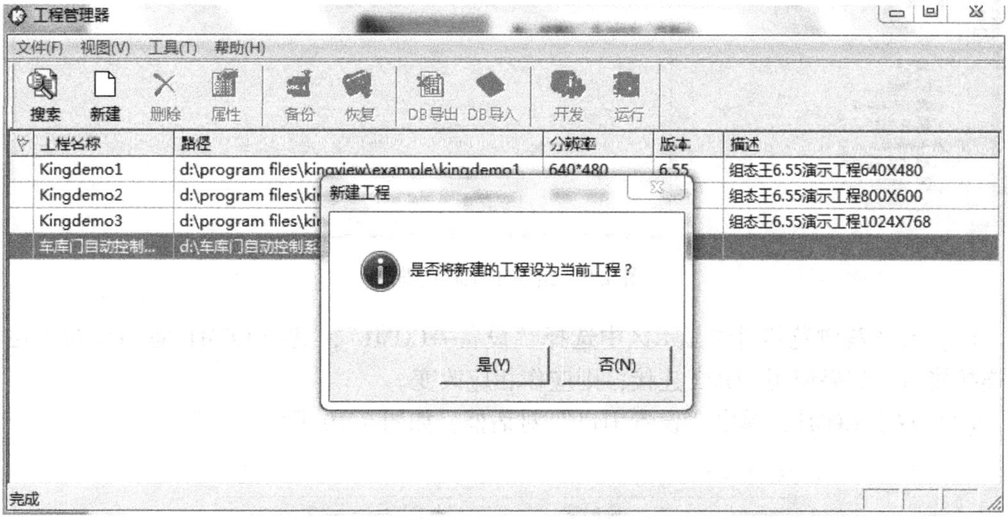

图 5.7　是否将新建的工程设置为当前工程

（6）此时，组态王在指定路径下出现了一个“车库门自动控制系统”项目名，如图 5.8 所示，以后所进行的组态工作的所有数据都将存储在这个目录中。

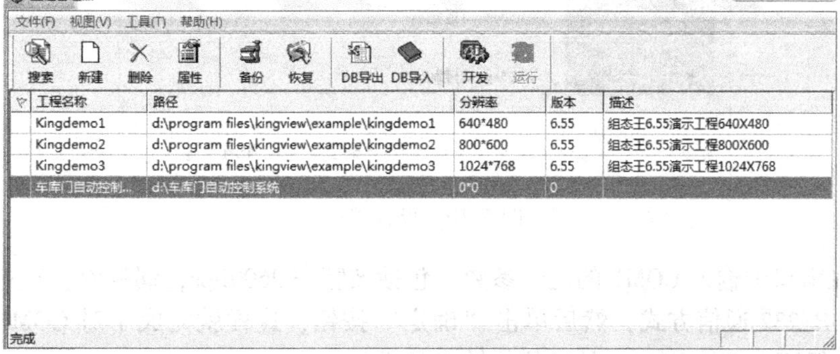

图 5.8　车库门自动控制系统项目

5.2.2 设备配置

在组态王中添加 FX2N－48MR 型 PLC 设备

(1) 双击组态王“工程管理器”中的“车库门自动控制系统”，进入组态王“工程浏览器”窗口，如图 5.9 所示。

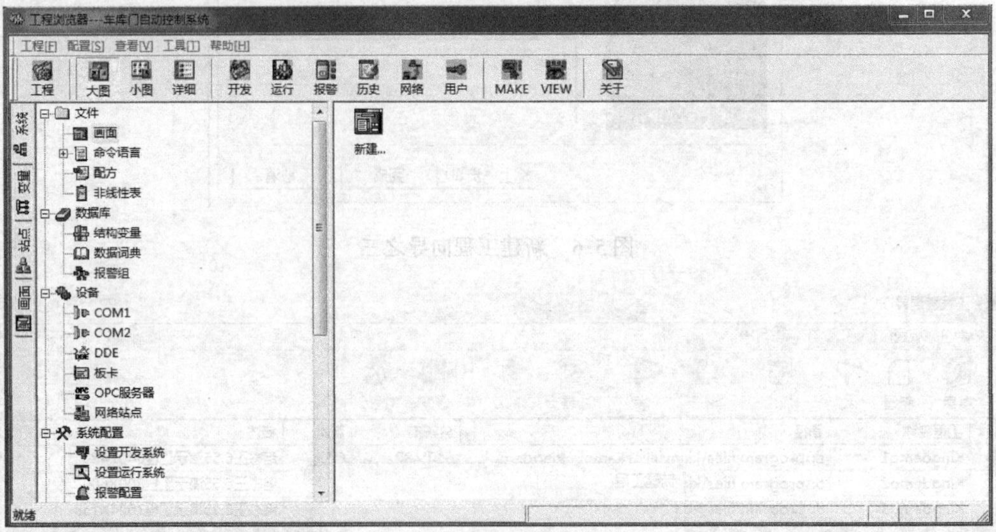

图 5.9　组态王工程浏览器

(2) 在工程浏览器目录显示区中选择“设备→COM1”，其中 COM1 是 PLC 与上位机的连接接口，如果使用 COM2 连接，则应作相应改变。

(3) 双击 COM1，弹出“设置串口”对话框，如图 5.10 所示。

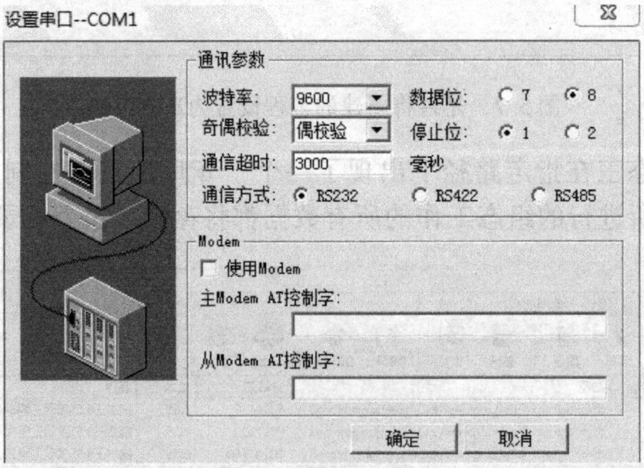

图 5.10　设置串口

(4) 在窗口中输入 COM1 的通信参数，包括波特率 9600bps，偶校验，7 位数据位，1 位停止位，RS232 通信方式，然后单击“确定”按钮，这样就完成了对 COM1 的通信参数的配置，保证 COM1 与 PLC 的通信能够正常进行。

(5) 添加 FX2N－48MR 设备。双击目录内容显示区中的“新建”图标，在出现的

“设备配置向导”中单击“PLC”→“三菱”→“FX2N－485”→”COM”，如图 5.11 所示。

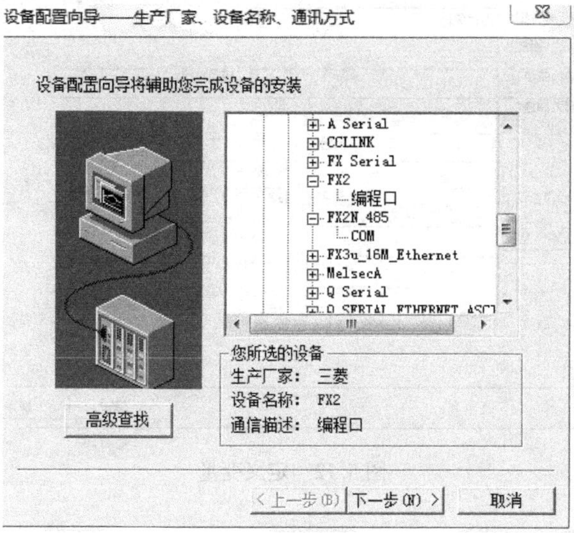

图 5.11　设备配置向导

（6）单击“下一步”按钮，在下一个窗口中给这个设备取一个名字“FX2PLC”。

（7）单击“下一步”按钮，在下一个窗口中选择串口号 COM1；

（8）单击“下一步”按钮，在下一个窗口中给要安装的设备指定地址“00”；

（9）单击“下一步”按钮，再单击“完成”按钮，完成设备的配置。

5.2.3　定义变量

1. 变量分配

根据表 5-1，需要建立 14 个数字输入变量和 3 个数字输出变量，实现与 PLC 的数据交换。

2. 变量定义步骤

（1）单击左侧目录区“数据库”大纲项的“数据词典”，可在右侧目录内容显示区看到“$年”等变量，凡有“$”符号的，都是系统自建的内部变量，只能使用，不能删除或修改。

双击“新建”图标，出现“定义变量”对话框，如图 5.12 所示。

（2）在“基本属性”页中输入变量名“外部开门”，变量类型设置为“I/O 离散”，初始值为“关”。

（3）将连接设备设置为“FX2PLC”，寄存器设置为“X0”（注意寄存器设置必须与硬件连接图一致），数据类型设置为“Bit”，读写属性设置为“只读”，采集频率设置为 100ms，如图 5.13 所示，再单击“确定”按钮，则完成了第一个变量“外部开门”的建立。

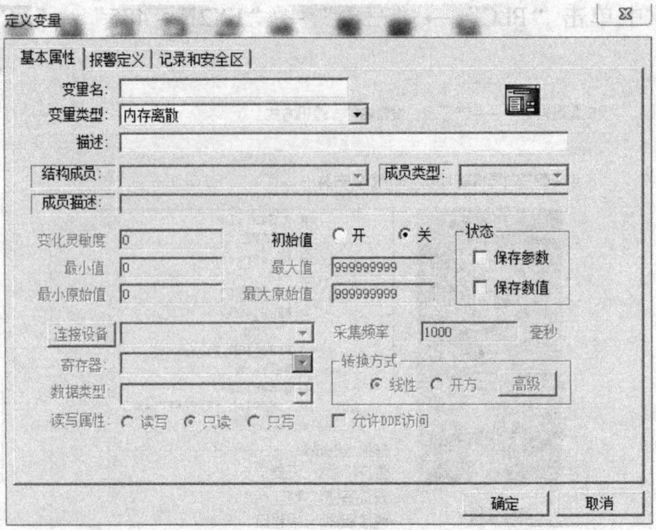

图 5.12　定义变量

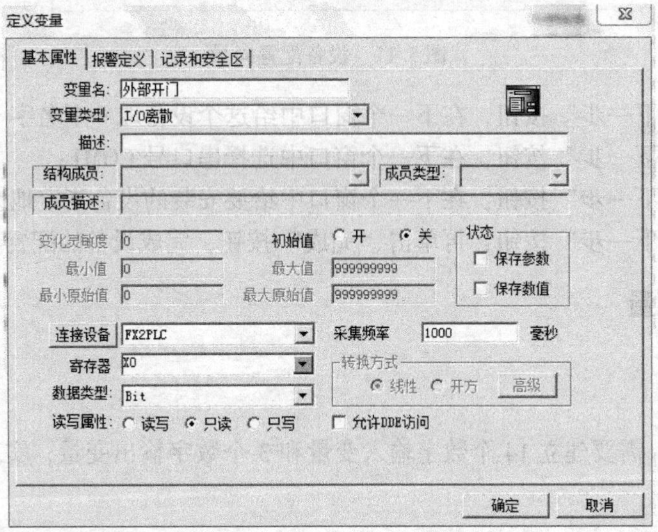

图 5.13　“外部开门” 你 变量定义

注意：

如果想使组态王脱离设备进行模拟调试，可以将变量设为“内存离散”型变量，此时与连接设备有关的选项变为不可用。

类似可以建立“外部停止”、“外部关门”、“内部开门”、“内部停止”、“内部关门”、“车感信号”、“车位信号”、“上限位开关”、“下限位开关”、“车库门上卷接触器”、“车库门下卷接触器 “、“动作指示”、“启动 “、” 停止 “、“自动”、“手动” 等 17 个变量。

此外，为了在程序中对当前车库门运行状态进行识别，需要建立以下几个变量：“门移动参数”、“车移动参数”、“定时器”、“定时器复位”、“次数”。

“车移动参数”、“门移动参数” 为内存实型，初始值为 0，最大值为 100。

“次数” 为内存整型，初始值为 0，最大值为 10。

“定时器”和“定时器复位”为内存离散，初始值为关。

建立完成后的数据词典窗口如图 5.14 所示。

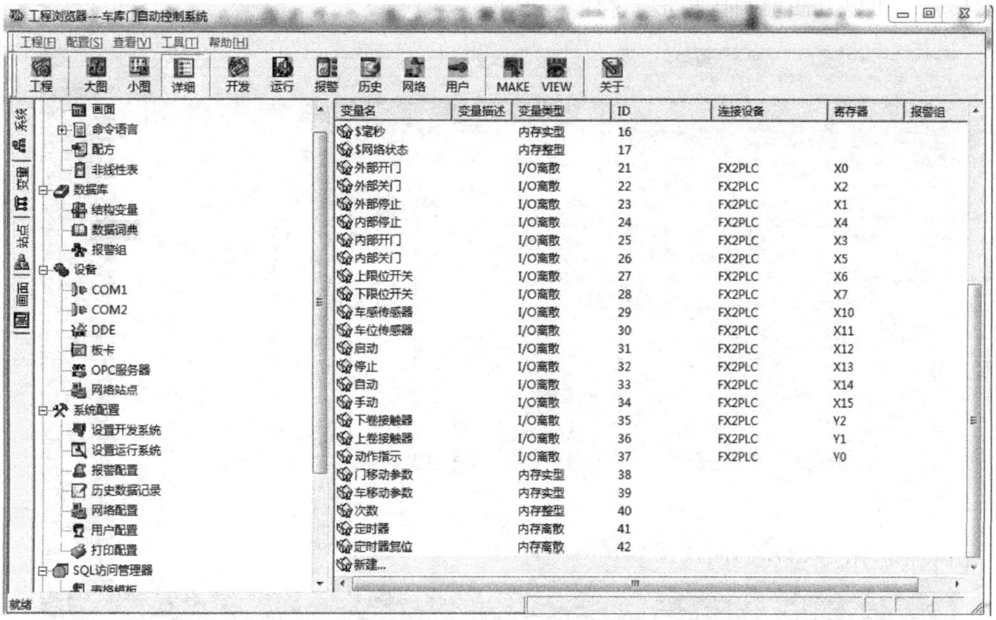

图 5.14　数据词典

5.2.4　画面的设计与编辑

1. 新建画面

（1）在工程浏览器的目录显示区中，单击“文件”大纲项下面的“画面”。

（2）在目录内容显示区中双击“新建”图标，则工程浏览器会启动组态王的“画面开发系统”程序，并弹出“新画面”对话框，如图 5.15 所示。

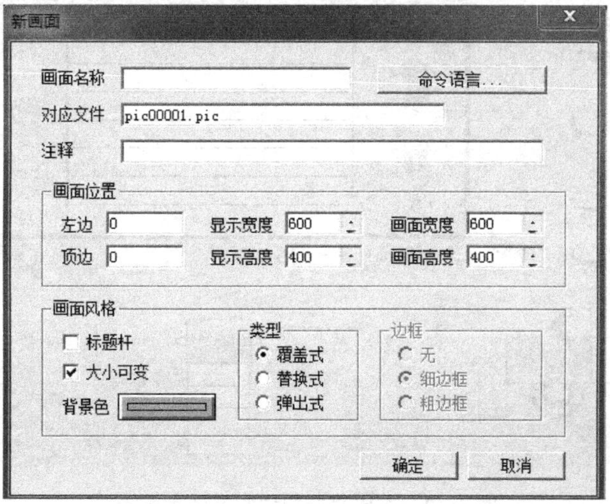

图 5.15　新画面

(3) 在“新画面”对话框中将画面名称设置为“车库门自动控制系统”,“大小可变”,单击“确定”按钮,进入画面开发系统,如图5.16所示。画面开发提供了画面制作工具箱,可以方便地制作矩形、圆形等图形。

图5.16 画面开发系统

2. 画面制作

本系统画面设计如图5.17所示。

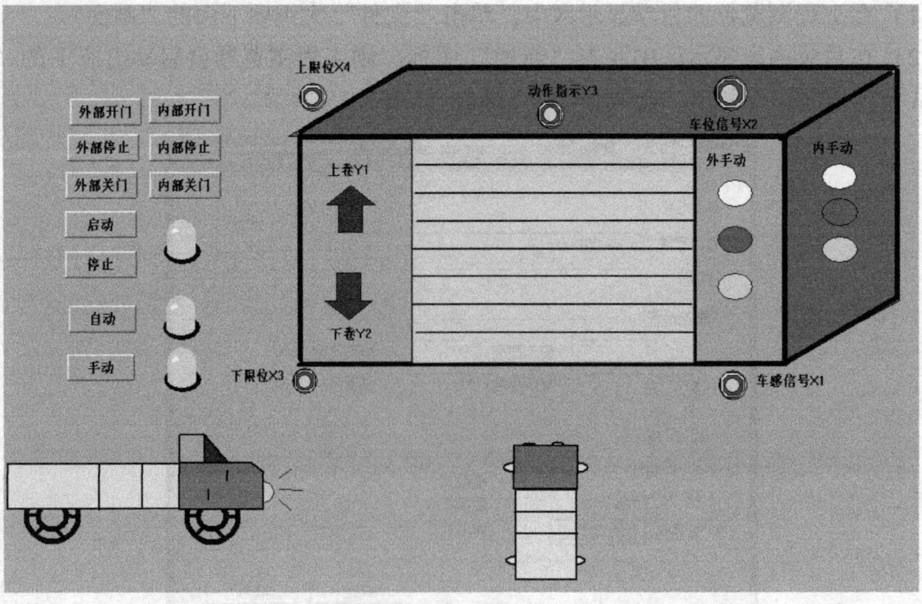

图5.17 车库自动门控制系统主画面

(1) 首先绘制车库。利用多边形和矩形完成车库和门的绘制，注意：门和车库不能进行组合。

(2) 指示灯的绘制；利用圆形完成指示灯的绘制或者到图库中选择合适的指示灯。

(3) 文字输入。在工具箱中单击“文本”按钮，然后在画面上拉出一个矩形区域，再输入文字即可。

(4) 按钮的绘制。

(5) 车的绘制。为了动画效果，需要画两个车，一个横向的（1 号车），一个纵向的（2 号车）。注意车轮与车体不能组合，车灯与车体不能组合。

5.2.5　动画连接及调试

前面仅仅是将画面上的一些图形对象（图素）绘制出来，但是，要让这些图素能够反映出系统运行时的情况，让画面动起来，必须将各个图素与数据库中的相应变量建立联系。组态王中，建立画面图素与变量对应关系的过程称为“动画连接”，建立动画连接后，运行中当变量值改变时，图形对象可以按照动画连接的要求相应变化。

下面开始对图中的图素进行动画连接。

1. 车库门的动画连接

双击车门，出现“动画连接”对话框，单击“缩放”按钮，出现“缩放连接”对话框，如图 5.18 所示，按图 5.18 所示方式进行设置后，单击“确定”按钮，完成车库门的动画连接。

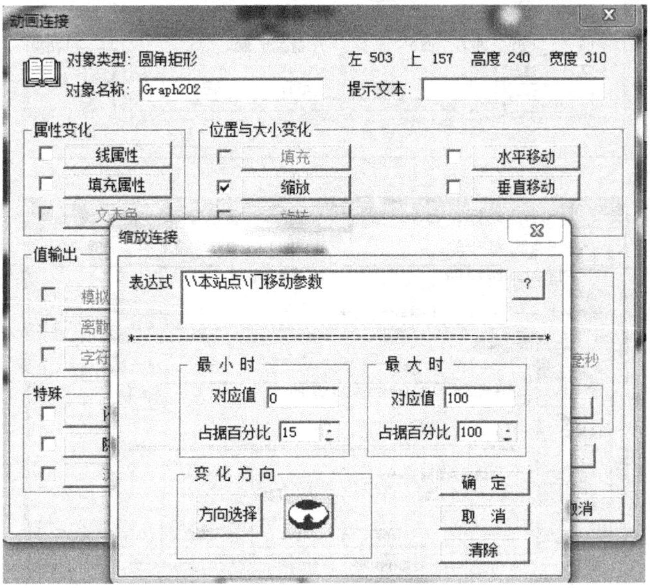

图 5.18　车库门的动画链接对话框

2. 指示灯的动画连接

根据所学知识完成各指示灯与相应变量之间的连接。以“动作指示”指示灯为例，

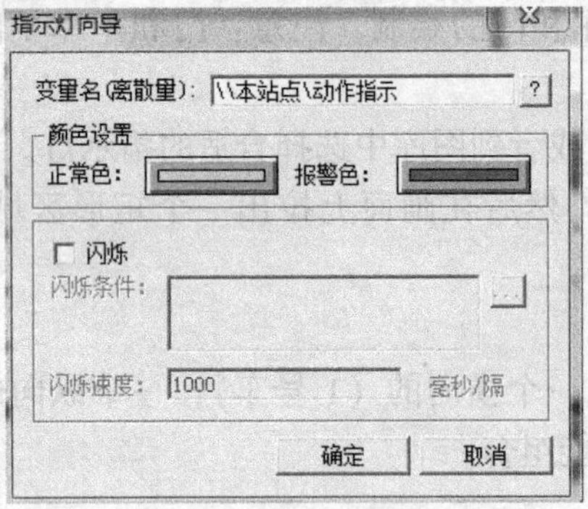

图 5.19　指示灯动画连接

双击“动作指示”指示灯，进入“指示灯向导”，如图 5.19 所示，按图 5.19 所示方式进行设置后，单击“确定”按钮，完成指示灯的动画连接。

3. 车的动画连接

(1) 双击 1 号车车体，出现“动画连接”对话框，单击“水平移动”按钮，出现“水平移动连接”对话框，如图 5.20 (a) 所示，按图 5.20 (a) 进行设置后，单击“确定”按钮，回到“动画连接”对话框，在“动画连接”对话框中单击“隐含”按钮，进入“隐含”对话框，如图 5.20 (b) 所示。按图 5.20 (b) 进行设置后，再单击“确定”按钮，回到“动画连接”对话框，再单击“确定”按钮，完成对 1 号车体的动画连接。

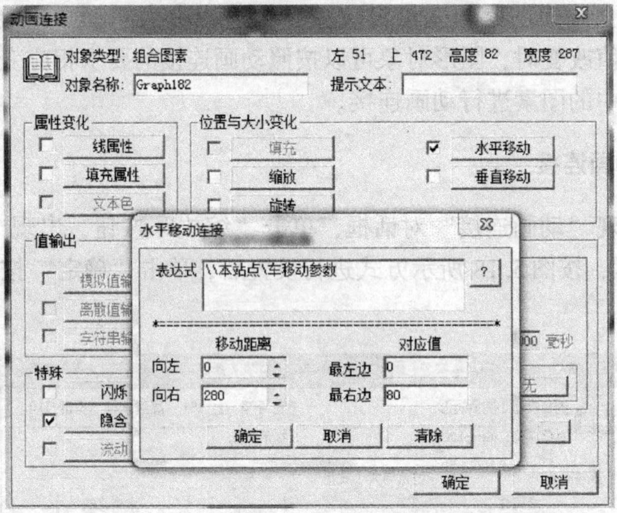

(a)

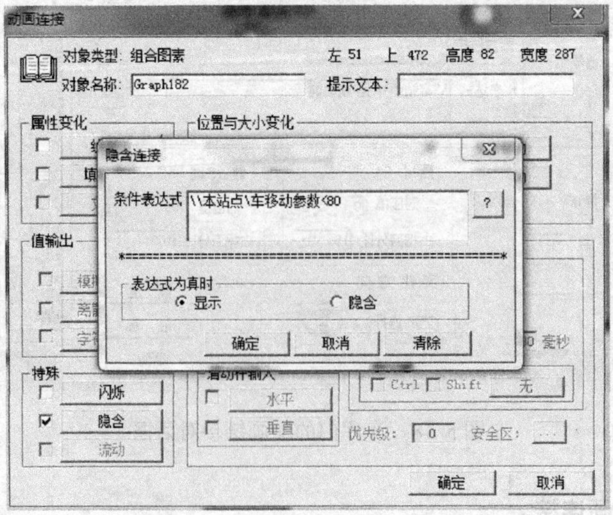

(b)

图 5.20　对 1 号车体进行动画连接

（2）双击 1 号车轮，出现“动画连接”对话框，完成“水平移动”和“隐含”的动画连接（与车体参数完全相同），回到“动画连接”对话框，在“动画连接”对话框中单击“旋转”按钮，进入“旋转连接”对话框，如图 5.21 所示。按图 5.21 进行设置后，再单击“确定”按钮，回到“动画连接”对话框，再单击“确定”按钮，完成对 1 号车轮的动画连接。

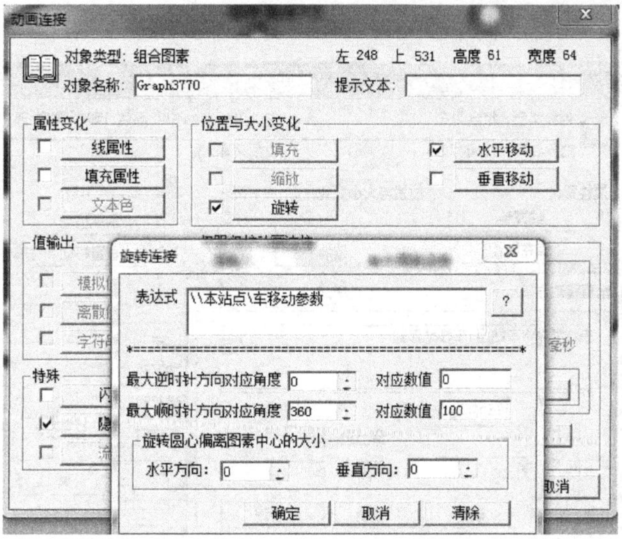

图 5.21　对车轮进行动画连接

使用同样的方法完成另一个车轮的动画链接。

（3）双击 1 号车灯，出现“动画连接”对话框，完成“水平移动”和“隐含”的动画连接（与车体参数完全相同），回到“动画连接”对话框，在“动画连接”对话框中单击“闪烁”按钮，进入“闪烁连接”对话框，如图 5.22 所示。按图 5.22 进行设置后，再单击“确定”按钮，回到“动画连接”对话框，再单击“确定”按钮，完成对 1 号车灯的动画连接。

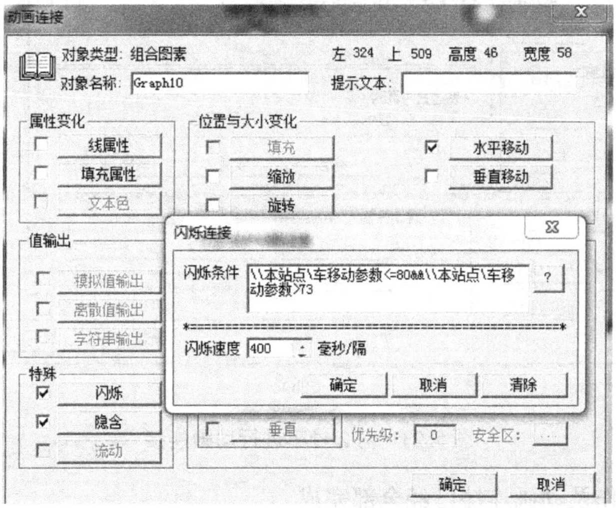

图 5.22　对 1 号车灯进行动画连接

(4) 双击2号车体，出现“动画连接”对话框，单击“垂直移动”按钮，出现“垂直移动连接”对话框，如图5.23（a）所示，按图5.23（a）进行设置后，单击“确定”按钮，回到“动画连接”对话框，在“动画连接”对话框中单击“隐含”按钮，进入“隐含连接”对话框，如图5.23（b）所示。按图5.23（b）进行设置后，再单击“确定”按钮，回到“动画连接”对话框，再单击“确定”按钮，完成对2号车体的动画连接。

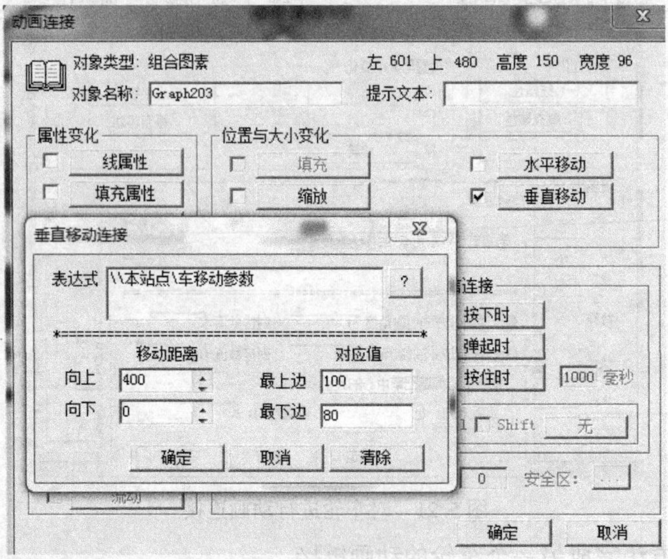

(a)

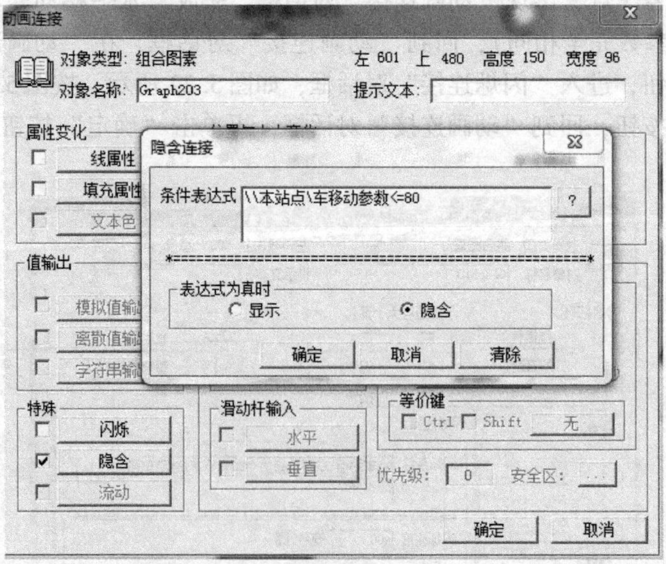

(b)

图5.23　对2号车进行动画连接

至此，画面制作及动画连接已经全部完成。

5.2.6 控制程序的编写与模拟调试

本系统工作方式分为手动和自动两种，要求在启动的情况下可以任意切换工作方式。

(1) 双击“启动”按钮，弹出“动画连接”对话框，单击“弹起时”或“按下时”，弹出“命令语言”动画连接窗口。输入：

```
\\本站点\启动 = 1;和\\本站点\停止 = 0;
```

如图 5.24 所示。单击“确定”按钮，完成“启动”按钮动画连接设置。

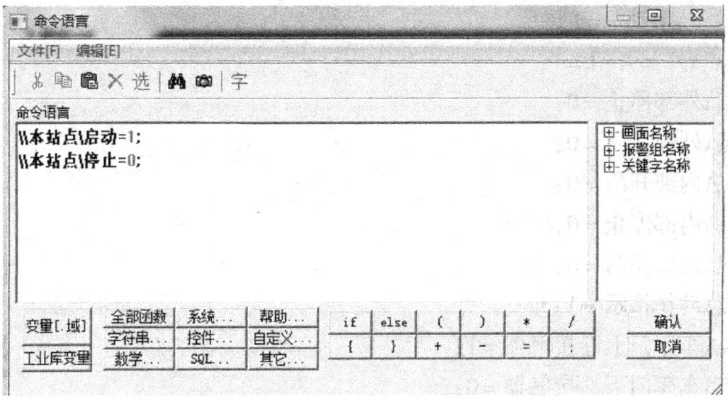

图 5.24 “启动”按钮的命令语言

使用同样的方法制作“停止”按钮的动画连接。

(2) 双击“手动”按钮，弹出“动画连接”对话框，单击“弹起时”或“按下时”，弹出“命令语言”动画连接窗口。输入：

```
if( \\本站点\启动 == 1)
{ \\本站点\手动 = 1;
\\本站点\自动 = 0;}
```

如图 5.25 所示。单击“确定”按钮，完成“手动”按钮动画连接设置。

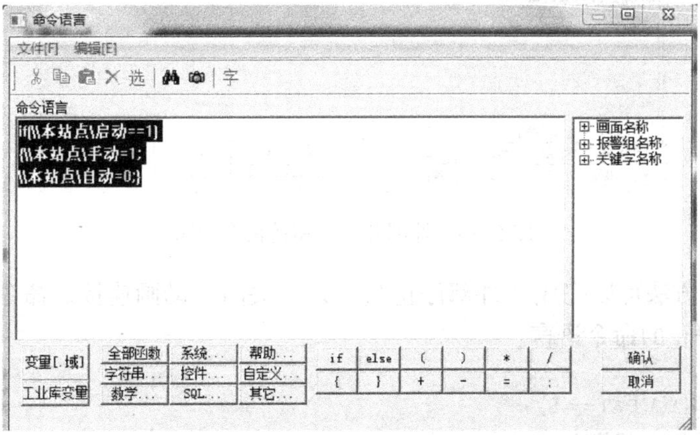

图 5.25 “手动”按钮的命令语言

使用同样的方法制作“自动”按钮的动画连接。

1. 手动控制方式

在画面上可以通过“外部开门”、“外部停止”、“外部关门”、“内部开门”、“内部停止”、“内部关门”六个按钮控制车库门的开门、关门和停止。具体方法如下：

(1) 外部开门的动画连接。

双击“外部开门”按钮，弹出“动画连接”对话框，单击“弹起时”或“按下时”，弹出“命令语言”动画连接窗口。输入：

```
if(\\本站点\手动==1)
{\\本站点\外部开门=1;
\\本站点\外部停止=0;
\\本站点\外部关门=0;
\\本站点\内部开门=0;
\\本站点\内部停止=0;
\\本站点\内部关门=0;
\\本站点\动作指示=1;
\\本站点\车库门上卷接触器=1;
\\本站点\车库门下卷接触器=0;
}
```

如图 5.26 所示，单击“确定”按钮，完成“外部开门”的动画连接设置。

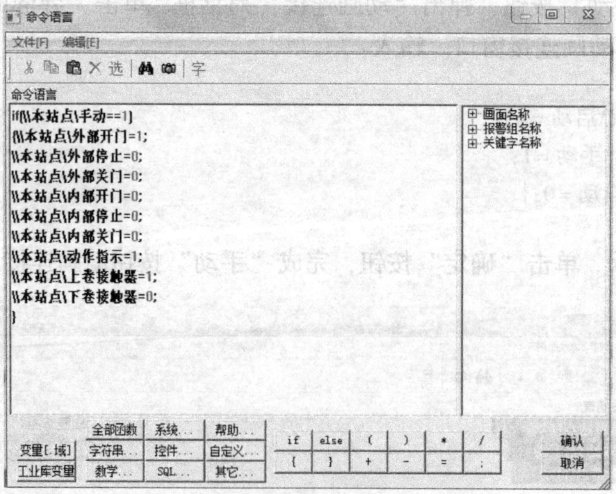

图 5.26　外部开门按钮的命令语言

使用同样的方法可以完成“外部停止”、“外部关门”动画连接。命令语言如下：

(2) 外部停止的命令语言：

```
if(\\本站点\手动==1)
{\\本站点\外部停止=1;
```

```
\\本站点\外部开门 =0;
\\本站点\外部关门 =0;
\\本站点\内部开门 =0;
\\本站点\内部停止 =0;
\\本站点\内部关门 =0;
\\本站点\车库门上卷接触器 =0;
\\本站点\车库门下卷接触器 =0;
\\本站点\动作指示 =0;}
```

(3) 外部关门的命令语言：

```
if( \\本站点\手动 ==1)
{\\本站点\外部开门 =0;
\\本站点\外部停止 =0;
\\本站点\外部关门 =1;
\\本站点\内部开门 =0;
\\本站点\内部停止 =0;
\\本站点\内部关门 =0;
\\本站点\动作指示 =1;
\\本站点\上卷接触器 =0;
\\本站点\下卷接触器 =1;
}
```

请参照“外部开门”、“外部关门”、“外部停止”的动画连接完成“内部开门”、“内部停止”、“内部关门”的动画连接。

本系统车库门打开、关闭的动作需要在事件命令语言中编写程序，事件命令语言分“发生时”、“存在时”、“消失时”三种，可分别编写。“发生时”和“消失时”程序只执行一次；“存在时”程序则循环执行，需要设定循环时间。

按下“外部开门”或“内部开门”按钮，车库门应该自动打开，同时动作指示灯亮，下限位开关复位。具体做法如下：

① 双击组态王的工程目录显示区中的“文件”大纲下面的“命令语言”成员项；

② 单击“事件命令语言”子成员项，双击事件描述区的“新建”，进入“事件命令语言”对话框；

③ 在事件描述栏中写入

```
\\本站点\外部开门 ==1 || \\本站点\内部开门 ==1;
```

④ 把“存在时”命令语言程序的执行周期设置为 300ms；

⑤ 在“存在时”页面输入以下程序，将执行周期设置为 300ms。如图 5.27 所示。

```
\\本站点\门移动参数 = \\本站点\门移动参数 -10;
\\本站点\动作指示 =1;
```

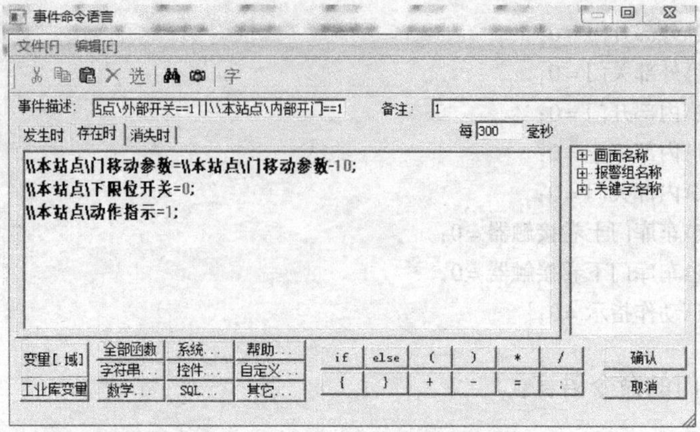

图 5.27 “开门”的事件命令语言对话框

使用同样的方法，完成关门的动作，新建“事件命令语言”对话框，在事件描述栏中写入

```
\\本站点\外部开门==1 || \\本站点\内部开门==1;
```

在“存在时”页面输入以下程序，将执行周期设置为300ms，如图 5.28 所示。

```
\\本站点\门移动参数=\\本站点\门移动参数+10;
\\本站点\动作指示=1;
```

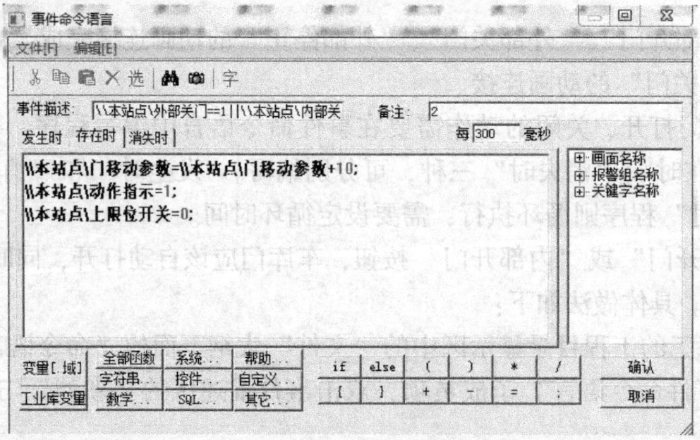

图 5.28 “关门”的事件命令语言对话框

当门完全打开时（门移动参数==0）时，碰到上限位开关，上限位开关置1，当“门移动参数=0”条件消失时上限位开关复位；同理，当门完全关闭时，（门移动参数==100）碰到下限位开关，下限位开关置1，当“门移动参数=100”条件消失时，下限位开关复位。

打开“事件命令语言”对话框，在事件描述栏中写入

```
\\本站点\门移动参数==0;
```

在“存在时”页面输入以下程序，将执行周期设置为 300ms，如图 5.29 所示。

```
\\本站点\上限位开关 = 1;
\\本站点\动作指示 = 0;
\\本站点\上卷接触器 = 0;
\\本站点\外部开门 = 0;
\\本站点\内部开门 = 0;
```

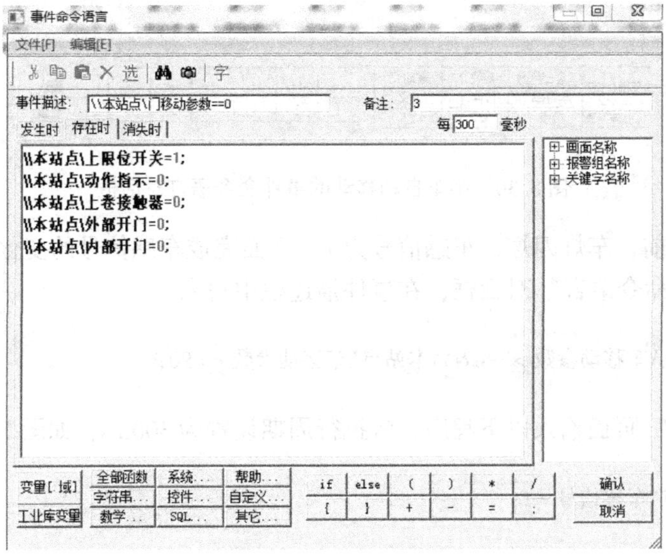

图 5.29　门完全打开时的事件命令语言对话框

请同学们自行完成“门移动参数 = 100”时的事件命令语言。

2. 自动控制方式

在启动的情况下，按下“自动”按钮，小汽车将自动前行，行到车库门前，车灯闪烁，车感传感器接收到 3 个车灯的亮灭信号后，车库门自动上卷，动作指示灯亮；车库门完全打开，上限位开关亮，车进入车库，车位传感器检测到车停到车位，延时 5 秒，门自动关闭，动作指示灯亮，门完全关闭后，下限位开关亮，动作指示灯灭。

自动控制方式由事件命令语言实现。

(1) 首先完成小车的移动。

打开“事件命令语言”对话框，在事件描述栏中写入

```
\\本站点\自动 == 1&&\\本站点\动作指示 == 0;
```

在“存在时”页面输入以下程序，将执行周期设置为 300ms，如图 5.30 所示。

```
\\本站点\车移动参数 = \\本站点\车移动参数 + 1;
```

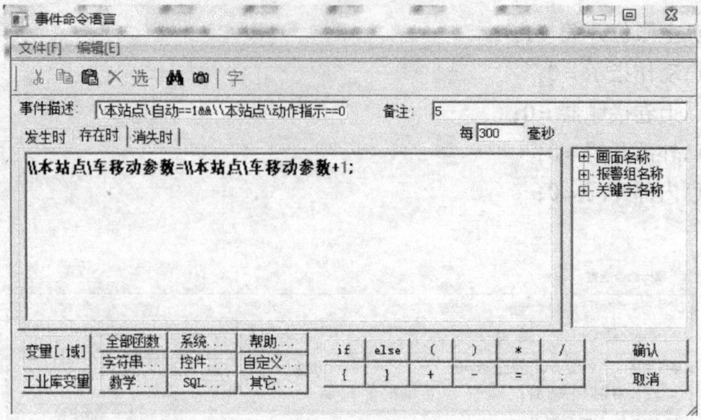

图 5.30　小车自动移动的事件命令语言对话框

（2）车到门前，车灯闪烁，车感信号为 1，下面完成车感信号的变化。

打开“事件命令语言”对话框，在事件描述栏中写入

```
\\本站点\车移动参数 >79&&\\本站点\车移动参数 <=90;
```

在“存在时”页面输入以下程序，将执行周期设置为 300ms，如图 5.31（a）所示。

```
\\本站点\车感信号 =1;
```

在“消失时”页面输入以下程序：

```
\\本站点\车感信号 =0;
```

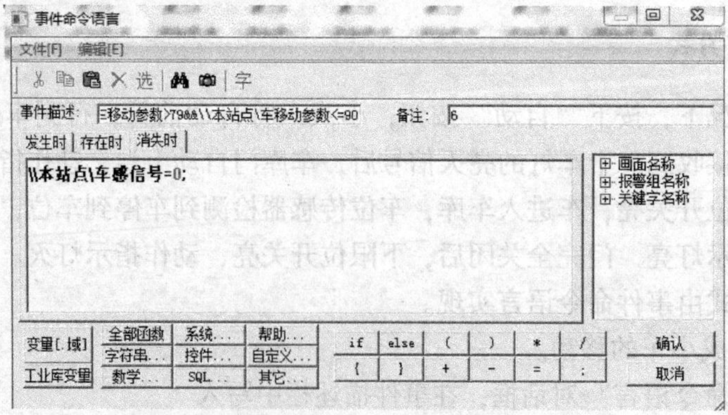

图 5.31　车感信号变化事件命令语言对话框

（3）车感传感器检测到车灯闪烁信号后，车库门打开。

打开“事件命令语言”对话框，在事件描述栏中写入

```
\\本站点\车感信号 ==1&&\\本站点\自动 ==1;
```

在“存在时”页面输入以下程序，将执行周期设置为 1000ms，如图 5.32 所示。

```
\\本站点\上卷接触器=1;
\\本站点\动作指示=1;
\\本站点\门移动参数=\\本站点\门移动参数-10;
```

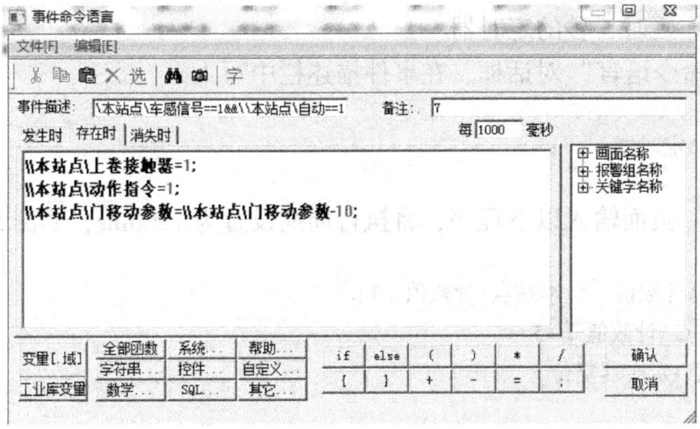

图 5.32　车库门打开的事件命令语言对话框

（4）门打开后，车继续移动进入车库，车位传感器检测到车停到车位，启动定时器，延时 5 秒。

打开“事件命令语言”对话框，在事件描述栏中写入

```
\\本站点\车移动参数==100&&\\本站点\自动==1;
```

在“存在时”页面输入以下程序，将执行周期设置为 300ms，如图 5.33 所示。

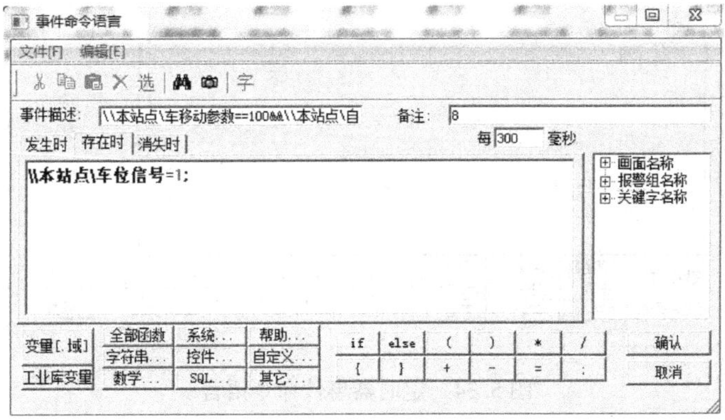

图 5.33　车位信号事件命令语言对话框

```
\\本站点\车位信号=1;
```

在“发生时”页面调用定时器，输入以下程序：

```
\\本站点\定时器=1;
```

在“消失时”页面输入以下程序：

```
\\本站点\车位信号=0;
```

(5) 下面制作延时5秒的定时器

打开“事件命令语言”对话框，在事件描述栏中写入

```
\\本站点\定时器==1;
```

在“存在时”页面输入以下程序，将执行周期设置为1000ms，如图5.34所示。

```
\\本站点\计数值=\\本站点\计数值+1;
if(\\本站点\计数值==5)
{\\本站点\定时器复位=1;}
```

在“发生时”页面输入以下程序：

```
\\本站点\定时器复位=0;
```

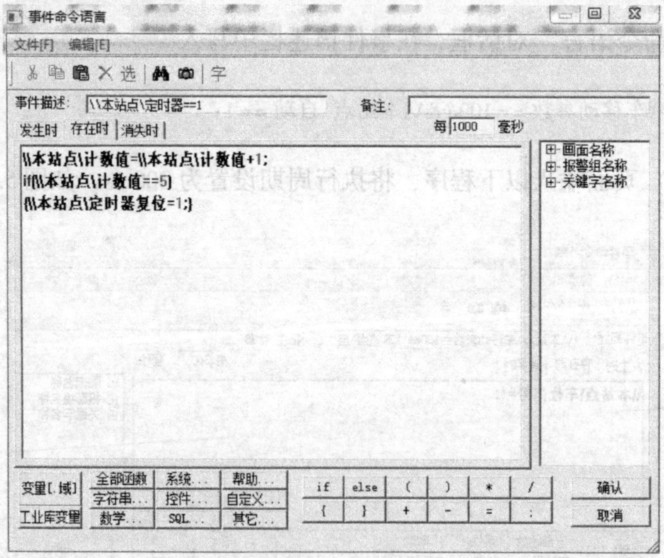

图5.34 定时器事件命令语言

(6) 当5秒时间到，定时器复位，程序如下：

打开“事件命令语言”对话框，在事件描述栏中写入

```
\\本站点\定时器复位==1;
```

在“存在时”页面输入以下程序，将执行周期设置为1000ms，如图5.35所示。

```
\\本站点\定时器=0;
\\本站点\计数值=0;
```

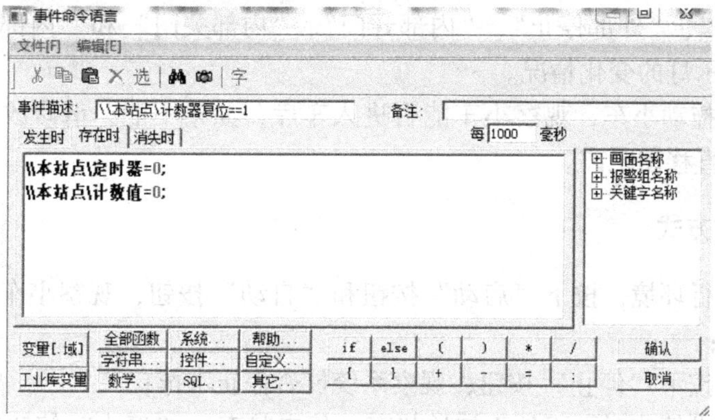

图 5.35　定时器复位事件命令语言

（7）车到车位并且定时器时间到，车库门自动关闭，程序如下：
打开“事件命令语言”对话框，在事件描述栏中写入

```
\\本站点\车位信号==1&&\\本站点\定时器复位==1&&\\本站点\自动==1;
```

在“存在时”页面输入以下程序，将执行周期设置为 1000ms，如图 5.36 所示。

```
\\本站点\下卷接触器=1;
\\本站点\门移动参数=\\本站点\门移动参数+10;
\\本站点\动作指示=1;
```

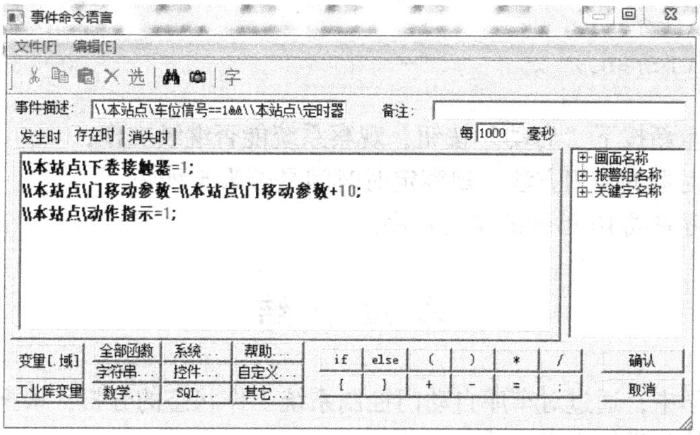

图 5.36　车库门自动关闭事件命令语言

5.3　运行效果

为了调试方便，我们在主画面中做一游标，来拖动小车的移动。

1. 手动工作方式

（1）存盘后进入运行环境，按下“启动”按钮和“手动”按钮，分别按下“外部开门”、“外部关门”、“外部停止”、“内部开门”、“内部关门”和“内部停止”按钮，观察车库门及各指示灯的变化情况。

（2）用游标拖动小车，观察小车能否进入车库，如果不能，请修改 1 号车水平移动距离或 2 号车垂直移动距离。

2. 自动工作方式

（1）进入运行环境，按下“启动”按钮和“自动”按钮，观察小车的移动情况和车库门的开关情况；

（2）运行中按下“停止”按钮，观察系统能否停止工作；

（3）如果要求停止时画面处于初始状态（停电状态），“停止”按钮应该怎样修改？

画面中“停止”按钮参考程序如下：

```
\\本站点\启动 =0;
\\本站点\外部开门 =0;
\\本站点\外部停止 =0;
\\本站点\外部关门 =0;
\\本站点\内部开门 =0;
\\本站点\内部停止 =0;
\\本站点\内部关门 =0;
\\本站点\车库门上卷接触器 =0;
\\本站点\车库门下卷接触器 =0;
\\本站点\动作指示 =0;
\\本站点\自动 =0;
\\本站点\手动 =0;
```

（4）停止后重新按下“启动”按钮，观察系统能否继续工作；

（5）掌握定时器的使用方法，观察定时时间是否为 5 秒。

请同学们练习完成 10 秒钟的定时程序。

本章小结

在本章的教学中，通过对车库自动门控制系统工作状态的分析，根据控制要求确定车库自动门控制系统的设计方案：

1. 本系统除了车库、卷帘门、汽车外还有 10 个按钮、2 个传感器、2 个限位开关，2 个接触器和一个动作指示灯。即有 14 个开关量控制信号需要输入到计算机，分别是启动按钮、停止按钮、手动、自动、外部开门、外部停止、外部关门、内部开门、内部停止、内部关门、车感信号、车位信号、上限位开关、下限位开关；有 3 个开关量控制信号需要输出到控制系统，分别是车库门上卷接触器、车库门下卷接触器和动作指示。

2. 本项目 I/O 接口设备选择三菱 PLC—FX2N－485。

3. 本系统利用事件命令语言完成自动控制过程。

4. 学生能够根据设计方案在开发环境下进行工程组态，并在运行环境下进行调试，直至成功。

习题与思考题

5-1　请用应用程序命令语言完成车库自动门的自动控制过程。

5-2　完成定时 10 秒的应用程序。

5-3　将西门子 S7－300/400MPI 及宇光－AI 系列仪表添加到设备窗口，并设置其通信参数。

5-4　完成车移动参数和门移动参数的实时趋势曲线和历史趋势曲线。

5-5　完成动作指示变量从关到开的报警，报警窗口能够与主画面任意切换。

5-6　设计自己的车库自动门控制系统，简述设计方案。

第6章

三层电梯自动控制系统

内容提要

本章介绍三层电梯自动控制系统的组成、设计方案、实施过程及调试。重点学习应用程序命令语言的使用方法，通过本章的学习，学生能够根据控制要求进行方案的设计、系统开发与调试。

学习目标

1. 了解电梯自动控制系统的控制要求，并根据控制要求进行方案设计；
2. 了解电梯自动控制系统的接口设备及硬件接线；
3. 掌握中泰板卡的配置与连接方法；
4. 掌握定时程序的编写与调用方法；
5. 能够熟练绘制电梯的主画面，并进行动画连接；
6. 通过电梯自动控制系统的调试，掌握电梯自动控制系统的运行状态；
7. 能够熟练使用事件命令语言和应用程序命令语言进行系统组态。

6.1 三层电梯自动控制系统方案设计

6.1.1 电梯自动控制系统的控制要求

（1）当电梯停于一层或二层时，按三层按钮呼叫，则电梯上升至 LS3 停止；

（2）当电梯停于三层或二层时，按一层按钮呼叫，则电梯下降至 LS1 停止；

（3）当电梯停于一层时，按二层按钮呼叫，则电梯上升至 LS2 停止；

（4）当电梯停于三层时，按二层按钮呼叫，则电梯下降至 LS2 停止；

（5）当电梯停于一层，而二层、三层按钮均有人呼叫时，电梯上升至 LS2 时；在 LS2 暂停 10s 后，继续上升至 LS3 停止；

（6）当电梯停于三层，而二层、一层按钮均有人呼叫时，电梯下降至 LS2 时；在 LS2 暂停 10s 后，继续下降至 LS1 停止；

（7）当电梯上升或下降途中，任何反方向的按钮呼叫均无效。

（8）在计算机中显示三层电梯自动控制系统的工作状态。

6.1.2　三层电梯自动控制系统接口设备选型

（1）本系统采用电动机、接触器、限位开关作为执行机构；

（2）本项目I/O接口设备选择中泰板卡PC6408。

PC6408隔离型DI、DO板，16路数字量输入通道，16路数字量输出通道，隔离电压500VDC。

① 地址设置方法：

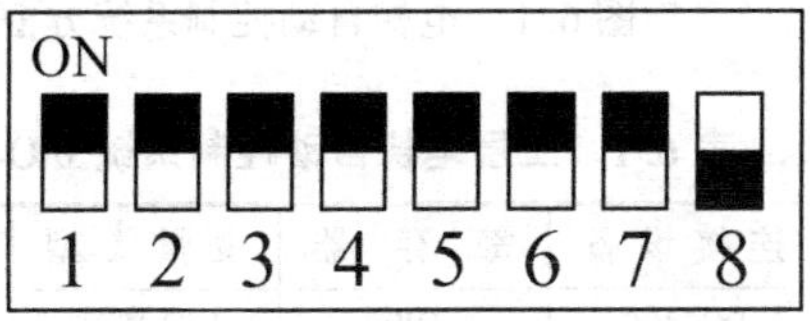

地址线：	A2	A3	A4	A5	A6	A7	A8	A9
十六进制数：	4	8	10	20	40	80	100	200

I/O基地址的选择是通过开关K1进行的，开关拨至“ON”处为0，反之为1。拨码第8位表示地址线A9，拨码第1位表示地址线A2。初始地址的选择范围一般为0100H～036FH。用户应根据主机硬件手册给出的可用范围以及是否插入其他功能卡来决定本卡的I/O基地址。出厂时本卡的基地址设为0100H，并从基地址开始占用连续4个地址。

板基地址计算公式如下：

板基地址＝所有有效位之和

例：如上图所示

板基地址＝200H

② 初始化字：无。

本系统有8个开关量控制信号需要通过中泰板卡PC6408输入到计算机，分别是启动按钮SB1、停止按钮SB2、一层按钮SB5、二层按钮SB6、三层按钮SB7、一层限位开关LS1、二层限位开关LS2、三层限位开关LS3，计算机有6个开关量控制信号需要通过中泰板卡PC6408输出到控制系统，分别是电梯上升M1（马达正转）、电梯下降M2（马达反转）、一层呼叫（指示灯HL1）、二层呼叫（指示灯HL2）、三层呼叫（指示灯HL3）、电梯自动门（控制电梯门开关）。

6.1.3　三层电梯自动控制系统方框图和电路接线图

（1）三层电梯自动控制系统方框图如图6.1所示。

（2）按钮、限位开关、指示灯、接触器等与PLC及计算机的连接电路图。

① 三层电梯自动控制系统I/O分配表（见表6.1）。

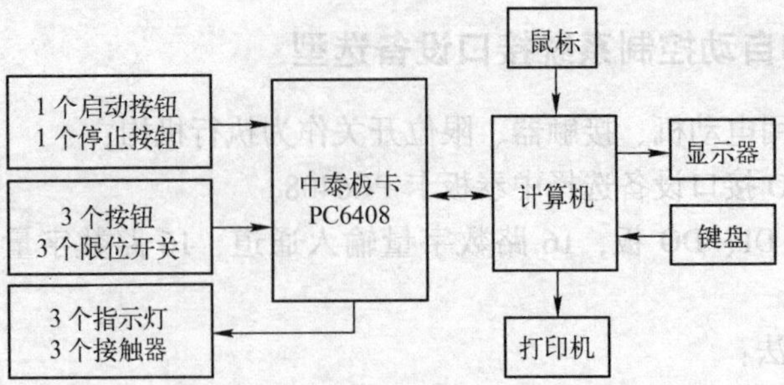

图 6.1　电梯自动控制系统方框图

表 6.1　三层电梯自动控制系统 I/O 分配表

变量名	类型	连接设备	寄存器	变量类型	初始值	数据类型	备注
一层限位	I/O 离散	PC6408	DI0	I/O 离散	关	Bit	
二层限位	I/O 离散	PC6408	DI1	I/O 离散	关	Bit	
三层限位	I/O 离散	PC6408	DI2	I/O 离散	关	Bit	
一层按钮	I/O 离散	PC6408	DI3	I/O 离散	关	Bit	
二层按钮	I/O 离散	PC6408	DI4	I/O 离散	关	Bit	
三层按钮	I/O 离散	PC6408	DI5	I/O 离散	关	Bit	
启动按钮	I/O 离散	PC6408	DI6	I/O 离散	关	Bit	
停止按钮	I/O 离散	PC6408	DI7	I/O 离散	关	Bit	
一层呼叫	I/O 离散	PC6408	DO0	I/O 离散	关	Bit	
二层呼叫	I/O 离散	PC6408	DO1	I/O 离散	关	Bit	
三层呼叫	I/O 离散	PC6408	DO2	I/O 离散	关	Bit	
电梯上升	I/O 离散	PC6408	DO3	I/O 离散	关	Bit	
电梯下降	I/O 离散	PC6408	DO4	I/O 离散	关	Bit	
电梯自动门	I/O 离散	PC6408	DO5	I/O 离散	关	Bit	

② 电梯自动控制系统接线图如图 6.2 所示。

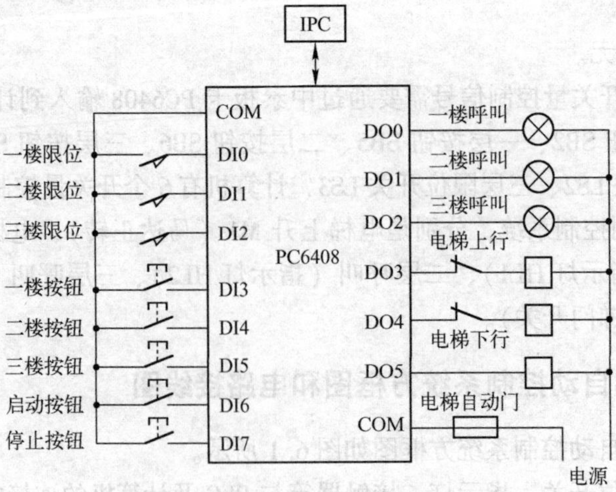

图 6.2　电梯自动控制系统接线图

6.2　电梯自动控制系统实施及调试

6.2.1　工程建立

(1) 单击桌面“组态王”图标，出现组态王“工程管理器”窗口，如图 6.3 所示。组态王“工程管理器”窗口中显示了计算机中所有已建立的工程项目的名称和存储路径。

(2) 在组态王“工程管理器”窗口中单击“新建”按钮，出现“新建工程向导之一”对话框，如图 6.3 所示。

图 6.3　新建工程向导一

(3) 单击“下一步”按钮，在图 6.4 所示“新建工程向导之二”对话框中的文本框中直接输入或用“浏览”方式确定工程路径。

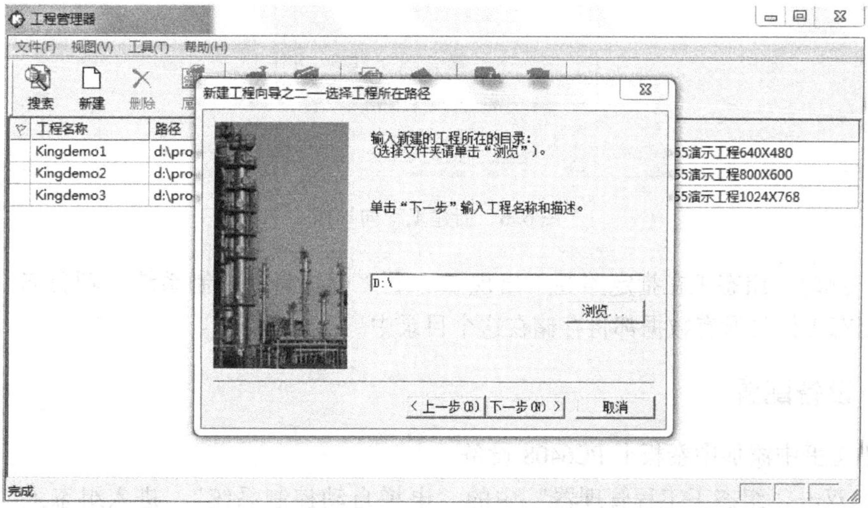

图 6.4　新建工程向导二

(4) 单击“下一步”按钮，在出现如图6.5所示的“新建工程向导之三”窗口中输入工程名称为“电梯自动控制系统”。

图6.5　新建工程向导三

(5) 单击“完成”按钮，在出现如图6.6所示的“是否将新建的工程设置为当前工程”对话框中单击“是”按钮，完成工程的建立。

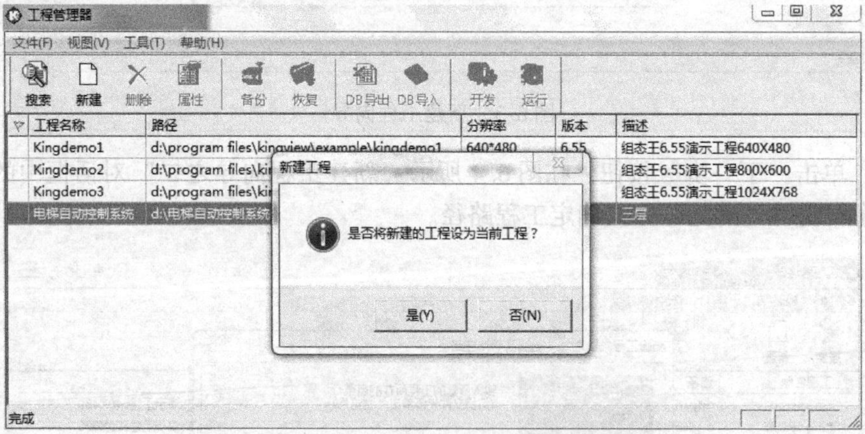

图6.6　新建工程向导四

(6) 此时，组态王在指定路径下出现了一个“电梯自动控制系统”项目名，以后所进行的组态工作的所有数据都将存储在这个目录中。

6.2.2　设备配置

在组态王中添加中泰板卡PC6408设备。

(1) 双击“组态王工程管理器”中的“电梯自动控制系统”，进入组态王“工程浏览器”，如图6.7所示。

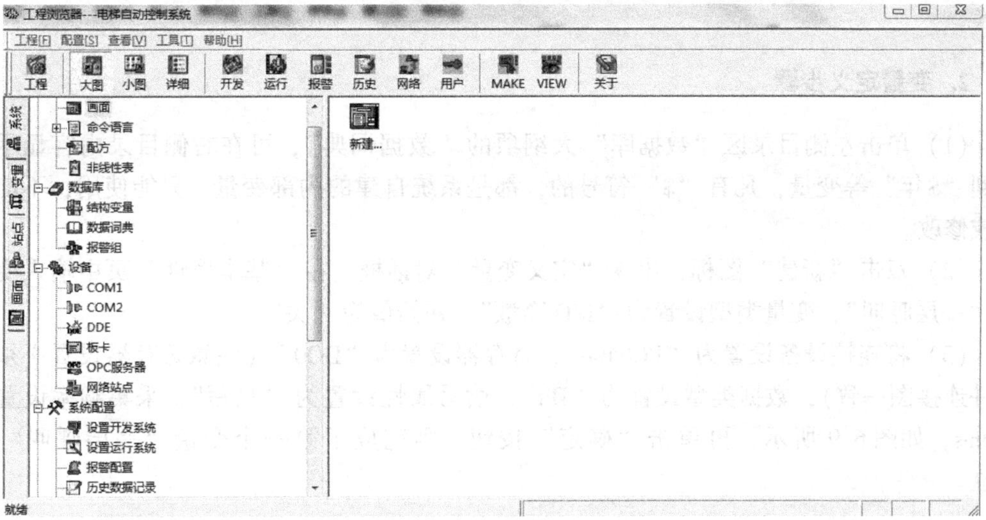

图 6.7　工程浏览器

(2) 双击目录内容显示区中的“新建”图标，在出现的“设备配置向导”中单击“板卡”→“中泰”→“PC6408”，如图 6.8 所示。

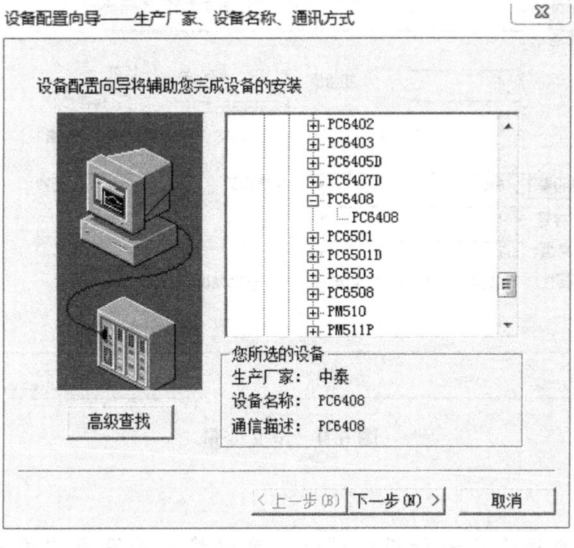

图 6.8　设备配置向导

(3) 单击“下一步”按钮，在下一个窗口中给这个设备取一个名字“PC6408”。

(4) 单击“下一步”按钮，在下一个窗口中给要安装的设备指定地址“200”;

(5) 单击“下一步”按钮，再单击“完成”按钮，完成设备的配置。

6.2.3　定义变量

1. 变量分配

根据表 6-1，需要建立 8 个数字输入变量和 6 个数字输出变量，实现与板卡的数据交换。

2. 变量定义步骤

(1) 单击左侧目录区“数据库”大纲项的“数据词典”，可在右侧目录内容显示区看到“$年”等变量，凡有“$”符号的，都是系统自建的内部变量，只能使用，不能删除或修改。

(2) 双击“新建”图标，出现“定义变量”对话框，在“基本属性”页中输入变量名“一层呼叫”，变量类型设置为“I/O离散”，初始值为“关”。

(3) 将连接设备设置为“PC6408”，寄存器设置为“DO0”(注意寄存器设置必须与硬件连接图一致)，数据类型设置为“Bit”，读写属性设置为“只写”，采集频率设置为100ms，如图6.9所示，再单击“确定”按钮，则完成了第一个变量“一层呼叫”的建立。

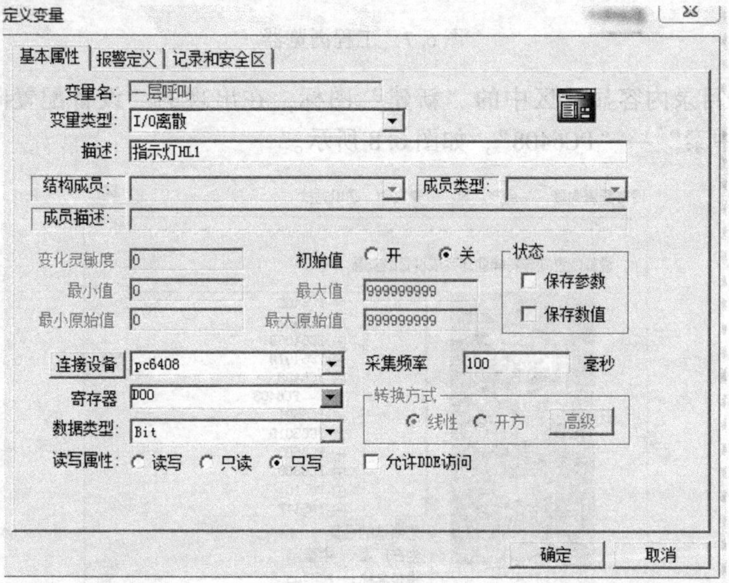

图6.9 定义变量

注意：

如果想使组态王脱离设备进行模拟调试，可以将变量设为“内存离散”型变量，此时与连接设备有关的选项变为不可用了。

类似可以建立“二层呼叫”、“三层呼叫”、“电梯上升”、“电梯下降”、“电梯自动门”、“一层按钮”、“二层按钮”、“三层按钮”、“一层限位”、“二层限位”、“三层限位”、“启动按钮”、“停止按钮”等13个变量。

此外，为了在程序中对当前机械手运行状态进行识别，需要建立以下几个变量：“电梯移动”、“电梯门”、“ZHV1(定时器)”、“ZHV2(定时器复位)”、“ZHV3(计数值)”。

“电梯移动”、“电梯门”为“内存实型”，初始值为“100”，最大值为“100”。

“ZHV1(定时器)”、“ZHV2(定时器复位)”为“内存离散”型，初始值为“关”。

“ZHV3（计数值）”为“内存整型”，初始值为“0”。

建立完成后的数据词典窗口如图 6.10 所示。

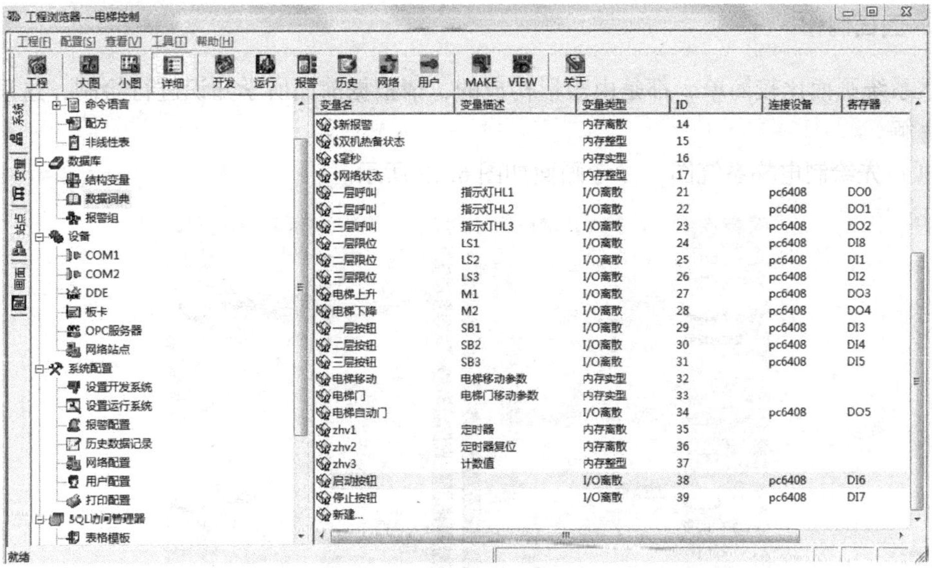

图 6.10　数据词典

6.2.4　画面的设计与编辑

1. 新建画面

（1）在工程浏览器的目录显示区中，单击“文件”大纲项下面的“画面”。

（2）在目录内容显示区中双击“新建”图标，则工程浏览器会启动组态王的“画面开发系统”程序，并弹出“新画面”对话框，在“新画面”对话框中将画面名称设置为“电梯自动控制系统”，“大小可变”，如图 6.11 所示。

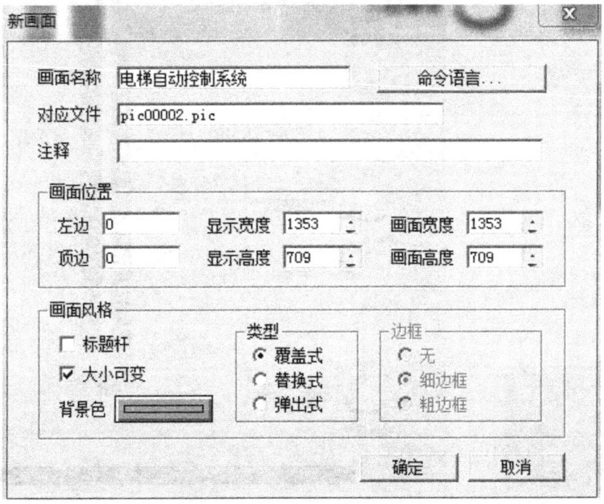

图 6.11　“新画面”对话框

(3) 单击“确定”按钮，进入画面开发系统，画面开发提供了画面制作工具箱，可以方便地制作矩形、圆形等图形。

2. 画面制作

本系统画面比较简单，都是由矩形构成的，请根据前面所学知识进行绘制，这里不再详细讲解。

(1) 先绘制电梯系统图，参考画面如图 6.12 所示。

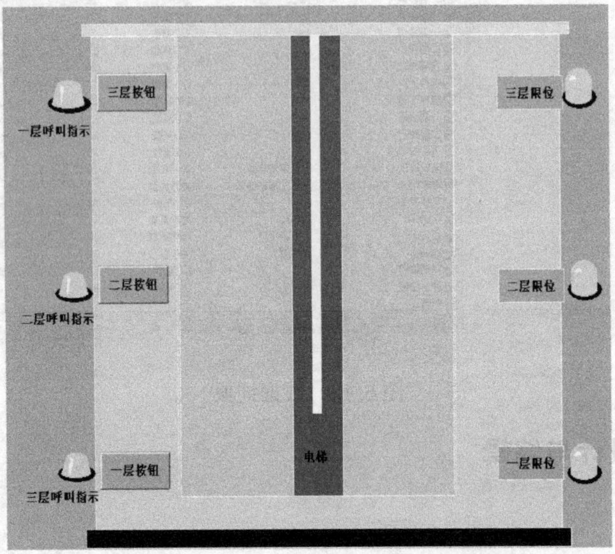

图 6.12　电梯自动控制系统参考画面 1

(2) 绘制电梯厢，如图 6.13 所示。并将电梯厢置于电梯控制系统底部，如图 6.14 所示。

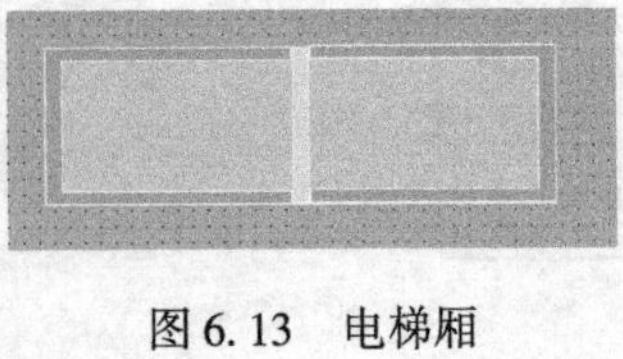

图 6.13　电梯厢

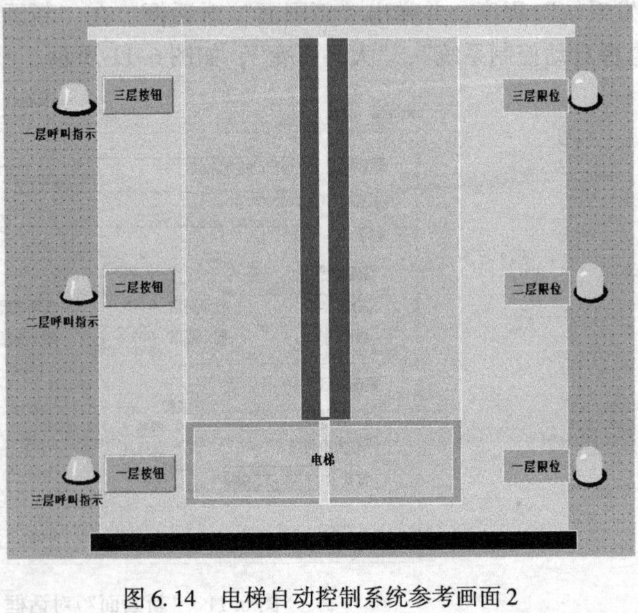

图 6.14　电梯自动控制系统参考画面 2

（3）再绘制两个矩形作为电梯门，并将其放置于电梯厢上，如图6.15所示。

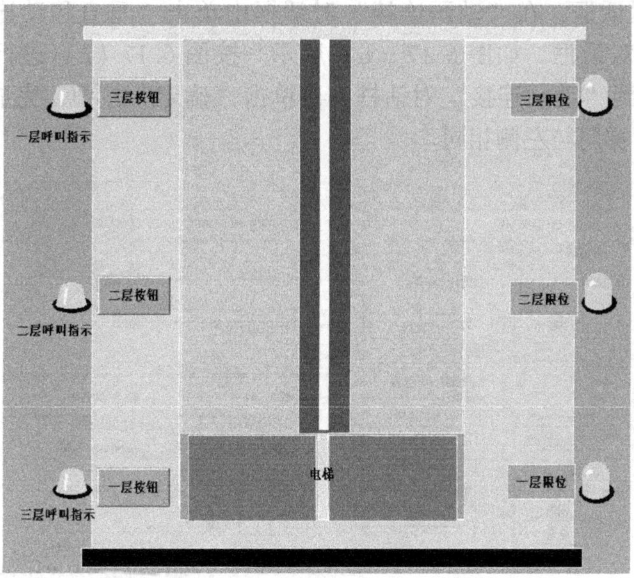

图6.15　电梯自动控制系统参考画面2

（4）最后为了调试方便，在画面中加上“开门”、“关门”、“启动”、“停止”按钮，如图6.16所示，至此，整个画面绘制完毕。

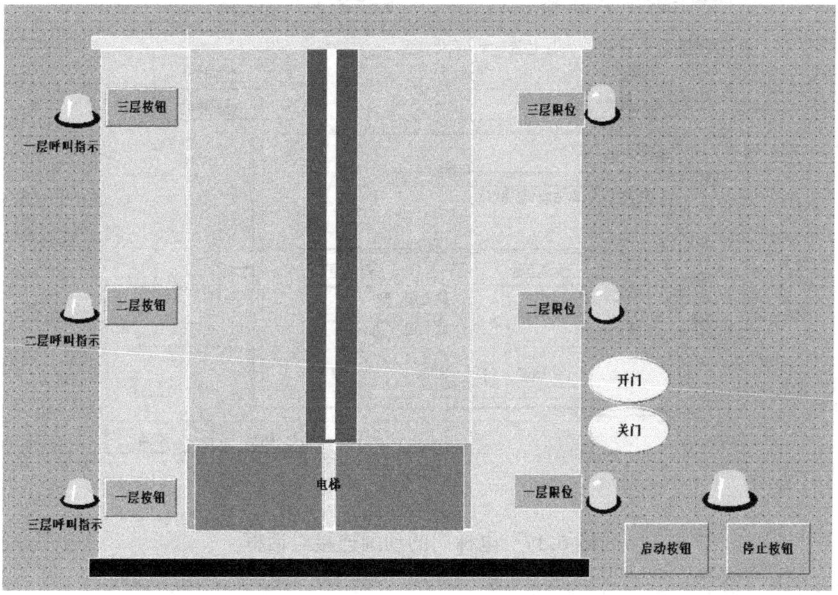

图6.16　电梯自动控制系统参考画面3

6.2.5　动画连接及调试

（1）电梯门的动画连接。

双击左侧电梯门，出现“动画连接”对话框，单击“缩放”按钮，出现“缩放连接”对话框，如图6.17（a）所示，按图6.17（a）进行设置后，单击“确定”按钮，回到“动画连接”对话框，在“动画连接”对话框中单击“垂直移动连接”按钮，进入“垂直移动连接”对话框，如图6.17（b）所示。按图6.17（b）进行设置后，再单击“确定”按钮，回到“动画连接”对话框，再单击“确定”按钮，完成对左侧电梯门的动画链接，右侧电梯门与左侧相同。

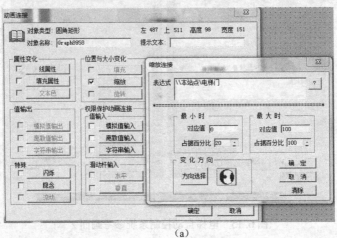

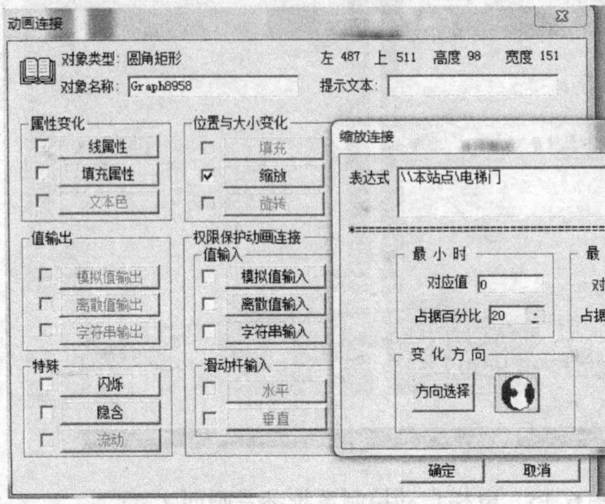

（a）

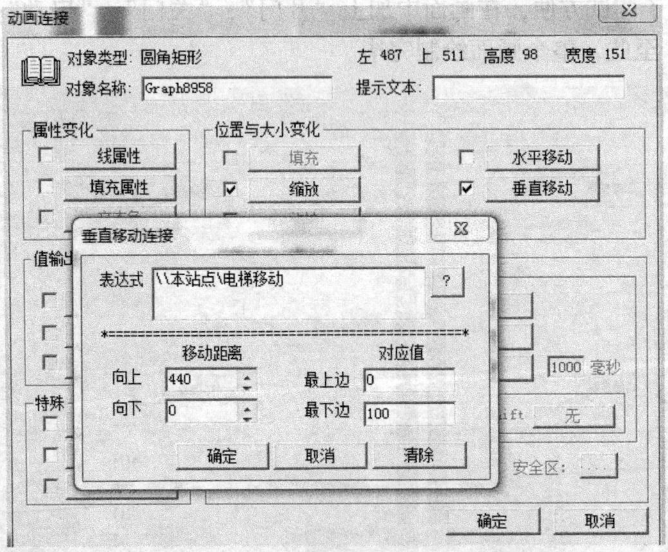

（b）

图6.17　电梯门的动画连接对话框

（2）电梯厢的动画连接。

先将任一电梯门移开，露出电梯厢，双击电梯厢，出现“动画连接”对话框，单击“垂直移动”按钮，出现“垂直移动连接”对话框，如图6.18所示，按图6.18进行设置后，单击“确定”按钮，完成电梯厢的动画连接，再将电梯门移回至电梯厢上。

（3）指示灯的动画连接。

完成各指示灯与相应变量之间的连接。以“三层呼叫”指示灯为例，双击“三层呼

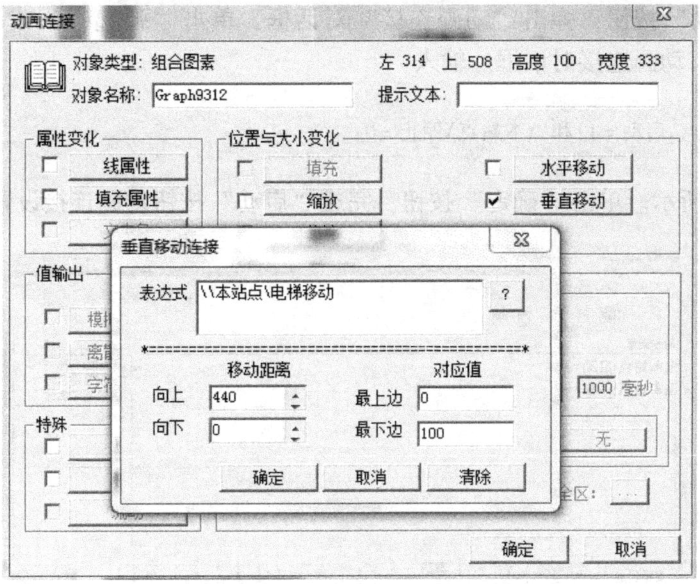

图 6.18　电梯厢的动画连接

叫”指示灯，进入指示灯向导，如图 6.19 所示，按图 6.19 进行设置后，单击“确定”按钮，完成三层呼叫指示灯的动画连接。按照这种方法完成其他指示灯的动画连接。

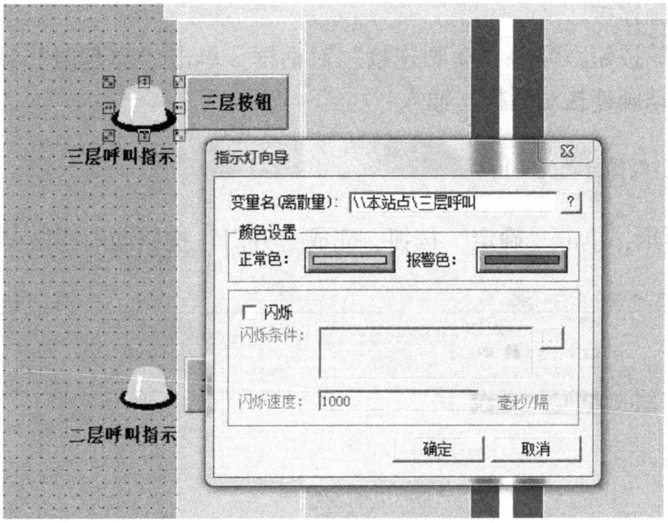

图 6.19　指示灯动画连接

6.2.6　控制程序的编写与模拟调试

本系统只有一种工作方式，要求电梯在启动的情况下可以任意上下。

1. 动画连接

（1）启动按钮的动画连接。

双击“启动”按钮，弹出“动画连接”对话框，单击“弹起时”或“按下时”，弹出“命令语言”动画连接对话框。输入

```
\\本站点\启动=1;和\\本站点\停止=0;
```

如图6.20所示。单击“确定”按钮，完成“启动”按钮动画连接设置。

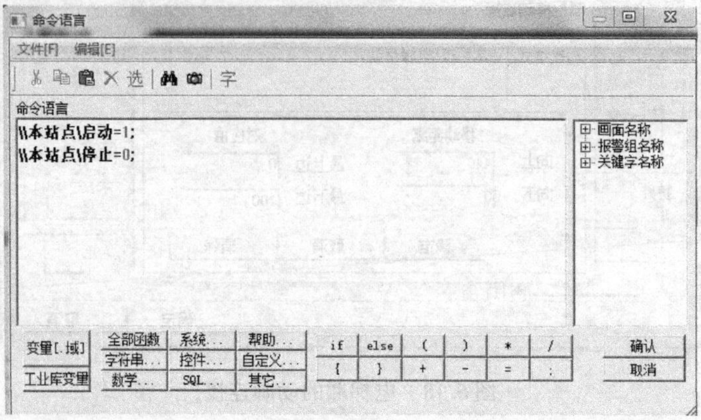

图6.20　启动按钮的命令语言

使用同样的方法制作“停止”按钮的动画连接。

（2）开门动画连接。

双击“开门”按钮，弹出“动画连接”对话框，单击“弹起时”或“按下时”，弹出“命令语言”动画连接对话框。输入

```
\\本站点\电梯自动门=1;
```

如图6.21所示，单击“确定”按钮，完成“开门”按钮动画连接设置。

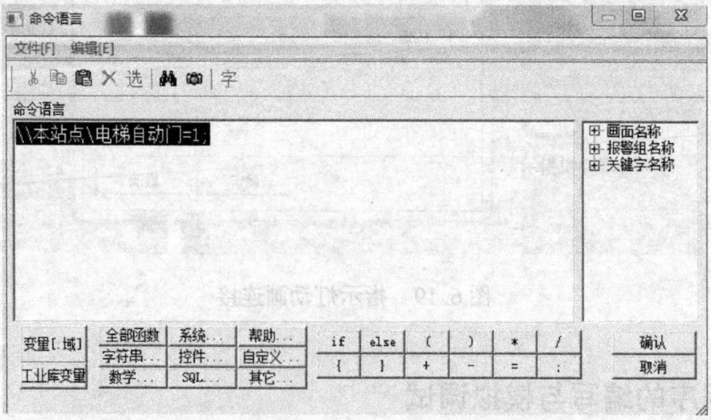

图6.21　开门按钮的命令语言

使用同样的方法制作关门按钮的动画连接，其命令语言为

```
\\本站点\电梯自动门=0;
```

(3) 一层按钮的动画连接。

双击“一层按钮”，弹出“动画连接”对话框，单击“弹起时”或“按下时”，弹出“命令语言”动画连接对话框。输入

```
if(\\本站点\启动按钮==1);
{\\本站点\一层按钮=1;}
```

如图6.22所示，单击“确定”按钮，完成“一层按钮”动画连接设置。

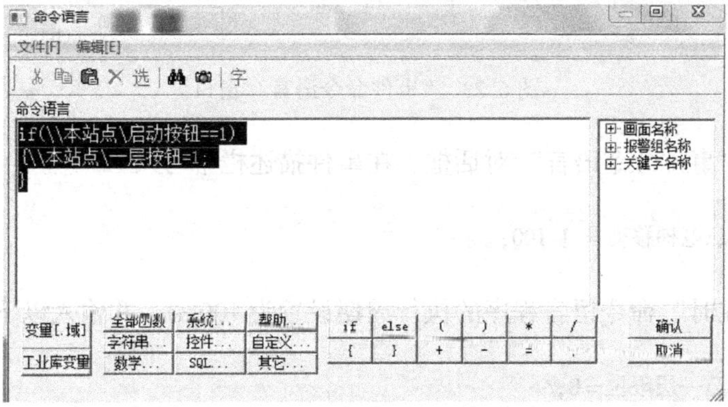

图6.22　一层按钮的动画连接

使用同样的方法制作二层按钮和三层按钮的动画连接。

2. 事件命令语言

本系统一层限位、二层限位、三层限位的状态，电梯门的开关情况、电梯的上下运动情况以及定时器都将在事件命令语言中编写。事件命令语言分“发生时”、“存在时”、“消失时”三种，可分别编写。“发生时”和“消失时”程序只执行一次；“存在时”程序则循环执行，需要设定循环时间。

(1) “限位”开关的事件命令语言的编写。

当“电梯移动”等于100时，“一层限位”开关为“1”，当“电梯移动”不等于“100”，时“一层限位”开关为“0”。

① 双击组态王的工程目录显示区中的“文件”大纲下面的“命令语言”成员项；

② 单击“事件命令语言”子成员项，再双击事件描述区的“新建”，进入“事件命令语言”对话框，如图6.23 (a) 所示；

③ 在事件描述栏中写入

```
\\本站点\电梯移动==100;
```

④ 把“存在时”命令语言程序的执行周期设置为100ms，并输入以下程序

```
\\本站点\一层限位=1;
```

如图6.23 (b) 所示。

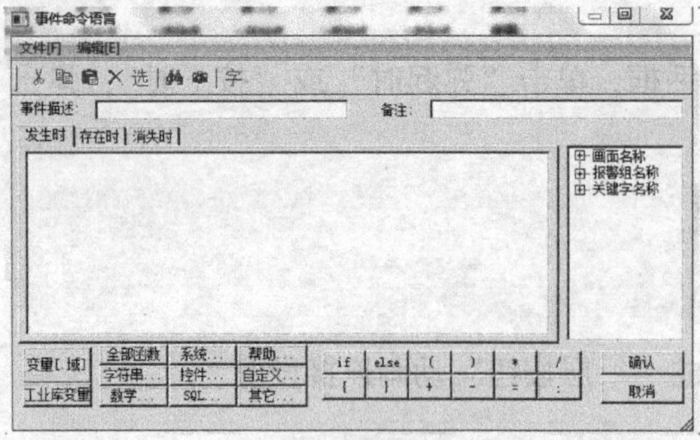

(a)

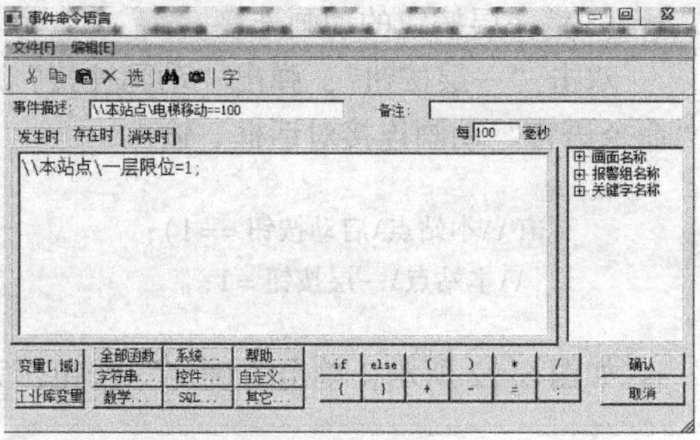

(b)

图 6.23 “事件命令语言”窗口

⑤ 再新建“事件命令语言”对话框，在事件描述栏中写入

```
\\本站点\电梯移动 ==! 100;
```

⑥ 把“存在时”命令语言程序的执行周期设置为 100ms，并输入以下程序

```
\\本站点\一层限位 =0;
```

如图 6.24 所示。

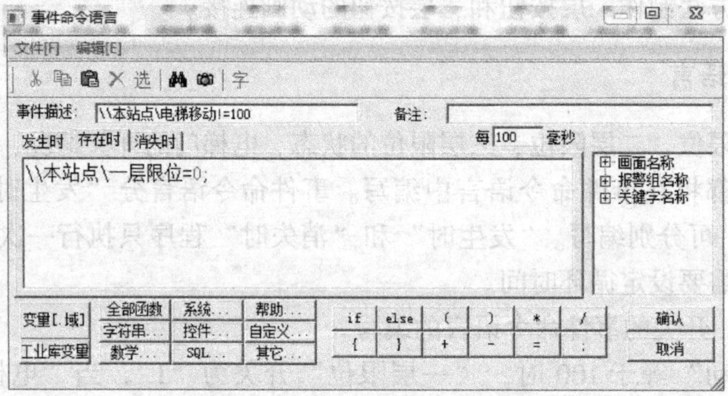

图 6.24 “事件命令语言”窗口

当“电梯移动”等于 50 时，“二层限位”开关为“1”，当“电梯移动”不等于 50 时，“二层限位”开关为“0”。

当“电梯移动”等于 0 时，“三层限位”开关为“1”，当“电梯移动”不等于 0 时，“三层限位”开关为“0”。

请同学们参照“一层限位”开关事件命令语言的编写方法，完成“二层限位”开关和“三层限位”开关事件命令语言的编写。

(2) 电梯门的事件命令语言的编写。

当“电梯自动门”为 1 时，电梯门打开；当“电梯自动门”为 0 时，电梯门关闭。

① 新建“事件命令语言”对话框，在事件描述栏中写入

```
\\本站点\电梯自动门==1;
```

② 把“存在时”命令语言程序的执行周期设置为 100ms，并输入以下程序

```
\\本站点\电梯门=\\本站点\电梯门-1;
```

如图 6.25 所示。

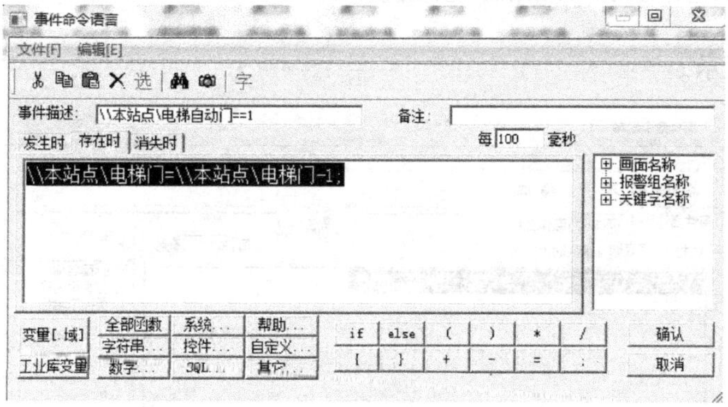

图 6.25　电梯门打开的事件命令语言

③ 再新建“事件命令语言”对话框，在事件描述栏中写入

```
\\本站点\电梯自动门==0;
```

④ 把“存在时”命令语言程序的执行周期设置为 100ms，并输入以下程序

```
\\本站点\电梯门=\\本站点\电梯门+1;
```

如图 6.26 所示。

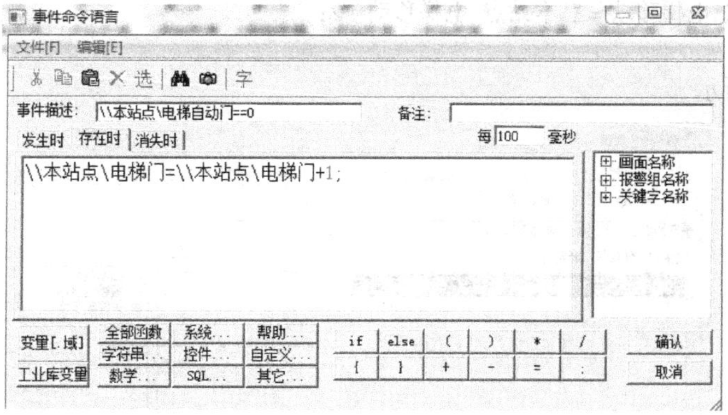

图 6.26　电梯门关闭的事件命令语言

(3) 电梯升降的事件命令语言的编写。

“电梯上升”等于 1 时，电梯上行，通过减小“电梯移动”变量的值，使电梯向上移动；相反，“电梯下降”等于 1 时，电梯下行，通过增大“电梯移动”变量的值，使电梯

向下移动。

① 新建“事件命令语言”对话框，在事件描述栏中写入

```
\\本站点\电梯上升==1;
```

② 把“存在时”命令语言程序的执行周期设置为300ms，并输入以下程序

```
\\本站点\电梯移动=\\本站点\电梯移动-2;
```

如图6.27所示。

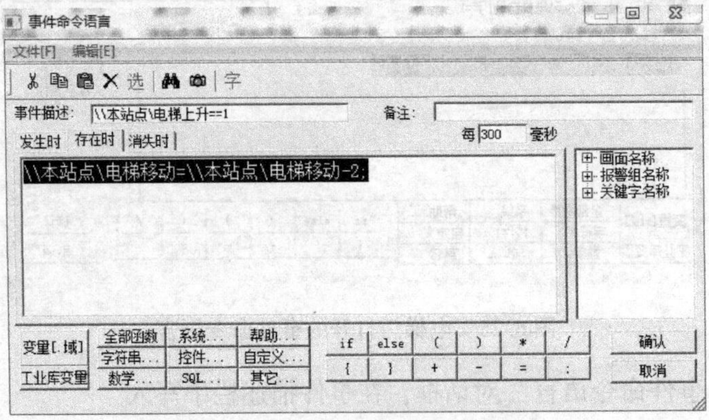

图6.27　电梯上升的事件命令语言

③ 再新建“事件命令语言”对话框，在事件描述栏中写入

```
\\本站点\电梯下降==1;
```

④ 把“存在时”命令语言程序的执行周期设置为300ms，并输入以下程序

```
\\本站点\电梯移动=\\本站点\电梯移动+2;
```

如图6.28所示。

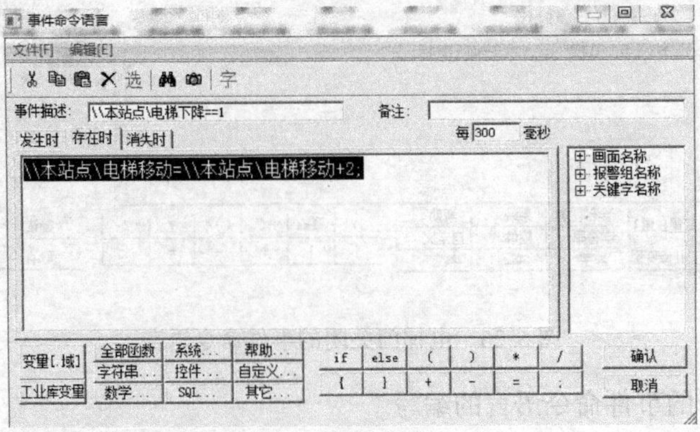

图6.28　电梯下降的事件命令语言

（4）定时器的事件命令语言的编写。

当电梯在一楼时，如果二楼和三楼同时有人按下按钮，则电梯上行至二楼停下，10 秒钟之后，继续上升至三楼，这里需要一个 10 秒钟的定时器。

当 ZHV1（定时器）变量为 1 时，开始计时，这里采用数数的方式，每数 1 个数用 1000 毫秒，当数完 10 个数时刚好 10 秒，将定时器复位，即 ZHV2（定时器复位）置 1。

① 新建“事件命令语言”对话框，在事件描述栏中写入

```
本站点\zhv1 ==1&&\\本站点\电梯移动 ==50;
```

② 把“存在时”命令语言程序的执行周期设置为 1000ms，并输入以下程序

```
\\本站点\zhv3 = \\本站点\zhv3 +1;
if(\\本站点\zhv3 ==10)
{\\本站点\zhv2 =1;}
```

如图 6.29 所示。

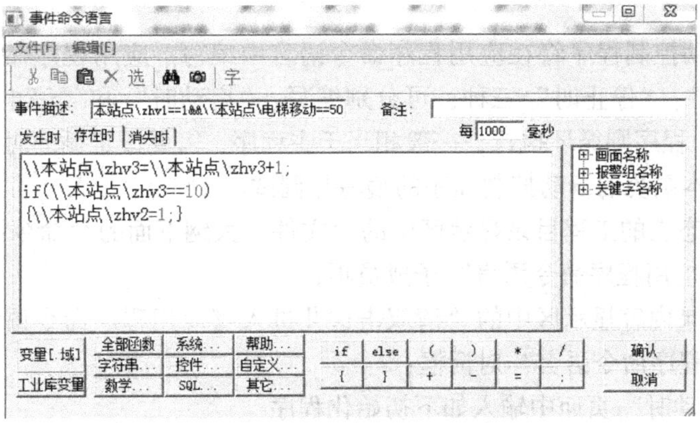

图 6.29　定时器事件命令语言 1

③ 在“发生时”输入下列程序

```
\\本站点\zhv2 =0;
```

将定时器的复位信号取消。

④ 再新建“事件命令语言”对话框，在事件描述栏中写入

```
\\本站点\zhv2 ==1;
```

⑤ 把“存在时”命令语言程序的执行周期设置为 1000ms，并输入以下程序

```
\\本站点\zhv1 =0;
\\本站点\zhv3 =0;
```

如图 6.30 所示。

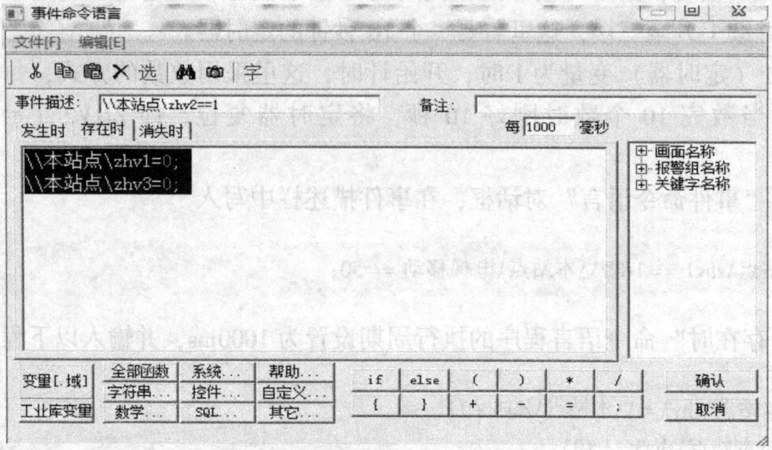

图 6.30 定时器事件命令语言 2

3. 应用程序命令语言的编写

本系统的自动控制程序将在应用程序命令语言中编写。应用程序命令语言也分“启动时”、“运行时”、“停止时”三种，可分别编写。“启动时”和“停止时”程序只执行一次；“运行时”程序则循环执行，一般相当于主程序，需要设定循环时间。

下面将完成本系统的自动控制程序的编写与调试：

（1）双击组态王的工程目录显示区中的“文件”大纲下面的“命令语言”成员项；

（2）单击“应用程序命令语言”子成员项；

（3）双击目录内容显示区中的“请双击这儿进入《应用程序命令语言》对话框”按钮，进入“应用程序命令语言”对话框；

（4）在“启动时”页面中输入如下初始化程序

```
\\本站点\电梯门 = 100;
\\本站点\电梯移动 = 100;
```

（5）把“运行时”命令语言程序的执行周期设置为 300ms，如图 6.31 所示。

（6）在“运行时”页面输入以下程序：

```
if( \\本站点\启动按钮 == 1)
{if( \\本站点\一层按钮 == 1&&\\本站点\二层按钮 == 0&&\\本站点\三层按钮 == 0)
{\\本站点\一层呼叫 = 1;
if( \\本站点\电梯移动 < 100)
{\\本站点\电梯下降 = 1;}
if( \\本站点\电梯移动 == 100)
{\\本站点\电梯下降 = 0;
```

```
\\本站点\一层呼叫=0;
\\本站点\一层按钮=0;}}

if(\\本站点\二层按钮==1&&\\本站点\一层按钮==0&&\\本站点\三层按钮==0)
{\\本站点\二层呼叫=1;
if(\\本站点\电梯移动>50)
{\\本站点\电梯上升=1;
\\本站点\电梯下降=0;}
if(\\本站点\电梯移动<50)
{\\本站点\电梯下降=1;
\\本站点\电梯上升=0;}
if(\\本站点\电梯移动==50)
{\\本站点\电梯上升=0;
\\本站点\电梯下降=0;
\\本站点\二层呼叫=0;
\\本站点\二层按钮=0;}}

if(\\本站点\三层按钮==1&&\\本站点\一层按钮==0&&\\本站点\二层按钮==0)
{\\本站点\三层呼叫=1;
if(\\本站点\电梯移动>0)
{\\本站点\电梯上升=1;}
if(\\本站点\电梯移动==0)
{\\本站点\电梯上升=0;
\\本站点\三层呼叫=0;
\\本站点\三层按钮=0;}}

if(\\本站点\二层按钮==1&&\\本站点\三层按钮==1)
{
if(\\本站点\电梯移动>50)
{\\本站点\二层呼叫=1;
\\本站点\三层呼叫=1;
\\本站点\电梯上升=1;}
if(\\本站点\电梯移动==50)
{\\本站点\电梯上升=0;
\\本站点\二层呼叫=0;
\\本站点\zhv1=1;}
if(\\本站点\zhv2==1&&\\本站点\三层按钮==1&&\\本站点\二层呼叫==0)
{\\本站点\电梯上升=1;
if(\\本站点\电梯移动==0)
{\\本站点\电梯上升=0;
\\本站点\三层呼叫=0;
\\本站点\二层按钮=0;
```

```
\\本站点\三层按钮=0;}}}
if(\\本站点\二层按钮==1&&\\本站点\一层按钮==1)
{if(\\本站点\电梯移动<50)
{\\本站点\电梯下降=1;
\\本站点\二层呼叫=1;
\\本站点\一层呼叫=1;}
if(\\本站点\电梯移动==50)
{\\本站点\电梯下降=0;
\\本站点\二层呼叫=0;
\\本站点\zhv1=1;}
if(\\本站点\zhv2==1&&\\本站点\一层按钮==1&&\\本站点\二层呼叫==0)
{\\本站点\电梯下降=1;
if(\\本站点\电梯移动==100)
{\\本站点\电梯下降=0;
\\本站点\一层呼叫=0;
\\本站点\一层按钮=0;
\\本站点\二层按钮=0;}}}
    }
```

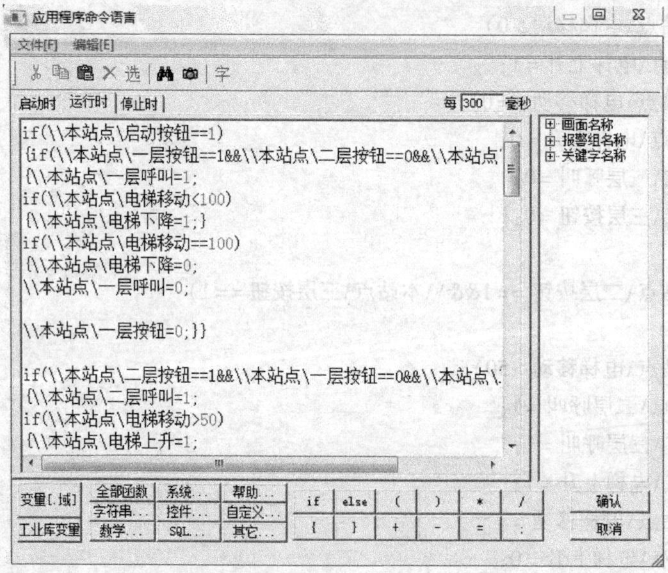

图 6.31　应用程序命令语言主程序

6.3　运行效果

单击工程浏览器中的“View”按钮，进入组态王运行系统，如果系统没有连接硬件设备，会出现如图 6.32 所示的错误提示，这时只需将数据词典中的输入变量的数据类型由“I/O 离散”改为“内存离散”即可。

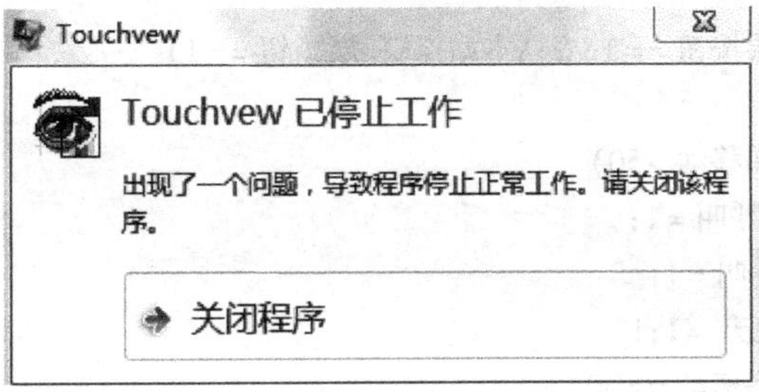

图 6.32 组态王的错误提示

进入运行环境后，按下“启动”按钮后，就可以通过“一层按钮”、“二层按钮”、“三层按钮”来操作电梯的运行。

（1）电梯在一楼时，按下二楼或三楼按钮，观察电梯的运行情况；如果同时按下二楼和三楼按钮，观察电梯的运行情况，重点观察电梯的在二楼暂停时间，看定时器的定时时间是否准确；

（2）电梯在三楼时，按下二楼或一楼按钮，观察电梯的运行情况；如果同时按下二楼和一楼按钮，观察电梯的运行情况；

（3）电梯在二楼时，按下一楼或三楼按钮，观察电梯的运行情况。

本 章 小 结

在本章的教学中，通过对电梯控制系统工作状态的分析，根据控制要求确定三层电梯控制系统的设计方案。

1. 本系统有 8 个开关量控制信号需要通过中泰板卡 PC6408 输入到计算机，分别是启动按钮 SB1、停止按钮 SB2、一层按钮 SB5、二层按钮 SB6、三层按钮 SB7、一层限位开关 LS1、二层限位开关 LS2、三层限位开关 LS3，计算机有 6 个开关量控制信号需要通过中泰板卡 PC6408 输出到控制系统，分别是电梯上升 M1（马达正转）、电梯下降 M2（马达反转）、一层呼叫（指示灯 HL1）、二层呼叫（指示灯 HL2）、三层呼叫（指示灯 HL3）、电梯自动门（控制电梯门开关）。

2. 本系统利用事件命令语言完成电梯的上行与下行以及定时程序；利用应用程序命令语言完成整个电梯的自动控制。

3. 本系统通过限位开关检测电梯的位置和呼叫开关的状态，控制电动机的正反转达到升降的目的。

4. 学生能够根据设计方案在开发环境下进行工程组态，并在运行环境下进行调试，直至成功。

习题与思考题

6-1 请分析下列程序的功能：

```
if(\\本站点\二层按钮==1&&\\本站点\三层按钮==1)
{
if(\\本站点\电梯移动>50)
{\\本站点\二层呼叫=1;
\\本站点\三层呼叫=1;
\\本站点\电梯上升=1;}
if(\\本站点\电梯移动==50)
{\\本站点\电梯上升=0;
\\本站点\二层呼叫=0;
\\本站点\定时器=1;}
if(\\本站点\定时器复位==1&&\\本站点\三层按钮==1&&\\本站点\二层呼叫==0)
{\\本站点\电梯上升=1;
if(\\本站点\电梯移动==0)
{\\本站点\电梯上升=0;
\\本站点\三层呼叫=0;
\\本站点\二层按钮=0;
\\本站点\三层按钮=0;}}}
if(\\本站点\二层按钮==1&&\\本站点\一层按钮==1)
{if(\\本站点\电梯移动<50)
{\\本站点\电梯下降=1;
\\本站点\二层呼叫=1;
\\本站点\一层呼叫=1;}
if(\\本站点\电梯移动==50)
{\\本站点\电梯下降=0;
\\本站点\二层呼叫=0;
\\本站点\定时器=1;}
```

6-2 某系统中含有一个加热器，其加热条件是温度低于10℃，加热装置继电器的开关为KM1（1为开，0为关）加热的时间为5分钟，时间到加热装置自动关闭，请利用定时器加以实现。

6-3 完成电梯上升与电梯下降的日报表（半个小时记录一次），报表窗口能与主画面任意切换。

6-4 请结合电梯的实际情况，找出程序的不足之处，写出更好的控制程序。

6-5 请自行设计四层电梯自动控制系统。

第7章 实训项目

实训项目1　用组态王实现煤气生产控制系统

1. 控制要求

（1）排入压力保持在500Pa±100Pa范围内，越限报警。

（2）饱和温度在40～60℃之间任意设定，允许误差为±1℃，越限报警。

（3）料仓料位低于料位计时开阀进料，高于料位计时关阀停止进料，越限报警。

（4）炉出温度在300～500℃范围内，根据产量大小能任意设定，允许范围为±10℃，越限报警。

（5）炉出压力在700～1000Pa之间任意设定，在设定值下允许在±100Pa的范围内波动，低于600Pa报警。

（6）鼓风机压力在7000～8000Pa之间运行，低于6000Pa报警。

（7）排出压力在12000Pa以上进行，低于10000Pa报警。

（8）循环水总管压力低于0.1MPa应报警。

2. 生产工艺

煤气生产控制系统示意图如图7.1所示。

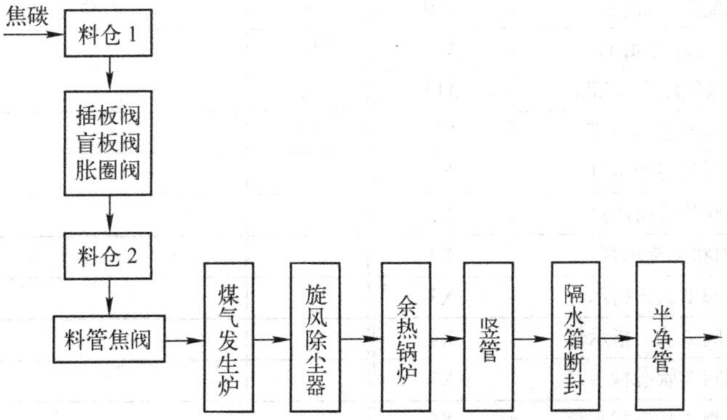

图7.1　煤气生产控制系统示意图

（1）控制功能。

本系统对下料方式的控制有两种：一种是根据料仓中的料位高低判断是否下料，当料位低于设定值1时，则打开相关阀门开始下料，料位开始升高，高于设定值2时，停止下料，本过程属于闭环控制；另一种是通过设定“下料时间”及“下料间隔时间”来控制下料，下料时插板阀、盲板阀和胀圈阀是按照由下至上的顺序打开的；下料结束后，是按照由上至下的顺序关闭的，本过程属于开环控制。下料时四个料管焦阀关闭，而下料结束后则打开。

（2）监测功能。

煤气发生炉产生的煤气通过旋风除尘器除尘、净化、冷却后，进入余热锅炉，回收多余热量，产生蒸汽，然后进入竖管和半净管，竖管和半净管属于煤气冷却和净化设备，冷却介质是水，采用煤气和煤并流或逆流的方法，直接接触使高温煤气冷却，煤气中的粉尘、焦油和硫化氢等杂质也被洗涤下来，同时部分冷却水吸收热量变成水蒸气进入煤气。在整个煤气生产过程中，本系统需对流量、温度、压力、料位等参数进行监测，使其符合煤气生产的要求，若出现异常情况将发生报警，报警有两种，一种是高报或低报；另一种是高高报或低低报，出现第一种时可进行人工自动调节，若出现第二种报警则系统自动断电，停止工作。

操作界面能实时显示各参数的值，并能进行参数设定，阀门开关状态显示。

3. I/O 端口分配

煤气发生炉输入/输出端口分配表见表7.1。

表7.1　煤气发生炉输入/输出端口分配表

序　号	名　　称	输入点	序　号	名　　称	输出点
1	鼓风压力（kPa）	A1	1	插板阀	Y0
2	炉出煤气压力（kPa）	A2	2	盲板阀	Y1
3	炉出温度（℃）	A3	3	胀圈	Y2
4	饱和空气温度（℃）	A4	4	料管焦阀1	Y3
5	余热锅炉后压力（kPa）	A5	5	料管焦阀2	Y4
6	余热锅炉后温度（℃）	A6	6	料管焦阀3	Y5
7	工作油压（Mpa）	A7	7	料管焦阀4	Y6
8	鼓风总压（kPa）	A0	8	油泵开关	Y11
9	空气流量（m^3/h）	A10	9	启动开关	Y12
10	中水压力（Mpa）	A11	10		
11	半净管煤气压力（kPa）	A12	11		
12	半净管煤气温度（℃）	A13	12		
13	插板阀状态指示灯	X0			
14	盲板阀状态指示灯	X1			
15	胀圈状态指示灯	X2			
16	料管焦阀1状态指示灯	X3			
17	料管焦阀2状态指示灯	X4			
18	料管焦阀3状态指示灯	X5			
19	料管焦阀4状态指示灯	X6			
20	油泵开关状态指示灯	X11			

4. 系统画面参考图

系统画面参考图如图 7.2 所示。

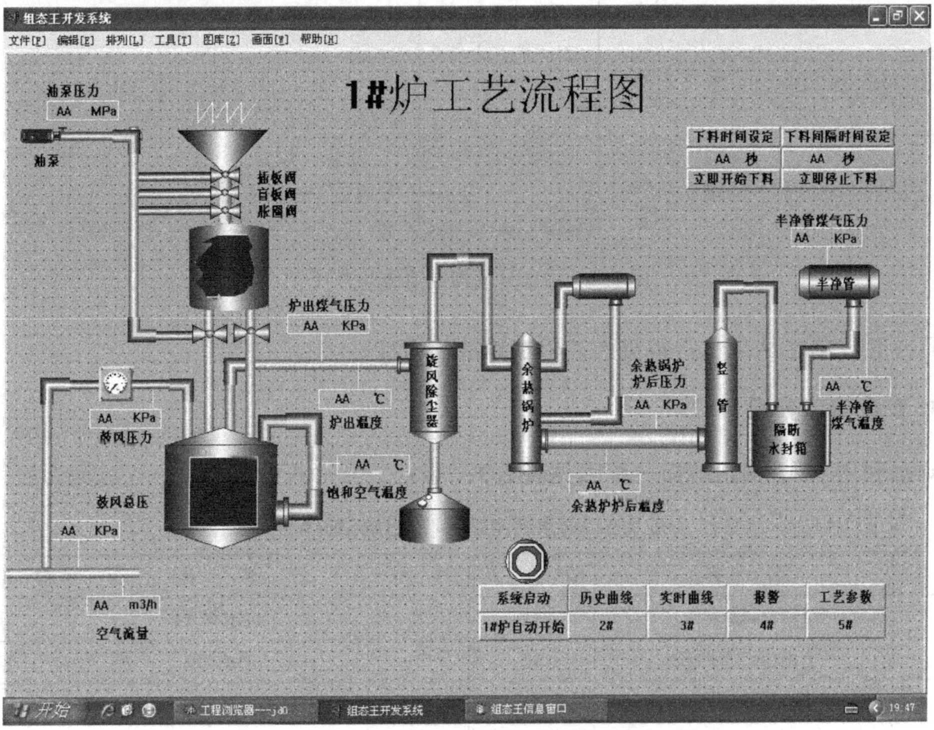

图 7.2 系统画面参考图

实训项目 2 用组态王实现雨水利用自动控制系统

1. 控制要求

(1) 气压罐压力低于设定值（压力传感器 S = 1），而且雨水罐液面高于下液位（S4 = 1）时，水泵 Y2 启动，气压罐压力增加，待 S1 = 1 时，延时 5 秒停止 Y2。

(2) 液面低于下液位（S4 = 0）时，水泵 Y2 不能启动。

(3) 液面低于中液位（S3 = 0）时，进水阀 Y1 开启，注入净水

(4) 液面高于上液位（S2 = 1）时，进水阀 Y1 关断，停止注入净水。

(5) 在计算机中显示雨水利用工作状态。

2. 生产工艺

生产工艺如图 7.3 所示。

控制功能：本系统当水泵启动时，雨水罐液位开始下降，气压罐液位开始上升，同时气罐压力增加；当水泵停止时，气压罐中液体从出水管流出，液位下降，压力减小；当进

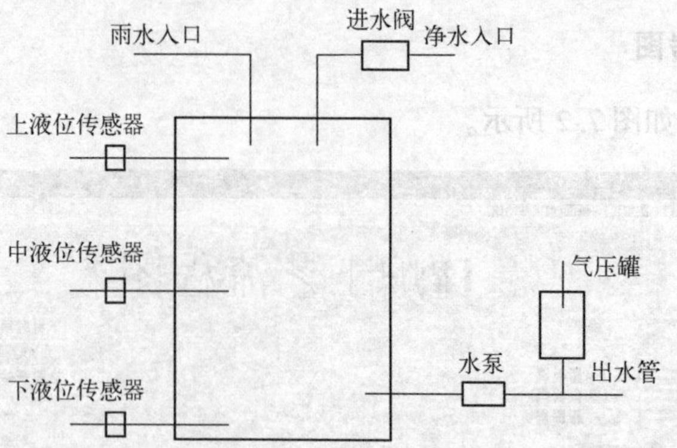

图 7.3　雨水自动控制系统生产工艺

水阀打开时，雨水从净水入口进入，雨水罐液位增加。

3. I/O 端口分配

雨水利用输入/输出端口分配表见表 7.2

表 7.2　雨水利用输入/输出端口分配表

序　号	名　　称	输　入　点	序　号	名　　称	输　出　点
1	压力传感器 S1	X1	1	进水阀 Y1	Y0
2	上液位传感器 S2	X2	2	水泵 Y2	Y1
3	中液位传感器 S3	X3	3		
4	下液位传感器 S4	X4	4		

4. 系统画面参考图

系统画面参考图如图 7.4 所示。

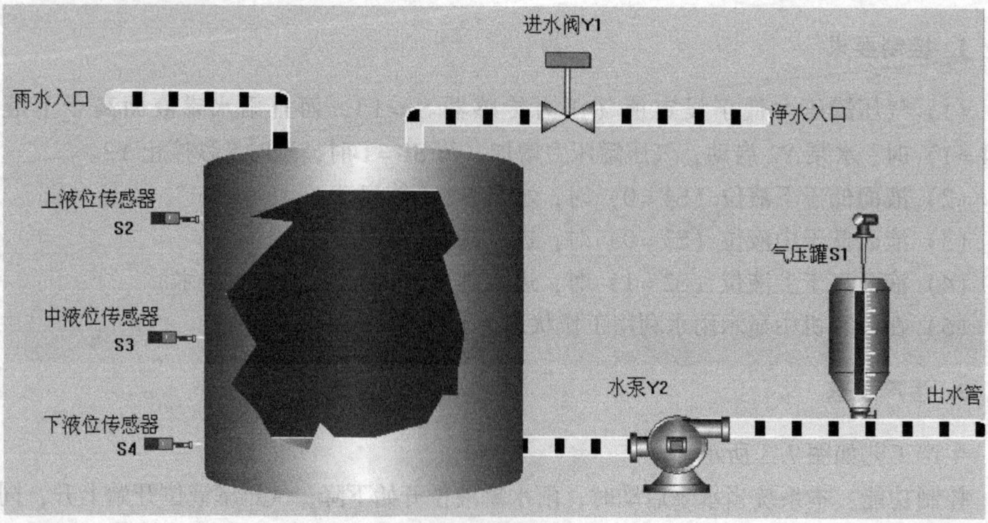

图 7.4　系统画面参考图

实训项目 3　用组态王实现锅炉燃烧器控制系统

1. 控制要求

(1) 蒸汽压力控制。

炉内压力要求控制在 0.010MPa $\leq P \leq$ 0.10MPa。当蒸汽压力 $P <$ 0.01MPa 时，燃烧器先启动小火，延时 0～180s（可调）。当延时时间到，启动大火；当蒸汽压力 0.01 MPa $< P <$ 0.1MPa 时，先关停大火，小火继续工作，维持压力；当 $P =$ 0.1MPa 时，关停小火；当蒸汽压力 0.1MPa $< P <$ 0.15MPa 时，报警并停炉；当 $P \geq$ 0.15MPa 时，关停补水泵、补油泵和燃烧器并报警，切断燃烧器电源。

(2) 锅炉水液位控制。

当炉水液位到达上上限时，关停补水泵和燃烧器并报警；当炉水液位到达上限时，关停补水泵；当炉水液位到达下限时，启动补水泵；当炉水液位到达下下限时，关停补水泵和燃烧器并报警；当补水泵出现故障时，关停小火、大火和补油泵并报警。

(3) 燃烧器控制。

当蒸汽压力 $P \leq$ 0.01MPa 时，燃烧器处于大、小火自动切换工作模式；当 $P >$ 0.1MPa 时，燃烧器处于停机工作模式；当燃烧器出现故障时，关停小火、大火、补水泵和补油泵并报警。

2. 控制功能

(1) 本系统可根据出口原油温度或采暖水出口温度与设定值相比较，实现自动、连续的调节炉内火焰的大小。

(2) 本系统可实时显示 7 个模拟量参数，它们分别是：原油入口温度、原油出口温度、采暖水入口温度、采暖水出口温度、炉内液位、炉内压力、烧火间内可燃气泄漏量。

(3) 本系统可实时显示的数字量包括：电源指示、燃烧器运行状态、燃烧器故障状态、检漏故障状态等。

(4) 本系统可实现超温后的自动停机及温度恢复后的自动启动。

(5) 本系统可实时声光指示所有参数的报警状态，并可以手动消音。

(6) 本系统可实现手/自动的切换。在加热炉调试期间，打到手动状态进行前期的调试，当锅炉具备自动控制的条件后，可打到自控状态，以实现自动控制。

3. I/O 端口分配

I/O 端口分配见表 7.3。

表 7.3　I/O 端口分配

模拟量	数值范围	数字量	原始状态
被加热原油出口温度	0～100℃	燃烧器故障报警	关
被加热原油入口温度	0～100℃	检漏报警	关

续表

模拟量	数值范围	数字量	原始状态
水进口温度	0～100℃	液位低报警	关
水出口温度	0～100℃	电源指示	关
炉内压力	0.01～0.1MPa	燃烧器启动	关
炉内液位	0～100mm	燃烧起停止	关
可燃气泄漏量	0～100	燃烧器复位	关
		紧急停车	关
		检漏复位	关
		燃烧器运行状态	关

4. 系统画面参考图

系统画面参考图如图7.5所示。

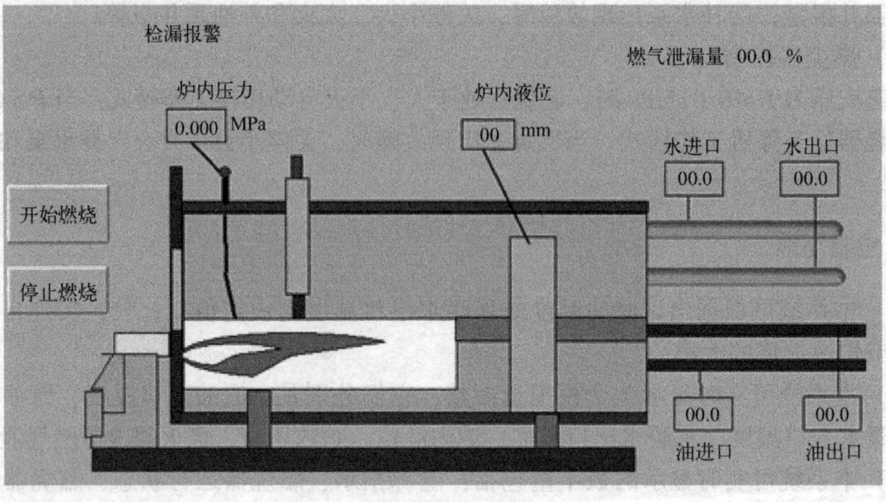

图7.5 系统画面参考图

实训项目4 用组态王实现自动调直、割管机控制系统

1. 控制要求

(1) 如图7.6所示是一台具有将弯曲的铜管调直，并按一定长度割断的机器；

(2) 工艺流程如下。

按下启动开关SB1，电动机M1、M2运转，带动A轮转动，由于摩擦力的作用使铜管在轮A和轮B中穿过，同时使原弯曲的铜管被调直，当铜管到达光电检测开关K（K=ON）时，M1、M2停止，M3运转，电磁阀Y2=ON打开，液压缸带动切割机构向下移动将铜管切断，当S1=ON时，Y2=OFF，Y1=ON打开，液压缸带动切割机构向上移动，当 S2 = ON 时，Y1 = OFF，切割机构复位停止，此时 M2 = ON 运转，将割断铜管带出，使光电检测开关 K = OFF 关断，自动进入下一个循环工艺流程。

2. 生产工艺

自动调直、割管机控制系统示意图如图 7.6 所示。

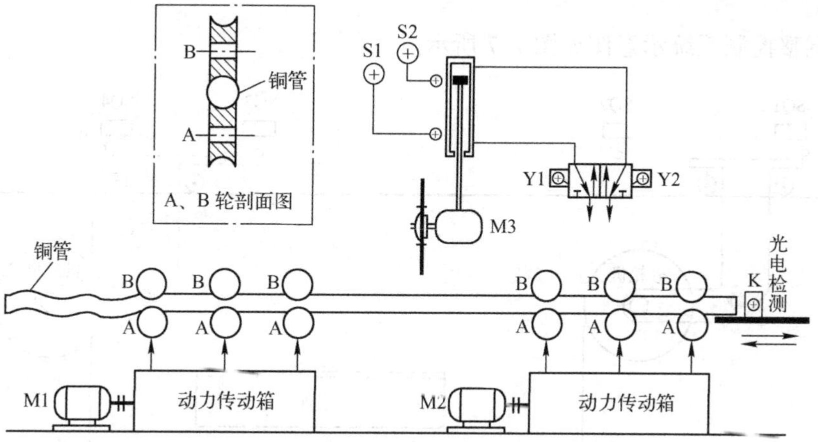

图 7.6 自动调直、割管机控制系统示意图

3. I/O 端口分配

I/O 端口分配表见表 7.4。

表 7.4 自动调直、割管机系统输入/输出端口分配表

序 号	名 称	输 入 点	序 号	名 称	输 出 点
1	启动按钮 SB1	X0	1	电动机 M1	Y0
2	上限位开关 SQ1	X1	2	电动机 M2	Y1
3	下限位开关 SQ2	X2	3	电动机 M3	Y2
4	光电开关 K	X3	4	上移	Y3
5	停止开关 SB2	X4	5	下移	Y4

实训项目 5　用组态王实现磨床控制系统

1. 控制要求

（1）磨床调速控制系统示意图如图 7.7 所示：SQ1、SQ2、SQ3、SQ4 限位开关为行程开关。

（2）在起始位置（SQ1）按启动按钮 SB1，电机正转启动，高速（45Hz）运行 4s，变为中速（25Hz）运行，碰 SQ2 之后遇到工件开始研磨，转为低速（15Hz），研磨完工件后碰 SQ3 变为高速（45Hz）离开，到达对面碰行程开关 SQ4 立刻停止，待 6s 之后反转

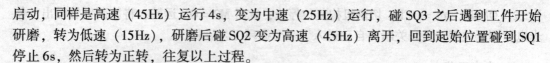

启动，同样是高速（45Hz）运行4s，变为中速（25Hz）运行，碰SQ3之后遇到工件开始研磨，转为低速（15Hz），研磨后碰SQ2变为高速（45Hz）离开，回到起始位置碰到SQ1停止6s，然后转为正转，往复以上过程。

（3）正反方向都能实现启停操作，反向启动按钮为SB2，停止按钮为SB3。

2. 生产工艺

磨床调整控制系统示意图如图7.7所示。

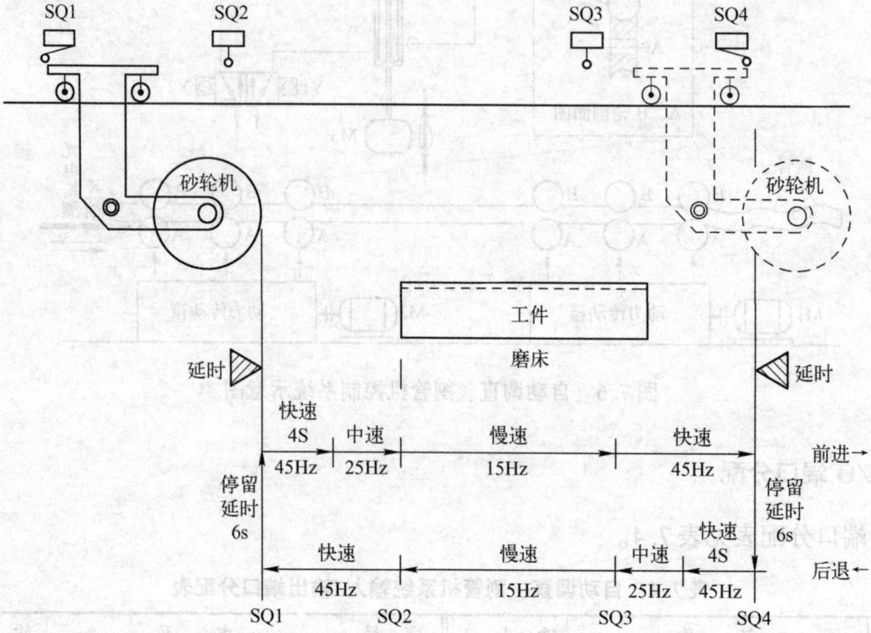

图7.7 磨床调速控制系统示意图

3. I/O端口分配

I/O端口分配见表7.5。

表7.5 磨床调速控制系统输入/输出端口分配表

序号	名称	输入点	序号	名称	输出点
1	正转启动SB1	X0	1	正转电动机	Y0
2	反转启动SB2	X1	2	反转电动机	Y1
3	原点限位SQ1	X2	3	高速电动机	Y2
4	正向减速SQ2	X3	4	低速电动机	Y3
5	反向减速SQ3	X4		正转指示灯	Y4
6	终点限位SQ4	X5		反转指示灯	Y5
7	停止开关SB3	X6		高速指示灯	Y6
8				低速指示灯	Y7

参考文献

[1] 袁秀英. 计算机监控系统的设计与调试——组态控制技术（第2版）. 北京：电子工业出版社，2010

[2] 组态王6.55使用手册. 北京亚控科技发展有限公司.

[3] 马国华. 监控组态软件及其应用. 北京：清华大学出版社，2003

[4] 王晓垠. 工业控制组态软件在仿真系统中的应用. 南通职业大学学报自然科学出版社，2004.3：37-39

[5] 周大志，赵群，刘彤军. 组态软件——INTOUCH在大型DCS中的应用技巧. 自动化技术与应用，2004，7

反侵权盗版声明

举报电话：（010）88254396；（010）88258888

传　　真：（010）88254397

E-mail：dbqq@phei.com.cn

通信地址：北京市海淀区万寿路173信箱

电子工业出版社总编办公室

邮　　编：100036